FIDIC 新版合同条件
导读与解析

张水波　何伯森　编著

中国建筑工业出版社

图书在版编目（CIP）数据

FIDIC新版合同条件导读与解析/张水波，何伯森编著．
—北京：中国建筑工业出版社，2002
ISBN 978-7-112-05559-3

Ⅰ.F... Ⅱ.①张... ②何... Ⅲ.土木工程-工程
施工-合同-基本知识　Ⅳ.TU723.1

中国版本图书馆CIP数据核字（2002）第098668号

FIDIC 新版合同条件
导读与解析

张水波　何伯森　编著

*

中国建筑工业出版社出版、发行（北京西郊百万庄）
各地新华书店、建筑书店经销
北京建筑工业印刷厂印刷

*

开本：787×960毫米　1/16　印张：22¾　字数：456千字
2003年2月第一版　　2018年10月第十八次印刷
定价：36.00元
ISBN 978-7-112-05559-3
(11177)

本书包括了对 FIDIC 出版的四本新合同条件的导读和解析。首先对红皮书的条款逐一进行详细讲解，然后对新黄皮书、银皮书与新红皮书中不同的条款进行详细讲解。最后是对"简明合同格式"的讲解。对于每一条款，讲解的内容包括：学习该条款应掌握的核心内容；该条款导读；每一子款的导读；子款的具体规定；对每一子款内容的讲解和评析，并提出了在实践中应用时应注意的要点。

书的最后是六个附录，包括 FIDIC 指定使用的"国际商会仲裁规则"全文，新红皮书下的承包商的索赔条款，原红皮书（1987 年第四版）与新红皮书（1999）相关合同条款对照，"国际商务合同条款的解释原则"，优秀合同谈判人员的 28 个特征，最后是五篇有关 1999 年 FIDIC 新版合同条件的文章。

本书可用于国际工程承包公司、国际工程咨询公司、工程建设项目的业主、设计、监理、施工、安装等单位的合同管理和项目管理人员以及法律、金融、保险、财会人员学习使用，也可作为高等院校工程管理专业合同管理课程的参考用书。

序　言

一、FIDIC 的角色

FIDIC 是"国际咨询工程师联合会"的法文（FEDERATION INTERNATIONALE DES INGENIEURS CONSEILS）缩写；其相应的英文名称为 International Federation of Consulting Engineers。FIDIC 成立于 1913 年，它是一个非官方机构，其宗旨是通过编制高水平的标准文件，召开研讨会，传播工程信息，从而推动全球工程咨询行业的发展。目前有全球各地 60 多个国家和地区的成员加入了 FIDIC，我国在 1996 年正式加入。

FIDIC 下设五个专业委员会：业主与咨询工程师关系委员会（CCRC），合同委员会（CC），风险管理委员会（RMC），质量管理委员会（QMC），环境委员会（ENVC）。FIDIC 的各专业委员会编制了许多规范性的标准文件，不仅世界银行、亚洲开发银行、非洲开发银行的招标文件样本采用这些文件，还有许多国家的国际工程项目也常常采用这些文件。

二、FIDIC 合同条件在中国

作为一个著名的国际组织，FIDIC 享誉最广就是其编制的适用于国际承包市场的工程合同条件。最早将 FIDIC 合同条件介绍到我国的是卢谦教授。他于 1986 年将 FIDIC 的"土木工程施工合同条件"（红皮书 1977 年第三版）翻译成中文并由中国建筑工业出版社出版。卢谦教授开拓性的工作，使人们从此对 FIDIC 以及其编制的合同条件有了初步认识。1989 年，何伯森教授组织天津大学和中国国际工程咨询公司等单位的多位教师和工程师，翻译了 FIDIC 的"土木工程施工合同条件"（红皮书 1987 年第四版）的应用指南，并由航空工业出版社在 1991 出版。之后，FIDIC 正式授权何伯森教授将其编制的系列合同条件的英文版翻译成中文并在我国出版。在他的主持下，由天津大学教师组成的翻译小组经过 6 年的努力，在 1992 年到 1997 年期间陆续将 FIDIC 出版的"电气与机械合同条件"（黄皮书）第三版和应用指南，"设计—建造及交钥匙工程项目合同条件"（橘皮书）第一版和应用指南，"业主与咨询工程师的标准服务协议书"（白皮书）第一版和应用指南，以及与红皮书配套使用的《土木工程施工分包合同条件》翻译成中文，分别由航空工业出版社和中国建筑工业出版社出版，这些 FIDIC 文献的中文本受到我国工程管理界的欢迎，为我国以 FIDIC 合同为基本模式的建设监理制、合同管理制以及招标投标制的实施起到了巨大的推动作用，也为我国对外工程承包管理水平的提高发挥了积极的作用。

在实业界，一些工程公司和咨询公司的老总和项目管理人员，结合自己丰富的实践经验，也不断发表文章，出版专著，开办讲座，探讨 FIDIC 合同条件在实践中的应用问题，如，梁鉴先生、潘文先生、田威先生、李武伦先生、张明峰先生、邱闯先生等。虽然大家看问题的角度不尽相同，正是这种多角度看问题的方式，才能使我们对 FIDIC 合同条件的理解进一步加深，更有利于加深我们在理论上的认识以及在实践中应用水平的提高。

中国工程咨询协会于 1996 年代表中国参加了 FIDIC，成为 FIDIC 的正式会员，并在国内成立了相应的 FIDIC 文献翻译委员会，对 FIDIC 近年出版的重要文献进行系统翻译，目前已经翻译出版了十多本关于工程合同与咨询的文献，包括 1999 年版的四本新版合同条件。两位笔者作为 FIDIC 文献翻译委员会的委员也参加了部分文献的翻译工作。笔者相信，系统翻译出版 FIDIC 工程管理文献，并加以研究、分析和借鉴，无疑将大大有助于提高我国工程建设行业的管理水平。

三、本书的编写结构和原则

本书对 FIDIC 新版合同条件的条款逐一讲解。每一条的内容包括：学习该条款应掌握的核心内容；该条款导读；每一子款的导读；子款的具体规定；对每一子款内容的讲解和评析。

在对合同条款的评讲中，笔者一直将合同放在整个工程管理的大画面中，对条款的分析也通常是从管理学角度出发的，目的是引导读者重视合同条款的应用，而不是单纯了解条款的内容。由于工程合同条款十分复杂，对于 FIDIC 新版中的某些规定，目前还没有统一的认识，本书对各条款进行的分析，只代表笔者的观点。但我们认为，合同条款的具体含义，应根据其措辞的"惯例"含义，结合其使用的具体项目环境，如适用的法律和项目的具体情况等来确定，本书旨在给出条款的使用背景和一般意义，以及对这些条款的分析方法。

合同条款往往抽象、枯燥、乏味。为了增加本书的可读性、趣味性，在新红皮书和绿皮书的每一条款讲解结束后，笔者增加了与工程项目合同管理有关的"箴言"。这些"箴言"都是笔者在长期的工程管理研究和实践中搜集的，并根据笔者的认识加工而成，其中绝大部分"原材料"是来自于工程现场一线的管理人员，其朴实无华、甚至似是而非的语言却揭示了项目管理和合同管理中的精髓。

书的最后是六个附录：附录一是 FIDIC 指定使用❶ 的"国际商会仲裁规则"全文；附录二是"新红皮书下的承包商的索赔条款"；附录三是"原红皮书（1987 年第四版）与新红皮书（1999）相关合同条款对照；附录四是"国际商务合同条款的解释原则"；附录五是"优秀合同谈判人员的 28 个特征"；附录六是五篇有关 FIDIC 新版合同条件的文章，其中有些文章涉及新旧版本的对比。加入这些附录的目的主要是向读者提供一些"外围知识"以及合同条件中某些核心思

---

❶　见新红皮书第 20.6 款［仲裁］。

想的浓缩内容，以补充前面的条款评讲内容的不足，使读者更能全面、深刻地理解合同条款，并恰当地加以运用。

四、如何在实践中运用 FIDIC 编制的合同条件

（一）国际金融组织贷款和一些国际项目直接采用

在世界各地，凡是世界银行、亚洲开发银行、非洲开发银行等国际金融组织贷款的工程项目以及在一些国家的国际工程项目招标文件中，都全文采用 FIDIC 的某类合同条件。因而参与项目实施的各方都必须十分了解和熟悉这些合同条件，才能保证工程合同的执行，并根据合同条件履行自己的职责和维护自己的权利。

在我国，凡亚行贷款项目，都全文采用 FIDIC "红皮书" 或 "橘皮书"。对世行贷款项目，在财政部编制的招标文件范本中，对 FIDIC 合同条件作了一些特殊规定和修改，请读者在使用时注意。

（二）对比分析采用

许多国家和一些工程项目都有自己编制的合同条件，这些合同条件的条款名称、内容和 FIDIC 编制的合同条件大同小异，只是在处理问题的程序规定以及风险分担等方面有所不同。FIDIC 合同条件在处理业主和承包商的风险分担和权利义务上是比较公正的，各项程序也是比较严谨完善的，因而在掌握了 FIDIC 合同条件之后，可以之作为一把尺子来与工作中遇到的其他合同条件逐条对比、分析和研究，由此可以发现风险因素，以制定防范风险或利用风险的措施，也可以发现索赔的机遇。

（三）合同谈判时采用

因为 FIDIC 合同条件是国际上权威性的文件，在投标过程中，如果承包商认为招标文件中有些规定不合理或是不完善，可以用 FIDIC 合同条件作为 "国际惯例"，在合同谈判时要求对方修改或补充某些条款。

（四）局部选择采用

当咨询工程师协助业主编制招标文件时或是总承包商编制分包项目招标文件时，可以局部选择 FIDIC 合同条件中的某些部分、某些条款、某些思路、某些程序或某些规定。也可以在项目实施过程中借助于某些思路和程序去处理遇到的问题。

五、正确认识合同管理

学习合同条件是为了更好地在实践中运用合同规定，进行行之有效的合同管理。笔者认为，承包商工程合同的管理可分为三个层次：

第一个层次是，在招投标阶段不注意研究招标文件，在实施阶段不认真研究合同的规定，而只是靠自己狭隘的经验或良好的愿望来实施工程，看起来这种做法很 "果敢"，很 "合情"，但到头来往往是一厢情愿，吃亏的最终是自己。

第二个层次是，虽然对合同认真学习了，甚至对合同条款十分熟悉，但在工程实施过程中，只是"僵硬"地使用，在与对方的交往中，无论口头或书面，开口闭口谈合同规定，这种表面的"严谨"往往在实践中失去灵活性和效率，导致某些问题不能"双赢"，并且容易使对方感到你缺少合作精神，失去与业主方建立良好关系的基础。

第三个层次则是，既能灵活地吃透合同中的各项规定，又能在实践中灵活应用。

为此，作为一名管理者，尤其是合同管理者，应在工程执行过程中始终问自己这样几个问题：我们的做法符合合同吗？业主的要求符合合同吗？如何利用好合同中的"灰色区域"？这样做对整个工程的执行有利吗？这样做有利于双方建立相互信任的关系吗？如果对方是一个明智的业主，我们怎么响应对方的合作精神？如果业主方高傲自大，处处刁难，我们又如何回应？这些问题涉及的都是"手段"方面，如何选择，还要看"这对自己最终是否有利？"这一目的。具有一定的思想境界和务实的精神，能看清"手段"与"目的"（means versus ends）的关系，处理好"短期"与"长期"（short - term versus long - term）的关系，把握好事物的"度"（balance），是一个优秀管理者的素质的体现。这些标准同样适用于业主方的管理人员，尤其是工程师。严格来讲，只有"双赢"的工程项目才能被称为真正意义上的成功项目。

六、笔者致谢

在写作的过程中，FIDIC 新版合同条件的首席起草人 PETER BOOEN 先生在天津大学访问和讲学时就笔者提出的一些问题给予了解释，香港大学房地产及建设系的 RICHARD FELLOWS 博士在我们写作本书过程中也给予了很大帮助，中国建筑工业出版社在出版方面给予大力支持。

中国国际商会、中国国际贸易促进委员会国际联络部国际组织处的李海峰处长提供了国际商会（ICC）仲裁规则的中文版本，并同意作为本书的附录。

在写作过程中，笔者还就某些问题征求了北京森博项目管理顾问有限公司（SYMBOL，LTD.）多位项目管理专家的意见，并在本书中吸纳了他们许多颇有见地的新观点。

承蒙我们的同事，陈勇强副教授和吕文学副教授的许可，笔者在附录六中收入了他们发表的两篇与 FIDIC 新版相关的文章。

笔者在此对上述人员一并表示诚挚的谢意。

七、欢迎批评、讨论

虽然两位笔者的职业都为教师，十几年来一直从事国际工程合同管理的教学和研究，但我们一直非常重视工程实践，并都亲自参加过多项国际工程项目的实施以及许多国际和国内工程项目的咨询工作。在写书的过程中，力图使本书既保持在工程管理理论方面的前瞻性，同时又能使本书具有很大的实用性。能力所限，也许本书离达到这一目标尚有一定的差距，但倘若能有某些观点对从事国际工程管理的同行有所启发和帮助，则达到笔者之初衷。

由于工程合同条件应用的环境十分复杂，因此，对某些条款的理解也往往并非"惟一性"，限于笔者的理论水平和实践经验，书中的观点也不一定完全正确，笔者真诚地欢迎读者就有关问题提出讨论，并在此预致谢意。

两位笔者的电子信箱分别是：

zhangshuibo@hotmail.com

hebstju@hotmail.com

张水波　何伯森

2002 年 8 月于天津大学

目　录

欢迎大家学习 FIDIC1999 年新版合同条件！

　　从现在起，我们将按下列顺序用比较通俗简明的语言逐条讲解 FIDIC1999 年出版的四本新的合同条件。它们是：

　　1.《施工合同条件》
　　2.《永久设备，设计与建造合同条件》
　　3.《EPC 交钥匙项目合同条件》
　　4.《简明合同格式》

　　在正式接触这些合同条件之前，我们还是先看一下它们产生的背景和有关的编制思想，这样就能帮助我们更好地理解它们的内容。准备好了吗？那我们现在就"启幕"。

小知识：

　　你知道这几本合同条件的俗称吗？那就赶快阅读背景内容吧！

引　言

FIDIC 新版合同条件产生的背景和编制思想

一、FIDIC 新版合同条件产生的背景

在 1999 年新版 FIDIC 合同条件出版之前，FIDIC 主要编制出版了 4 个版本的合同条件，应用于工程建设领域中的不同工程情况，它们是：

1. 土木工程施工合同条件（俗称"红皮书"）
2. 电气与机械工程合同条件（俗称"黄皮书"）
3. 设计－建造与交钥匙项目合同条件（俗称"橘皮书"）
4. 土木工程施工分包合同条件（与"红皮书"配套使用）

虽然 FIDIC 的各类合同条件在全球工程承包中得到广泛的应用，但随着国际建筑承包业模式的发展，FIDIC 感到有必要根据当今建筑业实践中的作法，对原有的合同条件加以更新，甚至编制新的合同条件来取代原有的版本。1992 年 6 月，在马德里召开的 FIDIC 年会上，当时的 FIDIC 主席 Geoffrey Coates 正式提出了这一设想。他建议，作为这项工作的第一步，应首先在世界范围内就 FIDIC 当时的各类版本的应用情况进行调查，对象主要为工程承包界的业主单位、承包商单位和工程师单位，根据调查结果，FIDIC 确定编制新合同条件的基本原则。FIDIC 新版合同条件的编制计划即萌发于此阶段。

1996 年，英国的里丁大学（University of Reading）受 FIDIC 和 EIC（欧洲国际承包商会）的委托，主要针对红皮书的应用情况，对全球 38 个国家的有关政府机构、业主、承包商以及工程师等单位进行了调查，接受调查单位的总数为 204 家，其中我国有两家。调查的结果可以归纳如下：

- **使用情况**：红皮书应用的项目金额一般在 1 千万与 1 亿美元之间；工程的类型主要为地上工程，其次为海上工程，再其次为地下工程；有 16% 的项目修改红皮书的条款的数目在 4 条以下，10% 的项目介于 5 到 9 条，20% 的项目介于 10 到 19 条，29% 的项目介于 20 到 29 条，26% 的项目超过 30 条，其中第 61 条修改的情况最少，第 60 条修改的情况最多，达 74%，第 10、14、21、67 以及 70 条修改的情况为 60%。
- **对红皮书内容的态度**：接受调查的单位大都认为红皮书基本上反映了当今国际工程建设中的惯例，风险分担比较公平；红皮书最大的优点为全面，并且公平合理，最大的缺点就是对工程师的角色的规定。
- **对红皮书格式和语言的态度**：最受欢迎的特点是其标准化；将红皮书分为通用条件和专用条件两部分也被认为是红皮书的优点，尤其对项目合同编制者和管理者而言；对于红皮书的语言的调查结果最为有趣，尽管有

71％被调查者声称红皮书容易读懂（easy to understand），但在回答红皮书最大缺点时，其"语言不好理解（incomprehensible）"又被列在第二位。

- **红皮书版本使用情况**：调查结果表明，使用最广的为 1987 年第四版，占80％；第三版仍有 14％，1992 年修订的第四版为 6％（截止到 1996）。

这项调查的某些结果后来成为了 FIDIC 编制新的合同条件十分重要的参考资料。

二、新版合同条件的编制原则

在正式编制新版合同条件以前，FIDIC 便确定了若干编制原则，并在编制过程中得以遵守。

1. 术语一致，结构统一

由于 FIDIC 红皮书第四版和黄皮书第三版的编制者分别属于两个不同的合同委员会，这两个版本无论在语言风格还是在结构上都不太一致，由于两个版本所表达的意图是接近的，甚至是相同的，因而，这种不一致从标准化和应用两方面来看都是不必要的。为了避免新版合同条件间再出现不一致的情况，从一开始，FIDIC 便成立一个单一的工作小组来负责起草新版合同条件（由于 FIDIC 简明合同格式本身的特点，它由另一个合同工作小组来起草。）。另外，FIDIC 还成立了一个合同委员会，负责合同工作小组之间的协调工作。

2. 适用法律广，措辞精确

作为一个国际机构，FIDIC 旨在编制一套国际上通用的合同标准文本，因此，在编制过程中，FIDIC 一直努力使新版合同条件不仅在习惯法系（即：英美法系）下能够适用，而且还应在大陆法系下同样适用。鉴于编制以前合同版本的体验，FIDIC 认识到，要达到这一点并不容易。为此，FIDIC 决定在合同工作小组中包括一名律师，他必须有这方面的国际经验，在新合同条件形成的过程中来审查有关内容，在切实可行的情况下保证合同中的措辞适用于大陆法系和习惯法系。鉴于以前合同版本中出现的辞不达义的问题，这名律师还必须审查合同编写人员所使用的术语，从法律语言来看是否确切表达出其意图。

3. 变革而不是改良

以前的 FIDIC 合同条件版本主要是以工程类型和工作范围来划分各个合同条件版本的功能的，如：红皮书适用土木工程施工；黄皮书适用于机电工程的供货和安装；橘皮书则适用了包括设计的各类工程。但在这些合同条件中，其风险分担方法不能满足当前国际承包市场的要求，主要是私人业主方面的要求。另外，第四版红皮书和第三版黄皮书一出版，其条款的编排方式就受到的批评，如红皮书的第 44 条"工程暂停"本来属于工期管理方面，但却被单独拿出，并放在"工程开工"一条的前面。FIDIC 认为这方面的批评是有道理的。因此在编制新版时，FIDIC 决定打破原来的合同编制框架，采用了新的体系。从工程类型的划分，工作范围的划分，工程复杂程度以及风险分摊大小分别编制了一套能满足各方面要求的合同版本。从条款的编排上，完全摈弃了原来的顺序，内容编排更加符合逻辑。

4.淡化工程师的独立地位

在 FIDIC 的橘皮书 1995 年编制之前，FIDIC 合同条件中有一个基本原则，即：其中有一个受雇于业主，并作为独立的一方代表业主公正无偏地管理承包商的工作。虽然这样做有其自身的优点，但在某些司法体系下，在某些国家，工程师的这样一个角色不被理解，甚至不被接受。在工程实践的很多场合中，工程师这一独立的地位并没有得以实现。在编制新版本时，FIDIC 决定，在银皮书中采用"业主代表"来管理合同。在新红皮书和黄皮书中，虽然继续采用"工程师"来管理合同，但他不再是独立的一方，而是属于业主的人员，同时删除了原来要求工程师"行为无偏"的一款。作为一种平衡和对原来的优点的继承，FIDIC 在新版中仍要求工程师做出决定时应持公正的态度。FIDIC 预计，这种改动会遭到有关人士的批评，认为 FIDIC 丧失了它一直持有的"工程师应为独立，公正的第三方"原则。但是，FIDIC 认为，作为一个国际咨询工程师组织，对国际工程承包市场的动向熟视无睹，既不明智，也不现实。FIDIC 根据自身的经验，坚持认为，要编制一套崭新的合同条件，就要使其具有一定的前瞻性，该文件既应清楚，又能被合同双方接受。

5.实践需要简明合同文本

FIDIC 发现，在实践中，有些业主和承包商对那些虽然精确但十分冗长的合同望而生畏，对小型项目来说尤其如此。因此 FIDIC 认为，应在新版系列合同条件中加入一个简明的合同文本。使用这一文本更有利于一些小型项目或工作类型重复的项目的顺利实施。

在这些原则的指导下，FIDIC 完成了四本合同条件的编写，并于 1999 年 9 月出版了正式版本，为了表示是对以前版本的彻底更新，面向新世纪，这四本合同条件统一称为 1999 年第一版，它们是：

1.新红皮书（施工合同条件）

2.新黄皮书（永久设备与设计－建造合同条件）

3.银皮书（EPC 交钥匙项目合同条件）

4.绿皮书（简明合同格式）

三、新版合同条件的适用条件

根据 FIDIC 的设想，这四个新版本的适用条件分别如下：

1.新红皮书

• 各类大型或复杂工程

• 主要工作为施工

- 业主负责大部分设计工作
- 由工程师来监理施工和签发支付证书
- 按工程量表中的单价来支付完成的工程量（即单价工程）
- 风险分担均衡

2. 新黄皮书
- 机电设备项目、其他基础设施项目以及其他类型的项目
- 业主只负责编制项目纲要（即："业主的要求"）和永久设备性能要求，承包商负责大部分设计工作和全部施工安装工作
- 工程师来监督设备的制造、安装和施工，以及签发支付证书
- 在包干价格下实施里程碑支付方式，在个别情况下，也可能采用单价支付
- 风险分担均衡

3. 银皮书
- 私人投资项目，如 BOT 项目（地下工程太多的工程除外）
- 固定总价不变的交钥匙合同并按里程碑方式支付
- 业主代表直接管理项目实施过程，采用较松的管理方式，但严格竣工检验和竣工后检验，以保证完工项目的质量
- 项目风险大部分由承包商承担，但业主愿意为此多付出一定的费用

4. 绿皮书
- 施工合同金额较小（如低于 50 万美元）、施工期较短（如低于 6 个月）
- 既可以是土木工程，也可以是机电工程
- 设计工作既可以是业主负责，也可以是承包商负责
- 合同可以是单价合同，也可以是总价合同，在编制具体合同时，可以在协议书中给出具体规定。

好了，现在大家了解了 FIDIC 四本新的合同条件的大概情况以及一些相关知识，还想了解详细的内容，那就接着慢慢儿往下读吧。

FIDIC 新红皮书

施工合同条件

Conditions of Contract
for
Construction

新红皮书下的合同与组织关系示意图：

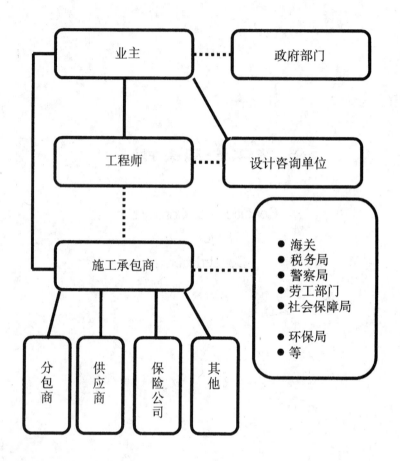

注：1. 实线表示合同关系和管理（或协调）关系；虚线只表示管理或协调关系；

2. 设计工作一般由业主雇用设计咨询单位来完成；

3. 图中的"工程师"相当于我国的监理工程师（单位）；

4. 工程保险一般由承包商办理。

第 1 条　一般规定〔General Provisions〕

~~~~~~

学习完这一条，应该了解：

- 熟悉本合同条件中的关键术语的含义；
- 施工合同的文件组成；
- 合同双方沟通信息和文件颁发的原则；
- 合同语言和法律的规定，以及联合承包的规定。

~~~~~~

　　一个好的合同版本不但内容完整，行文严密，而且结构编排也应符合条理，方便用户。FIDIC 新版第 1 条体现了这一编排上的特点。这一条标题为"一般规定"，共包括 14 个子款，覆盖的是贯穿整个合同中的"杂项"。那么它到底规定了哪些内容呢？那我们就一起慢慢看吧。

1.1　定义〔Definitions〕

　　　　根据对"定义"一词在这里的解释，下面被定义的术语在本合同条件中只具有它们在此被所赋予的含义，其含义同样适用于其他合同文件。为了表达的方便，同时还说明，表示"人员"、"公司"、"法律实体"等概念的词语根据上下文的情况可以相互包含对方的含义。

　　　　合同，尤其是国际工程合同，一般都要在合同条件的前面定义很多词或术语。为什么呢？这是因为合同是用来规定合同双方权利和义务的法律性文件，这决定了它必须严谨和明确。而另一方面呢，工程建设是一个很复杂的过程，而其管理过程所依据的又是合同，是不是工程界对工程管理中使用的词语都有一致的理解呢？答案显然是否定的，尤其当不同的理解会影响到双方的利益时，更是如此。这种情况在国际工程中表现得尤为突出。想想看，如果合同规定在某些情况下允许承包商索赔"费用（cost）"，而又对它没有明确的定义，双方对它包括的哪些"成分"的理解会一致吗？另一个原因是，合同的编制者为了不使合同的行文太啰嗦（大家可能感觉到了，工程合同已经够啰嗦的了。），将一些需要用若干词才能表述清楚的含义赋予一个或两个词，这样，既可以不漏掉内涵，又能使行文简练。因

3

此，给合同中的关键词下定义，已成为工程合同的一个惯例。

在英文原版中，凡被定义的词或术语，其拼写的第一个字母均为大写。

1.1.1 合同（Contract）

这一部分定义的都是与合同文件有关的内容，通过这些定义，读者可以了解合同的各个组成部分以及每个术语的含义。

1.1.1.1 合同（Contract）

这里的合同实际是全部合同文件的总称，它包括全部的合同文件，这些文件是：

- 合同协议书
- 中标函
- 投标函
- 合同条件
- 规范
- 图纸
- 明细表
- 合同协议书或中标函中列出的那些文件。

那么这些文件又分别包含什么内容呢？接着看下面的定义。

1.1.1.2 合同协议书（Contract Agreement）

这个词语的定义倒简单，它就是指第 1.6 款所说的那个合同协议书。那好，我们到第 1.6 款再详细看。请想一想，是否必须要签订合同协议书合同才能成立？如果不需要，那么工程合同为什么又常常要求呢？参见 1.6 款的解释。

1.1.1.3 中标函（Letter of Acceptance）

按此定义，这个词语有两个方面的含义：一是它指业主对承包商投标函的正式接受函，而且必须经过签字；另一个含义是，它还包括双方商定的其他内容，当然，这些内容须有双方的签字，并作为备忘录附在中标函的后面。通常，在评标的过程中，业主如果发现某投标书中有些内容不清楚或甚至错误，则它可以要求投标人进行澄清和确认。这里所说的双方商定的内容主要指这些情况。按照 FIDIC 的招标原则❶ 以及国际金融机构（如世界银行，亚洲开发银行等）对其贷款项目的规定，在开标之后，除了必要的澄清和修正错误外，业主不能要求投标人降价或提供其他优惠条件；承包商也不

---

❶ 详见 FIDIC 招标程序（第二版），张水波 刘英 译，中国计划出版社，1998

能主动提出降价，以体现出招标的公正性。但在实践中，尤其是私人投资项目，业主在开标后仍然压价的情况也常常发生。

这个定义还有一个补充说明，如果在整个合同文件中没有出现"中标函"这一术语，则，此处的中标函可以理解为"合同协议书"，中标函的签发和接收日期可理解为合同协议书的签署日期。在实践中，这种情况并不多见，主要发生在一些议标的工程项目。

1.1.1.4　投标函（Letter of Tender）

这是 FIDIC 新定义的一个术语，指的是承包商的报价函。通常这封报价函是一封简单的信函，信中有承包商承诺和承包商根据招标文件的内容，提出为业主承建工程而索取的合同价格。投标函为投标书的一核心部分（见定义 1.1.1.8［投标书］），业主方一般将投标函的格式事先拟订好，并包括在招标文件中，由承包商填写，作为其正式报价函。

1.1.1.5　规范（Specification）

规范❶ 是合同一个重要的组成部分。它的功能是对业主招标的项目从技术方面进行详细的描述，提出执行过程中的技术标准，程序等。承包商的费用工程师在计算投标价格时需要研究规范；承包商的采购人员在为项目采购材料、设备前也需要了解规范中的技术要求；承包商的项目经理和负责施工的技术人员更需要仔细研究规范。业主方的管理人员更应该熟悉规范，作为管理承包商现场工作的基础，从而保证竣工的项目达到业主的既定目的。

1.1.1.6　图纸（Drawings）

依此定义，凡提到图纸，均为合同中规定的图纸，或在工程实施过程中业主方对图纸的修改和补充。虽然有时工程师可以按合同规定要求承包商设计少量的工作内容，但根据此处对图纸的定义，新红皮书从性质上为施工合同条件。这里所说的图纸也是合同的一个组成部分，涉及的是技术内容。FIDIC 在此并有规定清楚，业主提供的图纸是基本设计图纸还是施工详图，这将取决于合同的其他具体规定。现在请大家思考一下，根据你自己的工程经验，对于施工合同而言，

---

❶　我国工程界有人认为将 specification 翻译为"规程"更为确。

业主提供的图纸是否是施工需要的一切图纸？如果答案是否定的话，那么，业主通常在哪里说明其提供的图纸的范围和性质？参阅本合同条件第4.1款［承包商的一般义务］。

1.1.1.7 明细表（Schedules）

这是为了合同行文方便而定义的一个术语，从英文可以看出，它包括合同中常出现的若干类以列表形式表示的文件。在招标文件中通常包含有这些表的空白格式，由投标者在投标时填写，这类文件主要有：工程量表、数据表、单价分析表、计日工表等。要记住，只要合同中冠以"明细表"名义的文件都属于合同文件。见合同的定义。

1.1.1.8 投标书（Tender）

这是投标者投标时应提交给业主的且构成合同文件的全部文件的总称，按此处的定义，可分为两部分，一是核心部分，即投标函；另一部分为投标者填写完的各类明细表（如工程量表，计日工表，单价分析表），投标保函等。

其实，在实践中，一套完整的投标文件，不但包括上述构成合同一部分的上述文件（投标书），而且还有许多其他文件，可以看做为辅助部分，这常包括业主要求投标者提供的其他信息通，如工程初步进度计划，施工方法总说明，分包计划，施工设备清单，关键职员名单，劳工构成，承包商现场组织机构图，施工营地安排等。应注意的是，并不是所有投标文件都构成合同的一部分，核心部分（投标书）通常为合同的组成部分，而辅助部分不一定构成合同文件（参阅前面对合同的定义）。无论如何，应根据具体情况，从合同的定义以及合同协议书中，看清楚哪些是合同文件，哪些是非合同性质的参考性文件，这一点十分重要。

1.1.1.9 投标函附录（Appendix to Tender）

这是附在投标函后面并构成投标函一部分的一个附录，它将合同条件中的核心内容简单地列出，并给出在合同条件中相对应的条款号。

从原文直译似乎应为"投标书附录"，但这与定义的内容不太相符，翻译为"投标函附录"更宜于理解。似乎英文改为

Appendix to Letter of Tender 更符合实际内容❶。

这一附录也属于合同文件，其中的内容大部分由业主在招标时已经规定，少部分由承包商填写，一般来说，有经验的承包商从业主规定的数据，基本上可以看出业主方提出的条件是否苛刻，资金是否充裕。这是承包商在投标时应仔细研究的一个重要文件。

1.1.1.10 工程量表（Bill of Quantities）和计日工表（Daywork Schedule）

在这里并没有给出这两个术语的具体描述，而是说明它们包括在"明细表"中。有时，在某些具体工程中，可能没有计日工表，所以，在此定义的说明中，最后有一个限定语"如有时"。

1.1.2 合同双方和人员（Parties and Persons）

这一部分定义的是合同的双方以及参与工程项目的其他重要角色。合同双方之间的相互信赖和守约，参与人员之间的合作与团队精神，是项目成功的重要保证。

1.1.2.1 一方（Party）

此定义明确规定，凡提到"一方"的措辞，指的是业主或承包商。需要注意的是，按新红皮书的定义，只有业主和承包商才是工程合同的双方。其他参与工程的人员或单位，均属于业主一方或承包商一方的人员，工程师也只是业主一方的人员（参见 1.1.2.6［业主人员］的定义。）。

1.1.2.2 业主（Employer）

此定义给出了两方面的内容，一是业主就是在投标函附录中列明的那个当事人；二是如果业主发生变动，则有权继承原来业主的法定继承人即成为合同中所说的业主。本书中为了行文的方便，将业主拟人化，对于承包商、工程师也作同样处理。

1.1.2.3 承包商（Contractor）

按此定义，承包商为：被业主接受的、在投标函中被标明作为承包商的那个当事人，或者这个当事人的合法继承人。"承

---

❶ FIDIC 新版合同条件主要起草人的 Peter Booen 先生在回答笔者这一问题时说，由于 FIDIC 在以前的英文版本中一直使用 Appendix to Tender 这一术语，出于习惯，新版中沿用这一术语，他同意在汉语版本中翻译为"投标函附录"。在此顺便提一下，Booen 先生是我国小浪底水电枢纽工程中方聘请的"争端审议委员会"的专家成员。

包商"名称和地址在投标函附录列出。

1.1.2.4 工程师（Engineer）

根据此定义，工程师为在投标函附录中指定的人员；或者根据第 3.4 款［工程师的更换］业主任命的人员。工程师是一个比较特殊的角色，虽然在此中被称为"人员"（person），但在多数情况下指的是一个咨询公司，实际上此处的 person 既可以理解为自然人（natural person），也可以理解为法人（legal person），当然也就包括公司。参见前面第 1.1 款［定义］中的说明。为了行文方便，在本书中提到"工程师"这一称谓时，可能指的是工程师单位的一位人员，特在此说明。

在西方国家，既有以公司名义出任工程师的，也有以个人名义出任工程师的❶。在我国现时的工程环境下，工程师为监理公司，我国习惯将监理公司委派的全权代表称为总监理工程师（简称"总监"），这个概念近似于以个人身份出任工程师的那一角色。我国有关书籍和文件中，也将承担监理工作的监理公司称为监理单位，将监理公司派往项目现场具体执行监理工作的队伍称为"项目监理机构"。

工程师是工程的实际管理者，是参与工程中众多角色中最核心的角色之一。无论是业主，承包商，还是工程师自己都应清楚地了解工程师的权力和职责范围。详细见第 3 条［工程师］。

1.1.2.5 承包商的代表（Contractor's Representative）

根据此定义，承包商的代表可能由承包商在合同中指明，或者承包商根据第 4.3 款［承包商的代表］任命。在实践中，承包商在投标时，根据招标文件的要求，提出关键职员名单，并作为投标书的一部分提交给业主。（参见上面第 1.1.1.8 款［投标书］）承包商的代表作为最核心的人员，当然包括在该名单中。为了保险起见，承包商有时在关键职员名单中除指明承包商的代表外，还提供两个甚至多个人员作

---

❶ 参见：

1. Brian Eggleston (1993). *The ICE Conditions of Contract: Sixth Edition - A User's Guide*, P14, Blackwell Science Ltd.
2. Engineers Joint Contract Documents Committee (1996) *Standard General Conditions of the Construction contract*, Article 1 (19), Issued and Published Jointly by American Consulting Engineers Council, National Society of Professional Engineers, and American Society of civil Engineers.

为承包商的代表的备选人，以防原来指定的人员因故不能出任该项目的承包商的代表。承包商的代表这一称谓在我国工程界习惯称为项目经理，实际上是承包商委派的施工项目经理。

1.1.2.6 业主人员（Employer's Personnel）

根据此定义，业主人员包括：

- 工程师；
- 工程师的助理人员；
- 工程师和业主的雇员，包括职员和工人；
- 工程师和业主通知承包商的为业主方工作的那些人员。

从此定义来看，FIDIC 明确将工程师列为业主人员了，从而改变了工程师这一角色的"独立性"和淡化了"公正无偏"的性质。

1.1.2.7 承包商的人员（Contractor's Personnel）

根据此定义，承包商的人员包括承包商的代表以及为承包商在现场工作的一切人员。这"一切人员"又包含下列各类人员：

- 一般职员，一般分为承包商现场的技术人员、工程管理人员、财务管理人员，以及行政管理人员；
- 工人，一般分技术工人和普工；
- 其他类型的雇员，如厨师、现场医疗护理人员等；
- 分包商的一切人员；
- 帮助承包商实施工程的一切人员，如大型施工设备的厂家派往项目现场帮助承包商培训设备操作工的技术人员等。

注意，这里所说的承包商的人员是在现场为项目工作的人员。

1.1.2.8 分包商（Subcontractor）

此定义将分包商分为两大类：在投标时承包商事先列明的分包商与在工程实施过程中承包商随时任命的分包商。对于后一类，需要经工程师同意。另外还有一种特殊的分包商，即：指定分包商。参见第 4.4 款［分包商］和第 4.5 款［指定分包商］。

1.1.2.9 争端裁决委员会（DAB）

根据定义，委员会可以是一人，也可以为三个人，一般在合同中指定（具体地讲，是在投标函附录中列出），也可以按照第 20.2 款［任命争端裁决委员会］或第 20.3 款［未能对任命争端裁决会达成一致意见］任命的其他人员。争端裁决委员会的任务就是针对在工程实施过程中合同双方发生的争端进行专家式的参考性裁决，是调解性质，如果一方不同意，可以按程序将争端提交仲裁，因此，DAB 的裁决没有最终的法律约束力。参见第 20 条［索赔，争端与仲裁］以及原合同条件附录"争端裁决协议书"。

1.1.2.10　FIDIC

为国际咨询工程师联合会，为法文的缩写，英文名称为 International Federation of Consulting Engineers。我国有人将其音译为"菲迪克"，从实用和方便角度来讲，似乎没有什么必要。众所周知，它是以编制出版工程合同条件标准范本和工程咨询文件并在国际范围内推广使用的一个著名的国际机构。如果您想了解 FIDIC 的详情，请访问 FIDIC 主页：hptt//www.fidic.org。

1.1.3　日期，检验，期间和竣工（Dates，Tests，Periods and Completion）

这一部分定义主要是关于时间，工程检验和竣工方面的。

1.1.3.1　基准日期（Base Date）

指的是提交投标书截止日期之前的第 28 天当天。这是 FIDIC 文件中出现的一个新定义，主要是与后面的调价有关。实际上，世界银行多年前就开始在其编制的工程采购（招标）文件范本中使用"基准日期"这一术语，而且与 FIDIC 的定义相同，其作用也是与调价有关。

1.1.3.2　开工日期（Commencement Date）

这里所指开工日期即是第 8.1 款［工程开工］中工程师通知开工的那个日期。这是一个十分重要的日期，是计算工期的起始点。

1.1.3.3　竣工时间（Time for Completion）

这个定义的含义有下列几点：

- 竣工时间在此指的是一个时间段，不是指的一个时间点；
- 开始计算竣工时间的日期为开工日期；
- 竣工时间是根据第 8.2 款［竣工时间］完成工程的时间；
- 竣工时间在投标函附录中规定；
- 竣工时间可以指整个工程的竣工时间，也可以指某一区段的竣工时间，视具体情况而定。

- 如果根据第8.4款［竣工时间的延长］，承包商获得了某一段工期的延长，则合同竣工时间为原竣工时间加上延长的那段时间。

FIDIC定义的竣工时间，在我国工程界习惯上称为"合同工期"。

1.1.3.4 竣工检验（Tests on Completion）

这是业主方为了检验工程的质量而在工程基本竣工时进行的一种检验。根据本定义，它的含义包括：

- 这种检验在业主方接收工程或其一区段之前进行，安排施工进度计划时，应将竣工检验所需时间包含在竣工时间内；
- 竣工检验的内容和程序一般在规范等合同文件中规定。
- 如果合同没有规定，但双方商定或业主方要求增加的竣工检验内容，则应按变更处理；
- 竣工检验应按照第9条［竣工检验］的规定进行。

1.1.3.5 接收证书（Taking – over Certificate）

根据本定义，它指的是业主在接收工程之后颁发给承包商的一个证书，以证明工程按照合同已经实质性竣工。从此，工程进入缺陷通知期。任何一个精明的承包商，总是希望尽早得到这种证书，因为，从此承包商照管工程的责任就转移给了业主方，而且还可以退回相应比例的保留金。参见第10条［业主的接收］，17.2款［承包商对工程的照管］，以及第14.9款［保留金的支付］。

1.1.3.6 竣工后检验（Tests after Completion）

这也是一类工程检验，此定义包括下列含义：

- 必须在合同中有明文规定的内容，否则，就可认为没有这类检验；
- 如果有的话，应按照专有条件的规定来进行；
- 检验的时间应在工程或其区段竣工后尽快进行。

对于竣工后的检验这一类型，在实践中主要出现在有大量机电安装工作的工程中，在工程竣工后，机电设备运行一段时间后对它们进行检验。土木工程施工合同一般没有此类检验。

1.1.3.7 缺陷通知期

（Defects Notification Period）

缺陷通知期也就是我们通常所说的维修期，这个定义比较复杂，我们分开来看，它包括下列内容：

- 它是指工程师通知承包商修复工程缺陷的期间；
- 这里所说的"工程"指的是业主已经接收并颁发给承包商接收证书的工程或区段；
- 该期限的长短在投标函附录中写明；
- 该期限可以按照第 11.3 款［缺陷通知期的延长］予以延长；
- 该期限从工程/区段竣工日期开始计算，而竣工日期则以接收证书中证明的竣工日期为准。

这一术语与我国工程界常说的维修期或质量保证期（有时简称"质保期"）基本相同，但似乎更科学（为什么？）。

1.1.3.8 履约证书（Performance Certificate）

这个术语在此定义的十分简单，并没有给出其实质性含义，只是说明它是根据第 11.9 款［履约证书］签发的证书。其实，它是一个证明承包商已经完成其所有合同义务的证书，承包商得到此证书，即意味着合同义务履行完毕，工程结束。

1.1.3.9 日（day），年（year）

这两个词的定义不言自明，在此不再解释。

1.1.4 款项与支付（Money and Payments）

这一部分定义主要是关于合同价格与支付方面的，读者应特别注意这些术语的确切含义。

1.1.4.1 中标合同金额（Accepted Contract Amount）

根据此定义，它指的是，业主在中标函中接受的为承包商承建工程而支付给承包商的那一价格。这实际上就是中标的承包商的投标价格。另一种情况是，如果在评标期间发现投标价格计算有误，业主方可以对其修改，得到承包商（严格讲应为"投标者"，为什么？）的确认后，该价格为有效投标价格，有时，业主接受的那个金额就是此经过修改的投标价格。这一金额实际上只是一个名义合同价格，而实际的合同价格只能在工程结束时才能确定。见下一个定义。

1.1.4.2 合同价格（Contract Price）

这个定义有两层含义，一是指在第 14.1 款［合同价格］中定义的那个价格；另一个意思是，这个价格包含根据合同进行的调整。可以看出，这是一个"动态"价格，是工程结束时发生的"实际价格"，即工程全部完成后的"竣工结算价"，而这一价格的确定是经过工程实施过程中的累计计价而得到的。（合同价格与中标合同金额的区别？请思考：根据合同涉及的调整会有哪些方面的原因呢？参见后面的相关条款。）

1.1.4.3 费用（Cost）

根据此定义，费用的含义指承包商在现场内外全部的合理开支，包括管理费和类似收费，但不包括利润。凡在合同中提到"费用"一词，即指的这一含义。请将此定义与相关的费用索赔条款联系起来一起阅读。

1.1.4.4 最终支付证书

（Final Payment Certificate）

根据此定义，最终支付证书是支付证书的一种，是在第14.13款［最终支付证书的签发］中签发的那一支付证书。最终支付证书的签发意味着承包商将从业主方拿到最后的一笔工程款。承包商要想让工程师签发最终支付证书，需要满足哪些条件？参阅后面第14.13款［最终支付证书的签发］等条款。

1.1.4.5 最终报表（Final Statement）

根据此定义，最终报表指的是第14.11款［申请最终支付证书］中定义的那个报表。实际上，最终报表草案就是承包商向工程师提交的工程最终结算申请书，要求工程师签发最终支付证书，经工程师同意后成为最终报表。只有当工程师据此最终报表向业主签发了最终支付证书后，承包商才可以拿到最终结算款。请思考：承包商在什么条件下可以申请？他需要提交资料应包括哪些主要内容？参阅第14.11款［申请最终支付证书］。

1.1.4.6 外币（Foreign Currency）

根据此定义，如果合同款用当地币以外的货币来支付，此类货币在本合同条件中就被称为外币，这是相对当地币而言的。

1.1.4.7 期中支付证书

（Interim Payment Certificate）

根据此定义，期中支付证书是依据第14条［合同价格与支付］而由工程师签发的支付证书，当然，这类证书不包括最终支付证书。由此，我们可以看到，在 FIDIC 合同条件中有两类支付证书，一类是期中支付证书，相对于我们通常所说的进度款支付证书；另一类是我们刚刚读过的最终支付证书，即我们通常所说的最终结算支付证书。工程项目支付中还通常涉及预付款的支付，那么 FIDIC 合同条件中是否有预付款方面的规定呢？如果有，业主是以什么形式来支付预付款呢？参阅第 14.2 款［预付款］。

1.1.4.8　当地币（Local Currency）

顾名思义，它指的是施工所在国的货币。在国际工程中，用一定比例的当地币和外币支付合同款情况是十分普遍的，但支付比例以及兑换率在招标/合同文件中规定。

1.1.4.9　支付证书（Payment Certificate）

包括我们前面所讲的期中支付证书和最终支付证书。参阅第 14 条［合同价格与支付］。

1.1.4.10　暂定金额（Provisional Sum）

单从定义中看，它是合同中明文规定的一笔金额，用于支付第 13.5 款［暂定金额］中提到的某部分工程的实施，设备材料供货以及提供服务所需的款项。虽然此类费用常出现在合同中，但根据实际情况，合同中也可没有此类费用。实际上，暂定金额相当于业主方的备用金，在合同中通常出现此类费用的原因可能有以下几个方面：

- 工程实施过程中可能发生业主方负责的应急费/不可预见费（contingency costs），如计日工涉及的费用；
- 在招标时，对工程的某些部分，业主方还不可能确定到使投标者能够报出固定单价的深度；
- 在招标时，业主方还不能决定某项工作是否包含在合同中；
- 对于某项工作，业主方希望以指定分包商的方式来实施。

也就是说，业主在合同中包含的暂定金额就是为以上情况发生时准备的。这类金额的额度一般用固定数表示，有时也用投标价格的百分数表示，一般由业主方在招标文件中确定，并常在工程量表最部分体现出来。

那么，暂定金额是否是合同价格的一部分呢？FIDIC 没有明确说明，注意：暂定金额的定义只是说"合同中明文规定的金额"，而并没有说明是"包含在合同价格的金额"。但从"暂定金额"和"合同价格"的定义来看,我们可以肯定,实际发生的那部分暂定金额应属于合同价格的一部分。同样,也没有明确规定暂定金额是否为中标合同款额的一部分,但从后面的条款来看,它似乎应包括在中标合同款额中(参阅第 14.2 款[预付款])。既然暂定金额是一种特殊的款项,那么谁来支配这类款项的使用呢?支付的程序又是怎样呢?请参见第 13.5 款[暂定金额]。

1.1.4.11 保留金(Retention Money)

根据此定义,保留金是业主方根据第 14.3 款[期中支付证书申请]在支付期中款项时扣发的一种款额,此款额根据第 14.9 款[保留金的支付]来返还。

那么,合同为什么有保留金方面的规定呢?换句话说,保留金制的性质和目的是什么呢?它实际上是一种现金保证金,与履约保函的性质类似,目的是保证承包商在工程执行过程中恰当履约,否则业主可以动用这笔款去做承包商本来应该做的工作,如缺陷通知期内承包商本应修复的工程缺陷。同时,如果在期中支付过程透支了工程款,业主还可以从保留金中予以扣除。保留金与履约保函一起共同构成对承包商的约束。至于保留金如何扣发和归还,参阅第 14.3 款[期中支付证书申请]和第 14.9 款[保留金的支付]。

1.1.4.12 报表(Statement)

根据此定义,它是承包商在申请工程款时提交的一核心内容,其中包含完成工程量的合同价值以及其他相关情况等。报表包括期中报表(月报表),竣工报表和最终报表。详细见第 14 条[合同价格与支付]。

1.1.5 工程与货物(Works and Goods)

这一部分定义主要是关于工程实施过程中投入的"硬件",即:材料,永久设备,施工机具等,以及产出的"成品或半成品",即:完成的工程或其一部分。

1.1.5.1 承包商的设备(Contractor's Equipment)

根据定义,承包商的设备包括各类用来施工的装置、机器、车辆以及其他物品等。它不包括临时工程,业主的设备,永久设备,材料等构成永久工程一部分的物品。"承包商的设备"这一叫法相当于我国工程界所叫的"承包商的施工机具"。

1.1.5.2 货物（Goods）

这个定义包括的内容最为广泛，它包括承包商的设备、材料、永久设备以及临时工程，也可指它们其中之一。可以认为，它涵盖了一切工程建设过程中所需的物品，包括可消耗的和不可消耗的。

1.1.5.3 材料（Materials）

根据定义，它包括构成永久工程一部分的一切物品和承包商根据合同有时须提供的"仅负责供应的材料"（supply - only materials）。"仅负责供应的材料"就是承包商只需按照合同的要求供应即可，而不是在采购后再进行"加工"使其构成永久工程的一部分。从定义看出，这里所说的"材料"不包括临时工程所用的材料，那么临时工程所用材料应归在哪一类呢？参见1.1.5.7［临时工程］中的解释。

1.1.5.4 永久工程（Permanent Works）

即为最后承包商根据合同承建的整套永久设施，在竣工后移交给业主方，属于业主的财产。

1.1.5.5 永久设备（Plant）

根据定义，凡构成永久工程的一切装置、设备和车辆，都是永久设备。对我们来说，车辆一般属于施工机械，是"承包商的设备"的一种。这里所说的是指构成永久工程一部分的那些车辆。何时会出现这种情况呢？例如，一条石油管线项目，如果它的计量站在运行过程中需要供水，设计方案是采用水车从其他地方拉水，则，承包商为此目的提供的水车就是永久设备，并构成了永久工程的一部分。

1.1.5.6 区段（Section）

从定义来看，它指的是在投标函附录中明确为区段的工程的部分，有时，一个工程分区段，有时则不分，这取决于业主招标时的合同策略。严格地讲，这里的区段应定义为"永久工程"的一部分，这样更严密。在实践中，区段常为相对独立的永久工程部分，与我国所说的"单位工程"接近。请思考：如果工程有区段，那么在工程中划分区段可能出于哪些考虑？对业主和承包商各有什么利弊？

1.1.5.7 临时工程（Temporary Works）

根据定义，它指的是为现场施工所做的一切临时工程。那么临时工程具体包括哪些内容呢? 实际上,它与我们通常所说的"临建"相似,但似乎包括的面更宽一些,我们可以认为它包括:施工营地的住房、办公室、施工便道、便桥、水利工程中的围堰、人工砂石料系统、混凝土拌和系统、加工车间、实验室以及安全和照明设施等。合同一般规定,在工程竣工后,临时工程必须全部拆除,但有时业主会要求承包商保留一些营房等临时工程,以便在工程运行中可以利用。此情况下,应在合同中说明(为什么?)。

1.1.5.8 工程(Works)

根据定义,凡提到"工程",可以指永久工程和临时工程,也可根据情况指其中之一。

1.1.6 其他定义(Other Definitions)

这一部分定义主要是一些不太好归纳,而又比较重要的术语。

1.1.6.1 承包商的文件(Contractor's Documents)

根据定义,承包商的文件包括计算书、计算机程序及其他软件、图纸、手册、模型以及其他技术性文件。其中"其他技术文件"可能包括一些试验报告等。请注意,根据本合同条件的规定,承包商的文件一般不构成合同的一部分,这类文件只是根据合同要求承包商向业主方提交的文件。另外,请大家思考一下,这是一个"施工合同条件",即根据合同的名称,承包商承担的是施工工作,为什么承包商的文件中还包括"图纸"呢?参见第4.1款[承包商的一般义务]。

1.1.6.2 工程所在国(Country)

根据定义,永久工程或工程的主要部分所位于的国家。有时候,对于某些"线性"工程,如管线项目,公路项目,有可能跨越国境线,所以此处定义考虑到了这类情况。那么,工程所在国是否就是业主的国家呢?一般情况下是这样,但有时是不同的,如外资 BOT 或 BOO 项目。

1.1.6.3 业主的设备(Employer's Equipment)

根据定义,这是业主按照规范的规定向承包商提供的各类施工机具和车辆,供承包商在施工期间使用。在规范中,对业主所提供的这些施工设备应有具体规定,如设备类型、牌子、型号、燃料何方负责等。这类设备一般是收费的,但这应在规范或其他合同文件中详细说明,以免造成误解。反过来,如果在规范中根本没有提到这种情况,则意味着业主方不向承包商提供任何施工机具。

1.1.6.4 不可抗力（Force Majeure）

可能考虑"不可抗力"这个定义比较复杂，难以在此用简明的语言定义，所以在此说明，这个术语在第 19 条［不可抗力］中定义。那我们就到第 19 条再讲解吧。

1.1.6.5 法律（Laws）

根据定义，这里"法律"的外延涉及法律、法规、地方细则以及规章几个由高到低各种层次的法律性质的文件。

1.1.6.6 履约保证（Performance Security）

此处没有定义具体的内容，只是说明履约保证指的是第 4.2 款［履约保证］中的那个保证（或几个保证），也可以没有。从定义来看，可能有若干个保证，也可能不要求提供保证，视第 4.2 款［履约保证］的规定，但在近年来的实践中都是需要的，这从该款的规定中也可以看出。之所以这样措辞，可能考虑到偶尔个别项目业主不要求提供履约保函。具体参阅第 4.2 款中的解释。

1.1.6.7 现场（Site）

根据定义，"现场"可包括：

• 永久工程和临时工程用地；
• 永久设备和材料的存放地，仓库等；
• 办公和生活营地；
• 合同明文规定的其他作为现场的用地。

1.1.6.8 不可预见（Unforeseeable）

根据定义，指一个有经验的承包商在提交投标书之前不能合理预见。这就意味着，如果承包商要想证明某一件事是不可预见的，则他必须证明：

• 他不可能在提交投标书前预见该事件，即在承包商编制投标书的过程中无法预见；
• 他必须属于一个有经验的承包商，即：他所做的一切，包括中标前与中标后的一切行为，须被认为是一个有经验的承包商的行为（如：认真研究招标文件，提出质疑问题，按要求进行现场考查等），也就是说，承包商没有预见到该事件的发生，不是他主观上缺乏经验造成的；
• 他没有预见到该事件是合理的。如何理解"合理"一词比较困难。这一条款常涉及发生的有关事件上，如自然条件、外部障碍、污染等。如果承包商恰当地领会了招标文件中的有关信息，进行了符合常规的现场考查，并且在投标书中没有能反映出所发生的事件，那么至少承包商有理由认为自己没有合理预见到这一情况。在此情况下，业主方辩解的理由通常是，预见不到是由于承包商"缺乏经验"。如何理解这一概念，是一个很棘手的问题，需要根据具体问题去分析❶。

1.1.6.9 变更（Variation）

根据定义，"变更"指的是承包商在实施工程的过程中，对工程的任何变动，这种变动需根据业主方（工程师）的指令或者先由承包商提出变更建议，业主方（工程师）批准后方可实施。请思考：变更导致承包商享有哪些权利和义务？对于业主，怎样实现这些权利和义务呢？具体见操作见第 13 条【变更和调整】中的规定。

由于本款的定义比较多，共 58 个，我们现在做一个简单总结。在本款中，定义的术语共分六大类，包括各种合同文件；项目参与各方；日期与竣工；款项与支付；工程和货物以及其他定义，基本覆盖了合同文件中使用的核心术语。通过阅读这一款，我们对 FIDIC 合同条件中所用的术语有了基本的了解。大家应注意的是，这些术语在国际工程实践中并非都具有在此被赋予的含义，有些国际工程合同也不一定采用 FIDIC 合同条件所使用的术语。尽管如此，FIDIC 仍然给出一套比较科学，且在国际工程中比较通用的术语，并给出了我们这样一个理念，即：对于合同文件中的核心概念，无论使用什么措辞，都应先在合同中将其定义明确，避免用词和含义的混乱，对于工程合同，尤其国际工程合同更是如此。

在原文中，每一类定义中的术语按英文字母排列，这样便于读者查找，翻译成汉语后则显得有点凌乱。似乎在本款中还需增加一些定义，才更完整。例如：在定义中有"报表"和"最终报表"的定义，却没有"期中/每月报表""竣工报表"等相关术语的定义。有些定义尚需要进一步的推敲，如：Tender，Appendix to Tender 的定义等。

1.2 解释（Interpretation）

工程合同条款的编制涉及一些词语的用法，这些用法的含义有时并不太

---

❶ 请参阅：
"国际工程索赔权论证中如何处理开脱性条款的原则与实践"一文，天津大学学报（社会科学版）1999 年第 3 期，作者：张水波，何伯森

清晰，因此，需要做出规定，来统一其含义。另外，合同条款都有一个标题，那么，这类标题的作用是什么？是否构成合同内容的一部分？请看本款的规定：

- 阳性代词也可以包括阴性代词；
- 单复数名词可以互相包括对方的含义；
- 关于"同意"（商定，达成一致意见，协议）的规定，都要进行书面记录；
- 书面或书写指手写、打印、印刷、电子制作，并形成永久记录；
- 标题和旁注不构成解释合同的一部分内容。

这一款实际上是对整个合同条件行文措辞方面的一个注解，目的主要是说明，在编写这些条款时，虽然出于行文方便、习惯、语法等，使用名词的单数、阳性代词、动词等，他们同样包括其相对应的情况，如阳性代词也可以包括阴性代词；单复数名词可以互相包括对方的含义；对某些动词的要求也适用于同义的名词等。但本款同时又说明，如果从上下文来看，单复数含义不相同，那么，对于这些词应根据实际情况来理解，不受本款中的原则的限制。（如果您对英文感兴趣，那么请想一想，在英文中，哪些合同中常用的词其单复数具有不同的含义呢？请核实这几组词：damage/damages；liability/liabilities；hostility/hostilities）。

本款对两个措辞做出了专门规定：一、如果某条文中包含"同意"（动词，agree），"同意的（达成一致意见的）（agreed）"，"协议/同意"（名词，agreement）这类措辞时，要求应将所达成协议的事项作书面记录；二、如果提到"书写的"（written），或"以书面形式"（in writing）的措词，应包括"手写的"（handwritten），"打印的"（typewritten），"印刷的"（printed），"电子技术制作的"（electronically made），但它们应能形成永久记录（permanent record），否则，仍不能按书面或书面形式对待。

本款最后规定，在解释合同时，不应考虑合同文件中的旁注文字和标题。

1.3 通信联络（Communications）

怎样才能保证合同双方在项目实施过程中交流畅通，避免信息互换中的混乱呢？本款为此订立了一些规则，包括：

- 给予许可和批准，签发通知和证书，做出决定，提出要求等一律采用书面；
- 上述内容可以派员送达，邮寄或特快专递，也可按双方商定的电子发送系统。派员送达时要有签收，电子发送系统在投标函附录中有注明；

- 通信联络的一般地址在投标函附录中注明；
- 如果收件方通知了对方另外一个地址，此后再通信时应用被通知的新地址；
- 如果一方要求对方给予批准或同意时，在其信函中没有特别说明，那么，收到的函件从哪里发出的，复函就发往哪里。

本款又规定，批准与许可，决定与签证，都不得无故扣发或拖延。签发人在签发给一方证书时，应同时抄送另一方；当业主，承包商以及工程师三者中的两者之间发通知时，应同时抄送另一位。

"签发人"（certifier）指的是谁呢？从上下文来看，应指的是工程师或其授权人，实际上，在此出现这个词似乎比较唐突，如果直接写明"工程师或其授权人"，则显得更易读些。大家想一想，本合同条件中有哪些"证书"呢？想不起来了？就请查一查我们刚刚读过的定义吧。

本款还包含了一个关于索赔权的隐含规定。您发现了吗？现在问您一个问题，假如您是承包商，如果工程师一拖再拖，不给您所要的批准或同意，也不给予决定或证书，您碰到这种情况时应当怎么做呢？如果您是工程师，您知道这么做可能造成的后果吗？这可能就是本款规定的"批准，证书，许可与决定不得无故扣发或延误"的目的。那么如果出现了真的延误或扣发，承包商则可以利用这一规定保护自己。但此时，要鉴定是否是"无故扣发或延误"不太容易，工程师和承包商可能对此有不同的看法。可以说，承包商利用隐含规定来进行索赔相对比较困难。此情况下，他可以借助适用的合同法的相关规定来进行索赔，如我国的合同法就规定了，因发包人（即业主方，包括工程师）的原因耽误工程的实施，应赔偿承包人（即承包商）的损失❶。

1.4 法律与语言（Law and Language）

工程合同需要用书面来表达，其实施过程中的各项活动都有适用的法律所管辖，本款对此是怎样的规定呢？

- 合同适用法律在投标函附录中规定；
- 若合同版本采用一种语言以上，主导语言在投标函附录中规定；
- 通信沟通的语言应按投标函附录中规定，否则，编写合同的语言为通信交流的语言。

本款说明合同的适用法律在投标函附录中规定。一般说来，合同的适

---

❶ 请参见《中华人民共和国合同法》第 16 章 "建设工程合同第二百八十四条"。

用法律为工程所在国的法律。

本款规定，如果合同或其中的某些部分是用一种以上的语言书写的，投标函附录中应规定哪一种语言是"主导语言"，在各语言版本出现不一致时，以主导语言的版本为准。同时在投标函附录中也要说明日常交流使用的语言，如果没有此规定，则认为书写合同的语言为交流语言。一个合同有两种版本的现象在双语国家（bilingual country）比较常见，如中东国家，它们以阿拉伯语为官方语言，但又通用英语。在合同中常将阿拉伯语定为"主导语言"（ruling language），英语作为日常交流的语言。

顺便在此提一下，立志从事国际工程合同管理工作的人士最好能掌握一门外语（最好为英语），因为合同管理的内容很多都离不开对文字的深刻理解。

1.5 文件的优先次序（Priority of Documents）

工程合同恐怕是所有商务合同中最复杂的合同，一般有若干卷构成（您还记得本书中的合同有哪些文件构成吗？）。不管用多少抽象的文字来描述一个"未来的特殊产品"，即待实施的工程，都不可能达到准确无误。由于合同文件形成的时间长，参与编制者人数多，客观上不可避免的在合同各文件之间出现一些不一致，甚至矛盾的地方，那么，合同双方遇到这种情况怎么办呢？本款就是力图解决这方面的问题。

· 组成合同的各个文件之间是可以相互解释（explanatory）的；

· 在解释合同时，合同文件的优先次序如下：

1. 合同协议书；

2. 中标函；

3. 投标函；

4. 专用合同条件；

5. 通用合同条件；

6. 规范；

7. 图纸；

8. 数据表以及组成合同的其他文件。

· 若在文件之间出现模糊不清或发现不一致的情况，工程师应给予必要的澄清或签发有关指令。

请注意，规范和图纸同作为工程的技术文件，但本款明确规定规范优先于图纸。即使在合同中没有规定合同文件的优先次序，若规范与图纸出现矛盾时，法院的判决也往往是规范具有优先权❶。本款的规定是与有关判例一致的。

那么，请您思考这样一个问题：如果出现文件模糊不清或不一致的情况，工程师给予解释或指令，而承包商认为，按这种解释或指令执行工作招致承包商额外开支或延误正常工期，那么在这种情况下，承包商是否有权索赔呢？这里的规定比较模糊，对此情况没有做出具体规定。事实上，这一问题比较复杂，需要根据具体情况，以及合同中的其他规定一起来理解。遇到这种情况，承包商首先考虑的就是：其在投标时是怎样理解的？是否是一个有经验的承包商所做出的合理理解？工程师的澄清或指令与工程范围之间的关系？数据表（工程量表）中的工程量是怎么规定的？相关图纸的情况？工程师的澄清或指令是否符合优先次序？如果承包商有理由证明这超过了合同的工作范围，则可以要求按变更对待，按照第 13 条［变更与调整］的规定来处理，但由于承包商与业主方看待问题的角度不同，对同一问题的解释往往有很大差异，从而会产生争执。在此情况下，如果承包商认为自己一方有比较充分的理由，他可以按合同条件中的争端解决程序来解决该争执。

1.6 合同协议书（Contract Agreement）

前面定义中提到"合同协议书"按第 1.6 款的规定，那么，合同协议书是个什么性质的文件呢？本款是怎么规定的呢？请看本款的规定：

- 在承包商收到中标函之后的 28 天内，合同双方要签订合同协议书，除非双方另有约定；
- 协议书格式按专用条件中所附的格式，签订合同的印花税和类似费用由业主方负担。

从合同协议书的内容上看，它主要规定三个方面的内容：一、整个合同协议书中包含的全部文件中的术语具有合同条件中所定义的含义；二、构成整个工程合同的全部文件的清单；三、说明合同的约因，即承包商保证按合同实施工程，业主按合同约定，支付承包商工程款。这一文件实际上是对整个合同全部文件的一个汇总，以及表达当事人履行合同义务的承诺。

国际工程合同的成立是否必须以签订合同协议书为前提条件呢？不一定，这主要取决于适用合同的法律以及合同的模式。一般来说，合同的订

---

❶ 详见 Harold J. Rosen (1999)：Construction Specifications Writing: Principles and Procedures, Fourth Edition, p6, John Wiley & Sons, Inc.。

立有要约（offer）承诺（acceptance）方式以及采用合同书方式，在第一种情况下，承诺生效时合同成立；在后一种情况下，双方当事人签字和/或盖章时合同成立。就工程合同而言，对于竞争性公开招标的工程，习惯上采用业主颁发招标文件（要约邀请），承包商据此投标（要约），业主颁发中标函（承诺）选定承包商；在业主签发中标函后，合同即告成立。那么，为什么还要签订协议书呢？这大概因为工程合同的文件比较庞杂，合同协议书在此起到一个"归纳总结"作用。但某些工程合同，特别是议标项目，如 BOT 项目中的工程建设一揽子项目，则时常没有中标函，有时即使有，也带有附加条件，不构成承诺。对于此类项目，业主方在评标过程中，需要与承包商进行长时间的澄清和谈判，往往最终以签订合同协议书的形式来使合同成立，FIDIC 银皮书的合同模式即属于这一类型。关于这一问题，请参阅后面对银皮书中相关内容的解释。

1.7 转让（Assignment）

在合同签订之后，若一方希望转让合同，另一方是否必须同意？本款规定的内容如下：

- 只有在另一方事先同意的情况下，一方才能根据同意的内容进行相应的转让，另一方同意与否，完全取决于他自身的意愿，该方不得以任何借口要求他同意转让；
- 但一方（主要指承包商）可以将自己享有合同款的权利作为向银行提供的担保，将其转让给银行。如果承包商这样做，则无须业主方的事先同意。

结合本款，我们简单介绍一下转让的法律含义。合同的转让指的是在不改变合同关系的前提下，合同关系的一方当事人依法将其合同的权利和义务全部或部分地转让给第三人的法律行为。按转让的内容可分为：合同权利的转让，合同义务的转移，合同的概括转让，即权利和义务一并转让。同时以上各种类型的转让可以是部分转让，也可以是全部转让。我们再看一下本款中的措辞。英文中对应我们汉语中的法律术语"转让"一词有两个，一个是本款原文中的 assignment，另一个是 novation。前者通常指合同中权利的转让，后者指将合同中的义务和责任转让给另一方❶，但从本款的规定来看，这里的 assignment 似乎也包含了 novation 的含义，因此本款中规定的转让可以理解为包括这两个方面的总体转让。

那么，本款为什么又特别规定，允许一方不必经过另一方同意可以将

---

❶ 参阅李宗锷　潘慧仪主编：英汉法律大词典，法律出版社，1999。

合同款方面的权利以担保的形式向银行转让呢？我们知道，承包商要开始一项工程，特别是大型工程，前期需要很大的开支，业主方的预付款（advance payment）往往不足以弥补前期开支，承包商需要对差额自行融资，他一般是从银行贷款。对于贷款，银行往往要求借款方提供还款担保。对于工程公司而言，一般银行接受用承包商以今后获得的工程款作为借款担保的条件，有时并要求承包商在该银行开立账户，指定汇入工程款。本款规定的目的，实际上是为承包商前期实施融资提供的一个便利条件。

请思考：本款中规定，"另一方是否同意转让，完全取决于他自身的意愿，该方不得以任何借口要求他同意转让"。此规定有何意义？没有这一规定可能导致什么问题？结合第 1.3 款［通信联络］来思考这一问题。

1.8　文件的照管与提供（Care and Supply of Documents）

一个工程项目涉及大量合同文件和施工文件，如何管理这些文件呢？本款给出了一些相关规定：

- 规范和图纸由业主方保管；
- 业主方向承包商提供两套合同文件，包括随后签发的图纸。如果承包商需要超出两套，他可自行复印，也可从业主方购买；
- 承包商的文件由其自己保管，承包商应提供六套给业主方；
- 承包商应将整套合同文件，规范中提到的各类标准出版物，承包商的文件，变更文件以及其他来往函件等在现场保留一套，业主方人员在合理时间可以随时查阅；
- 如果一方发现某文件中有技术方面的缺陷或错误，应立即通知对方。

这里我们讨论一下关于上面最后一点"相互通知错误或缺陷"的规定。这一规定的目的，大概是通过增加合同一方向对方"通知其发现的有关技术错误"这一义务，尽可能避免施工中发生技术方面的问题。这里可能使人们产生这样的疑问：如果一方的技术文件出了问题，导致了部分工程不合格，那么该方是否可以借口对方没有通知他而推托其责任呢？一般不会。请注意，这里的措辞是"如果发现有技术方面的错误或缺陷"，他才有义务通知，而不是有义务审查对方文件是否有错误。在实践中，要证明对方发现了问题而没有通知自己则是十分困难的。可以认为，这是一项"软"义务，与其认为它规定的是一项义务，还不如认为它是为了达到"有效管理"目的而规定的一个操作程序，提倡的是一种伙伴关系和团队精神。合同的任何一方，尤其承包商一方，企图利用对方的失误来获益的话，则是一种幼稚的行为，到头来会得不偿失。如果合同双方都本着合作的精神来实施工程，则会更有可能成为赢家。请大家进一步思考：如果业主方的图纸错误，导致返工，承包商有权索赔吗？如果有，在索赔过程中应注意哪些问题？（错误是否是常识性的？一个有经验的承包商会发现吗？这种情况下能按变更处理这一问题吗？）

1.9 延误的图纸或指令（Delayed Drawings or Instructions）

在工程实施过程中，技术文件以及指令是否及时签发对承包商的工作会产生很大影响。本款的目的就是解决这一问题。主要内容如下：

- 如果承包商认为在合理的时间内不签发必要的图纸或指令就会影响工程进展，则他应通知工程师；
- 承包商应在该通知中讲清楚需要哪些图纸和指令，需要的详细原因，最晚必须什么时间签发，如果签发晚了会造成什么样的后果；
- 如果承包商发出了符合规定的通知，而工程师仍没有签发需要的图纸和指令，他应向工程师再发出通知，同时可以按照的第20.1款［承包商的索赔］规定的程序向工程师提出索赔工期或费用，并加上合理的利润；
- 工程师收到索赔通知后按第3.5款［决定］来处理；
- 如果工程师不签发图纸和指令是由于承包商的原因造成的，则承包商不享有索赔权。

从这一款的规定来看，承包商应至少注意两点：一、自己应主动向工程师发出有关通知，不能消极等待，通知中应详细说清楚需要的有关内容以及理由，最好以工程师批准的施工计划和安排，现场工程师的要求等作为依据；二、自己的工作应符合合同要求，不能给工程师留下把柄，否则，工程师就有理由或借口拒绝索赔。读者可同时参阅后面的第3.3［工程师的指示］和第8.4款［竣工时间的延长］来理解和体会本款的规定。

1.10 业主使用承包商的文件（Employer's Use of Contractor's Documents）

由于在施工期间，承包商要编制大量施工文件。本款规定了业主使用这些文件的权利。具体如下：

- 承包商的文件的版权归承包商；
- 承包商给予业主方使用，复制，对外交流以及修改此类文件的免费许可证
- 许可证有不可终止性，转让性以及不排他性；
- 许可证使用的时间范围为相应工程部分的使用或预计寿命，以较长者为准；
- 许可证可使合法拥有该工程相关部分的人有权为完成、运行、维

护、修复、拆除该部分而复制，使用或披露给他人；

- 如果承包商的文件是计算机程序或软件，该许可证允许在现场或合同中涉及的其他地点的计算机上使用；
- 如果用于本款规定以外的目的，则业主方在使用，复制，披露承包商的文件之前需要经得承包商的许可。

本款规定的核心即为：承包商签订了此合同，即意味给予了业主方使用承包商的文件的许可证。业主方有权为合同之目的而在工程寿命期间使用承包商的文件，包括对外披露。本款的规定体现了国际工程合同中对版权的重视。

1.11 承包商使用业主的文件
（Contractor's Use of Employer's Documents）

本款的规定与上一款类似，是规定承包商使用业主的文件的权利和条件的。具体如下：

- 业主对其规范，图纸以及其他文件保留版权；
- 承包商为了实施合同可以自费索取，复制，使用这些文件；
- 如果用于合同目的之外，则必须经过业主方许可。

本款的规定，既保障了承包商为实施工程而获得业主方有关文件的权利，也保障了业主对其文件享用的版权。

1.12 保密事项（Confidential Details）

有些承包商在投标时，对自己的某些施工工艺等专有技术列为保密内容，以便保护自己的利益。那么，工程师为了检查工作能要求承包商披露这些保密内容吗？请看本款的规定：

- 即使承包商认为需要保密的内容，为了检查承包商的工作是否符合合同的要求，工程师可以合理要求承包商向工程师披露这些保密内容。

那么，哪些内容通常被承包商认为是自己的保密内容呢？就工程建设领域而言，某些建筑公司经过多年的经验积累，掌握了某些独特的施工技术，提高了施工效率，为了保证其在建筑市场的竞争力，这些公司将此类专门施工技术常常视为其保密内容，不对外公开。此类技术通常被称为"技术诀窍（know-how）"，它不同于专利（patent），不受法律保护，一旦公开，其他单位也可以自由使用。

那么，我们怎么看待红皮书中这一规定呢？首先，这一规定保证了工程师审查承包商施工工艺的权力，但承包商一方可能不欢迎这一规定，因为这会使他们的专有技术披露出去。但为了保护承包商的利益，避免工程师出现过分的要求，本款对工程师的要求进行了一定的限制：一是工程师必须是为了核实承包商的工作是否符合合同的目的才能提出要求；二是这种要求必须是合理的。作为工程师，也应从职业道德角度为承包商保密。

有趣的是，在黄皮书中的相应条款有同样的规定，而在银皮书中的相应条款却作了不同的规定。在银皮书第 1.12 款中规定，业主不能要求承包商向其披露承包商在投标书中列明的保密事项。

1.13 遵守法律 (Compliance with Laws)

一项建设项目要涉及很多法律问题，如区域规划、施工许可、税收、环保、货物进出口等。本款针对这些问题做出了相应的规定，具体为：

- 承包商在履行合同的过程中应遵守适用的法律；
- 业主应为工程建设获得诸如项目计划、规划以及规范中提到的等许可；如果出现这方面的问题，承包商概不负责；
- 在实施工程的过程中，承包商应按法律的要求去签发通知，支付各类税费，获得各类施工许可，批准等；如果出现这方面的问题，业主不负责任。

在此特别强调一下，业主和承包商必须从合同文件和相应法规中查清楚哪些许可是自己一方应负责办理的，以及办理这些许可的程序。合同通常规定，承包商在具体办理过程中，可向业主方进行咨询或要求提供协助，参阅第 2.2 款〔许可证，执照或批准〕。

1.14 共同的及各自的责任 (Joint and Several Liability)

在国际工程中，尤其是大型的工程项目，常常由两方，甚至多方组成联合体进行工程承包，那么，业主对他们有什么要求，他们又怎么向业主承担责任呢？本款就是针对这种情况规定的。

- 承包商可以是依法由两个或多个当事人组成的联营体，联合集团或其他非公司性质的团体；
- 各成员对业主就履行合同的义务负有连带责任，即：若其中某成员不承担责任，业主可以要求另一成员承担；
- 各成员应选定牵头方（也称"主导公司"），通知业主，牵头方有权做出决定，并对承包商和其他成员有约束力；
- 没有业主方的事先许可，承包商不能改变其组成或法律地位。

对于一个工程承包公司来说，与其他公司组成联营体来投标和承揽工程，有利有弊。好处就是各成员优势互补，分工合作，能够增强竞争力，容易中标；不利的就是联营体成员之间可能会出现矛盾，增加了工程管理的复杂程度，如果处理不好，会事与愿违，反而使工程不能顺利进行。因此，承包商在选择合作伙伴时，一定要对其综合考虑，尤其是实力和信誉。

本款提到"联营体（joint venture）"，"联合体（consortium）"，"团体（grouping）"三个术语。在实践中，用得最多的是第一个。对于此类联合，通常可分为法人型的和非法人型的两大类。Consortium 和 grouping 一般不具备法人性质，joint venture 可以是法人型的，也可以是合作型的。这里FIDIC 只是给出这几个常用术语，其具体含义应由合同适用法律来确定❶。

本条到此讲完了，请检查一下自己是否达到了开始提出的要求，并思考下面的问题：

1. 业主的技术要求主要体现在哪些合同文件中？
2. 工程师是独立的一方吗？如果你熟悉红皮书第四版，你能找出这两个版本对工程师定位的差异吗？你对这种转变是怎样认识的？
3. 如果您是承包商，您能从本条的规定中发现哪些索赔机会？

法谚：

义随文理，可求其于上下文。

---

❶ 关于这方面的内容，读者可参阅："国际工程中的联营体"，中国港湾建设 1999 年 4 期，作者：吕文学。

第 2 条　业主（The Employer）

　　一个工程项目仿佛一台戏，其建设过程需要众多的"演员"参与，业主无疑是最重要的一个角色。那么，他有哪些义务，又有什么权利呢？从本条中，我们就可以先了解其中一些。这一条标题为"业主❶"，共包括 5 个子款，规定了业主的义务和权利。关于具体内容，我们还是一起慢慢看吧。

2.1　进入现场的权利（Right of Access to the Site）

　　本款标题虽然为"进入现场的权利"，实际上指的是承包商进入和占用现场的权利。具体地讲，本款规定的就是业主向承包商提供现场的义务，其核心内容为：

　　　　• 业主应按照投标函附录规定的时间向承包商提供现场；如果投标函附录中没有规定，则依据承包商提交给业主的进度计划，按照施工要求的时间来提供；

　　　　• 如果业主没有在规定的时间内给予现场，致使承包商受到损失，包括经济和工期两方面，承包商应通知工程师，提出经济和工期索赔，本款规定，承包商不但可以索赔费用，而且可以增加合理的利润；

　　　　• 工程师收到索赔通知后，按第 3.5 款［决定］的程序来处理索赔；

　　　　• 如果业主没有按时提供现场是由于承包商的原因导致的，如：承包商没有及时提交有关文件等，那么，承包商则无索赔权利。

　　本款同时规定，如果合同规定业主还应向承包商提供有关设施，如基

---

❶　"业主"的英文为 Employer，有的译者将其翻译为"雇主"。

础，构筑物，设备等，也应按规范规定的方式和时间提供。另外本款还提到，承包商对现场可能没有专用权，即；其他承包商也可以使用。如果这样的话，承包商在投标阶段就应考虑这一问题：其他承包商同时在现场施工是否影响自己的现场工作？他应从招标文件提供的信息中查找有关其他承包商承包的工程部分的实施计划，或向业主提出这方面的问题。请思考：如果现场上同时作业的其他承包商影响了承包商的现场工作，承包商是否有权索赔？请参阅第 4.6 款［合作］。

针对本款，合同双方应牢记：

- 业主必须按时提供现场以及相关设施，否则要赔偿承包商的损失；
- 承包商要想索赔，必须：按照合同及时发出通知；保证业主迟给现场不是由于承包商的过错造成的。

与本款有联系比较紧密的条款有：第 3.5 款［决定］，第 4.6 款［合作］，第 8.3［进度计划］，以及第 20.1 款［承包商的索赔］。阅读本款时可以参阅这些条款。

2.2 许可证，执照或批准（Permits, Licences or Approvals）

国际工程中，承包商的若干工作可能涉及许可证等需要工程所在国的有关机构批复的文件，那么承包商怎样获得这些文件呢？由于业主方比较熟悉当地情况，因此国际工程合同条件中往往有业主应协助承包商获得这些文件的规定。本款就是这个目的，主要内容有：

- 如果业主能做到，他应帮助承包商获得工程所在国（一般是业主国）的有关法律文本；
- 在承包商申请业主国法律要求的许可证，执照或批准时给予协助，这方面的情况可能涉及承包商的劳工许可证，物资进出口许可证，营业执照，安全方面，环保方面等。

需要注意的是，取得任何执照和批准等的责任在承包商一方，此款规定的只是业主"合理协助"，至于协助的"深度"，往往取决于承包商与业主的关系以及项目的执行情况。

2.3 业主的人员（Employer's Personnel）

项目现场作业的复杂性，要求合同各方人员在施工现场必须密切合作，这是现场施工有序进行的一个基本条件。为了保证项目各方的合作，通常在合同条件中纳入相关规定。本款的目的就是规定业主承诺业主的人员在现场配合承包商的工作，并遵守有关安全和环保规定。本款要点如下：

- 业主保证其人员配合承包商的工作；

- 业主保证其人员遵守关于项目安全与环保的规定。

第4.6款［合作］规定承包商应在各个方面给予业主的人员合作，因此，作为对等条件，在此款对业主也作了类似规定。同样道理，第4.8款［安全］与第4.18款［环境保护］提出了对承包商的安全和环保要求，作为对等条件，此款规定，对承包商提出的要求，业主也应保证其人员遵守。然而，在国际工程实践中，很多合同只对承包商单方面做出了类似规定。本款的规定，反映了FIDIC在处理这一问题上的公平立场。

2.4 业主的资金安排（Employer's Financial Arrangements）

当今国际工程市场上，业主拖欠承包商的工程款是一种屡见不鲜的现象，这不仅对承包商不公平，而且导致承包商消极履约。为了减少这种情况，提高合同双方的履约水平，本款对业主的资金安排给出了相关规定，要点如下：

- 如果承包商提出要求，业主应在28天内向承包商提供合理证据，证明其工程款资金到位，有能力按合同规定向承包商支付；
- 如果业主对自己的资金安排要做出大的变动，他应通知承包商，说明详情。

本款并没有说明业主提供的"合理证据"是什么。一般情况下，应为银行证明之类的文件。

本款的规定使业主的项目资金安排有一定的透明度，能够增强承包商履约的信心。

2.5 业主的索赔（Employer's Claims）

如果承包商违约，给业主造成损失，业主当然有权从承包商那里索取赔偿。本款就是规定了业主从承包商处索取赔偿的程序，要点如下：

- 如果业主认为根据合同的规定有权向承包商索赔某些款项和要求延长缺陷通知期的时间，业主或工程师应向承包商发出通知，并附详细说明书；
- 如果由于业主向承包商提供了水电，燃气，设备以及服务等而承包商应支付业主的话，则业主或工程师不必发出上述通知；
- 业主应在意识到引起索赔事件发生后尽快发出通知；
- 如果是要求延长缺陷通知期，则通知应在缺陷通知期届满之前发出；
- 通知所附的详细说明书包括业主索赔所依据的条款；索赔金额与延长缺陷通知期的时间的论证书；
- 在此类通知发出后，工程师可以决定承包商支付业主的赔偿额和缺陷通知期的延长时间；

- 可以从合同价格中和支付证书中扣除业主获得的索赔额。

本款的规定，规范了业主向承包商索取赔偿的程序。阅读本款，请同时参阅第 20.1 款［承包商的索赔］。

本条到此讲完了，请检查一下自己是否达到了开始提出的要求，并思考下面的问题：

1. 如果您是承包商，当业主没有按时移交现场，您怎样处理这一问题？您所关心的只是尽可能从业主获得最多赔偿吗？
2. 如果您是业主，您是否认为本条中关于承包商有权了解业主项目资金的安排是否合理？为什么？

管理者言：

业主自身的行为将很大程度上决定其最终获得是优质"产品"还是劣质"残品"。

第3条 工程师（The Engineer）

〰〰〰〰〰〰〰〰〰〰〰〰〰〰〰〰〰〰〰〰〰〰

学习完这一条，应该了解：

- 工程师的权力和职责范围；
- 工程师如何委托其权力给其助理人员；
- 工程师如何下达指令；
- 对业主更换工程师有何限定；
- 工程师做决定时应遵循的程序。

〰〰〰〰〰〰〰〰〰〰〰〰〰〰〰〰〰〰〰〰〰〰

业主过后，另一个核心角色，项目实施过程中的具体管理者－工程师开始登场。既然是项目的管理者，他有哪些职责？为履行这些职责他又有哪些权力呢？履行职责和行使权力时他又必须遵循什么程序呢？业主有权更换工程师吗？从本条中，我们就可以基本找到答案。这一条标题为"工程师"，共包括5个子款，规定了上面这些问题涉及的方方面面。工程师在合同中到底是怎样的一个角色呢？根据其定义和相关的规定（大家是否还记得？如果不记得了，您还得再查阅一下第1.1.2.4款［工程师］和第1.1.2.5款［业主的人员］），我们至少可以认为：

- 他受雇于业主来管理工程项目；
- 他属于业主的人员，不是独立的第三方；
- 他按照业主与承包商签订的合同中授予他的权力来履行其职责；
- 他是业主方管理工程的具体执行者。

在国外，这个角色的全称为"咨询工程师"，在本合同条件中简称为"工程师"。

现在我们还是一起慢慢看具体规定。

3.1 工程师的职责和权力（Engineer's Duties and Authority）

工程师是业主方管理合同的具体执行者，作为一个管理者，合同中必须规定清楚他有哪些职责，以及为履行这些职责所赋予他的权力。本款就是针对此问题给出了具体的规定，主要内容可归纳如下：

- 业主应任命工程师来管理合同，工程师应履行合同中规定的职责；

- 工程师的职员应是有能力履行这些职责的合格技术人员和其他专业人员;
- 工程师无权更改合同;
- 工程师可以行使合同明文规定和必然隐含的赋予他的权力;
- 如果业主方对工程师某些权力有限制的话,应在专用条件中列明;
- 除了列明的限制之外,在签订合同后,没有承包商的同意,业主不得再进一步限制工程师的权力;
- 即使按照专用条件,工程师行使的某项权力需要得到业主的批准,一旦工程师行使了该权力,不管他是否获得了业主的批准,从承包商角度来看,都应被认为已经获得了业主的批准;
- 无论是工程师行使其权力,还是履行其职责,都应看做是为业主做的工作;
- 工程师无权解除业主和承包商的义务和责任;
- 工程师的任何批准、检查、证书、同意、通知、建议、检验、指令和要求等不解除承包商在合同中的责任;
- 对于最后三点内容,如果合同条件中另有规定,则为例外。

现在我们针对最后一点讨论一下。有些读者对工程合同中此类规定难以理解,认为此规定不合理,承包商怎么对工程师已经批准的工作仍要负责呢?要理解这一点其实并不难,因为工程是一个特殊的"产品",工程师只是这个"产品"制造过程中的监督和管理者,他的批准等只是允许承包商进行下一道工序或临时认可完成的工作量,只是保证这个"产品"的制造过程符合合同规定的方式以及良好的惯例,而承包商是承诺向业主方最终提供合格工程的一方。就工程项目这个特殊的"产品"而言,业主购买的是符合合同规定的最终"产品",他聘用工程师来管理工程只是为了保证"产品合格"的一个手段。但有一点需要注意的是,如果工程师的有关要求或指令超出了合同规定的范围,上面的规定并不影响承包商依据合同条件的其他条款进行索赔的。

3.2 工程师的委托 (Delegation by the Engineer)

在红皮书的模式下,工程师❶ 代表业主管理整个工程,而大型项目的复杂性使得工程师需要将业主授予他的权力再委托给他的职员。为了便于

---

❶ 我们前面也讲过,"工程师"可以指一个人,也可以指一个公司,若属于后者,一般工程师的首席代表,即我国所说的"总监理工程师",全权行使"工程师"职权,这里的委托可以被看做是总监对其下面的人员的权力的委托。

与承包商之间的沟通，需要让各参与方，尤其是承包商了解这种权力委托程序以及授权范围，这是高效率的管理所要求的。因此，在合同中通常给出这方面的规定。本款的目的就在于此。我们先看要点：

- 工程师可以随时将有关权力和职责委托给下属人员，并可以撤回，工程师的下属人员包括一些驻地工程师和若干对设备材料进行检验的检查人员；
- 此类委托或撤回应以书面形式，并在业主和承包商双方收到书面通知后生效；
- 但关于重大职责和权力，工程师要想委托，必须经过业主和承包商同意。这类重大职责和权力体现在第3.5款［决定］；
- 工程师的助理应为合格人员，他们应有能力履行被委托的职责和行使被委托的权力，能够用合同规定的语言进行交流；
- 助理人员应严格按被委托的职责与权力而向承包商下达指令，助理人员下达的此类指令的效力与工程师下达的完全一样；
- 如果助理人员没有否决某项工作，永久设备和材料并不等于最终批准，工程师仍有权拒绝；
- 若承包商对助理人员的决定或指令有异议，可以向工程师提出，工程师应立即确认，撤回或修改。

在此重点分析上面最后三点内容。工程师的助理不能越权下达指令，如果他下达的指令超出其权力范围，承包商可以拒绝接受（请思考：承包商从哪里了解工程师助理的授权范围呢？）；如果承包商接受了此类越权指令，后果应由承包商自己承担；如果承包商对工程师助理的指令有疑问，则他有权向工程师提出，工程师必须尽快答复，承包商按工程师的答复来执行工作。请大家思考这样一个问题：如果工程师的助理验收了承包商的某施工工序，承包商已经开始了下一道工序的作业，但工程师到现场后却认为该工序不合格，要求返工，请问，工程师是否有权这样做？回答应是肯定的，因为工程师有权拒绝助理人员没有否决的工作。那么，承包商有权对造成的损失索赔吗？这要看具体情况。如果承包商的工作的确不符合合同规定，他应立即按工程师指令返工，而不应借口工程师助理已经验收或批准而拒绝返工，此时一般不能索赔；如果承包商能证明该项工作符合施工规范，图纸等合同规定，他就可以推定，工程师否决该项工作的指令属于变更指令，因此有权提出索赔，参阅第3.3款［工程师的指令］以及第13条［变更与调整］。不过，承包商最理智的做法是向工程师提出适当的证据，证明该项工作是符合合同规定的，说服工程师撤回其指令。无论是承包商的管理人员，还是业主方管理人员，应当牢记，以合作的态度去处理问题是"双赢"的基础，也是高水平管理工作的体现。

3.3 工程师的指令（Instructions of the Engineer）

签发指令是工程师的主要工作内容之一，也是他管理承包商的一个重要手段。工程师有权签发哪些指令呢？指令涉及的工作超过合同范围怎样处理？是否允许工程师给予口头指令？本款解答了这些问题，要点如下：

- 如果是为了实施工程所需，工程师可以根据合同随时向承包商签发指令和有关图纸；
- 承包商只能从工程师或工程师的授权代表处接收指令；
- 如果工程师的指令构成了变更，则按第 13 条［变更与调整］来处理；
- 工程师关于合同事宜签发的任何指令，承包商应遵照执行；
- 工程师一般应以书面形式签发指令；
- 必要时，工程师也可以发出口头指令。在这种情况下，承包商应在接到口头指令后的两个工作日内，主动将自己记录的口头指令以书面形式报告给工程师，要求工程师确认，如果工程师两个工作日内不答复，则承包商记录的口头指令即被认为是工程师的书面指令。

阅读本款，承包商应特别注意，工程师签发的指令是否超越了合同规定的范围。从理论上讲，如果指令涉及的内容超过了合同规定的工作范围，工程师应主动以变更命令的形式发出，这样既体现出工程师的公平，又提高了双方的工作效率。但在实践中，工程师在签发指令时常常只是指示承包商去做某项工作，并不提及该指令是否超过承包商的工作范围，是否按变更对待。工程师这样做的原因很多，可能为了保护自己和业主的利益；也可能合同中的工作范围的界限本身不十分清楚等。在此情况下，承包商应认清自己的合同义务，如果认为工程师的指令超越了合同规定的工作范围，应及时向工程师提出，并提出有关证据，证明自己的权利，保护自己的利益。阅读本款，可同时参考第 1.3 款［通信联络］和第 13 条［变更与调整］。

此外，任何他方（如政府部门，业主等）对工程项目发出的指示都应通过工程师下达给承包商，承包商才能接受此任务，并分清是合同内的工作，还是变更内容。

3.4 工程师的更换（Replacement of the Engineer）

工程师是工程建设过程中的一个重要角色，他受雇于业主并代表业主来管理承包商。但如果业主认为他不胜任，他有权撤换工程师吗？本款给出了这方面的规定，要点如下：

- 如果业主打算撤换工程师，应至少提前 42 天将拟替代人的名字，地址，有关经验通知给承包商。
- 如果承包商反对替代人选，并说出反对的正当理由，则业主就不能拿该人选来替代原来的工程师。

鉴于工程师的管理水平对工程的实施影响很大，因此，业主在挑选工程师（监理单位）时应特别慎重，应特别注意工程师的管理水平，经验，信誉等。国际上，业主在选择工程师时一般是按工程师的能力来选择，对费用因素考虑比较少，因为一个工程的监理费相对于工程造价来说很低，"选择工程师不是业主省钱的地方"❶。优秀的工程师是保证项目成功的一个重要因素。

另外，从管理的角度而言，业主不应轻易地更换工程师，因为这将打乱项目执行的连续性，甚至引起承包商的索赔。（请思考：您认为"业主更换工程师需要得到承包商的同意"的规定是否合理？为什么❷?）

3.5 决定（Determinations）

在工程的实施过程中，有许多地方都要进行决定，包括合同双方对某一问题的不同看法。作为一个管理者，工程师还兼有"临时裁判"的特殊角色，这就是合同赋予给他的权力之一。那么他怎样行使这一权力呢？请看本款的规定：

- 当合同中要求工程师根据本款决定某事宜时，他应与每方商量，力争使双方达成一致意见；
- 若达不成一致意见，他应根据合同，结合实际情况，公平处理；
- 工程师应将自己的决定通知双方，并说明如此决定的理由；
- 如果一方对此决定有异议，可按第 20 条［索赔，争端与仲裁］来解决，但在最终解决之前，双方应遵照执行工程师的指令。

我们说，在工程管理界，工程师是一个特殊角色。这一角色来自于英国传统的工程采购方式，后被 FIDIC 引入其合同版本。但工程师的地位似乎也在逐渐变化。在 FIDIC 红皮书第 3 版（1977），工程师还被明确标明是独立的一方；到了第 4 版（1987），独立 "independent" 一词就不见了，但

---

❶ 请参阅 FIDIC 出版的 "Selection by Ability"（按能力选择），这本书中提出了业主选择工程师应遵循的一些指导原则。

❷ 请参阅 FIDIC "电气与机械合同条件应用指南"（1988 年第二版），周可荣等译，航空工业出版社，1996。

仍单独拿出一个条款来规定"工程师应行为无偏（impartial）。"到了这 99 年新版，也许大家已经发现，工程师已经成为了业主方的一员（从哪里可以看出?），并且删除了第 4 版中的关于工程师应行为无偏的那一条款，只是在本款提到，工程师在决定时应公平（fair）。因此，我们可以得出的结论是，"工程师"这一特殊角色，越来越向业主靠拢，逐渐失去其独立性。其"准仲裁员"的部分功能也被新出现的另一角色"争端裁定委员会"（DAB）所取代，见第 20 条［索赔，争端与仲裁］。

怎样理解"工程师在做出决定时应当公平"这种"软"约束力呢？我们认为，如果工程师的行为被认为是公平的，他的决定应符合下列条件：

1. 符合合同的规定和精神；

2. 考虑到发生的实际情况；

3. 倾听双方的意见，而不是一味听从业主一方的意见。

本条到此讲完了，请检查一下自己是否达到了开始提出的要求，并思考下面的问题：

1. 本条赋予了工程师管理合同的很大权力，但同时强调他无权更改合同，这样规定的道理在哪儿？

2. 如果在专用条件中规定，工程师在批准承包商的索赔之前需要得到业主的批准，但工程师在批准了承包商的索赔之前并没有征得业主的批准，按照本条的规定，业主有权拒绝该索赔吗？

3. 近几年，在我国工程管理界和学术界曾针对"工程师"这一角色的法律地位展开了讨论，引起了对这一角色的不同看法，有人认为，"工程师"为业主的代理，而有些人则不同意这种观点，认为他是独立的工程管理者。当然，他们争论的依据是 FIDIC 红皮书第四版。您认为，根据新版红皮书，"工程师"是怎样一种角色？

管理者言：

工程师虽然不是"中间人"，但优秀的工程师在行使其职权时决不会站得太偏。

第 4 条　承包商（The Contractor）

学习完这一条，应该了解：

- 承包商在合同中的基本义务；
- 履约保证的相关规定；
- 对承包商的代表的要求以及对分包，转让，合作以及现场放线的规定；
- 关于现场作业，安全，质量保证，环保的规定；
- 关于现场数据，现场条件，道路通行权，运输，化石等方面承包商所承担的责任和享有的权利；
- 关于进度报告的内容以及提交程序的规定。

再好的项目构想，要想使之变为现实，最终还得靠承包商。在新红皮书模式下，可以说，业主，工程师，承包商在整个项目建设过程构成整个项目组织的三位一体，决定着项目建设过程的成败。本条主要规定承包商在施工工程中的基本义务，对承包商提出了总体要求，并规定在某些特殊情况下承包商可以获得的权利。现在我们一起看具体内容。

4.1　承包商的一般义务（Contractor's General Obligations）

承包商是工程的具体实施者。一项工程十分复杂，要想让承包商完成该工程，在合同条件中，一般先简练但比较笼统地规定出承包商的基本义务，而具体的工程范围和执行工程的标准和规范等在合同其他相应的文件中规定。我们来看一看，本款是怎样规定承包商的基本义务的。本款主要内容可归纳如下：

- 承包商应根据合同和工程师的指令来施工和修复缺陷；
- 承包商应提供合同规定的永久设备和承包商的文件；
- 承包商应提供其实施工程期间所需的一切人员和物品；
- 承包商应为其现场作业以及施工方法的安全性和可靠性负责；
- 承包商为其文件，临时工程，以及永久设备和材料的设计负责，但不对永久工程的设计或规范负责，除非有明确规定；

- 工程师随时可以要求承包商提供施工方法和安排等内容；如果承包商随后需要修改，应事先通知工程师。

本款还规定了另一种情况，即：如果合同要求承包商负责设计某部分永久工程，承包商执行该设计的程序。简述如下：

- 承包商应按合同规定的程序向工程师提交有关设计的承包商的文件；
- 这些文件应符合规范和图纸，并用合同规定的语言书写；这些文件还应包括工程师为了协调所需要的附加资料；
- 承包商应为其设计的部分负责，并在完成后，该部分设计应符合合同规定这部分应达到的目的；
- 在竣工检验开始之前，承包商应向工程师提交竣工文件和操作维护手册，以便业主使用；不提交这些文件，该部分工程不能认为完工和验收。

从上面的内容看出，即使在施工合同中，业主有时也让承包商负责某部分永久工程的设计。

这一款属于工程施工合同条件中的一个典型条款，承包商通过该条款，能基本看出自己在合同中的一般义务。

4.2 履约保证（Performance Security）

国际工程中，业主方往往要求承包商提供履约保证，保证承包商按照合同履行其合同义务和职责。本款是关于履约保证的一个典型条款，主要内容如下：

- 承包商应自费按投标函附录规定的金额和货币办理履约保证，以保证其恰当履约；
- 承包商应在收到中标函之后的 28 天内将履约保证提交给业主，同时抄报给工程师复印件；
- 开出履约保证的机构应得到业主的批准，并来自工程所在国或业主批准的其他辖区；
- 履约保证格式应采用专用条件后面所附的范例格式，也可用业主批准的其他格式；
- 承包商应保证，在工程全部竣工和修复缺陷之前，履约保证应保持一直有效，并能被执行；
- 如果履约保证中的条款规定有有效期，如果承包商在有效期届满之前的 28 天前仍拿不到履约证书，他应将履约保证的有效期相应延长到工程完工和缺陷修复为止；
- 业主只有下列情况下才能依据履约保证提出索赔：

1. 承包商没有按上面的规定延长履约保证的有效期，此时业主可以将该履约保证全部没收；
2. 在双方商定或工程师决定后的 42 天内，承包商没有支付已商定或工程师决定的业主的索赔款；
3. 在收到业主方发出的补救违约的通知之后 42 天内，承包商仍没有补救；
4. 业主有权终止合同的情况。

- 如果业主无权提出履约保证下的索赔，但他仍这样做了，由此导致承包商的一切损失均由业主承担，包括法律方面的费用；
- 业主在收到工程师签发的履约证书 21 天内将履约保证退还给承包商。

这里我们对履约保证的类型解释一下。在国际工程中，履约保证有几种类型，最常见的是银行开的履约保函，英文为 Performance Bank Guarantee，这类保函的额度通常为合同额的 10%；它又分为有条件的（conditional）和无条件的（unconditional/demand）两种。

有条件的履约保函通常规定，业主在没收❶ 保函之前要通知承包商，说明理由，并经承包商同意，或者当承包商不同意时，仲裁裁决业主有权没收保函，只有这样，开具保函的银行才会同意业主兑现履约保函，无条件履约保函则没有先决条件，只要业主认为其有权没收，直接可以到银行将保函兑现。

另一为担保公司或保险公司开的履约担保，英文为 Surety Bond，其额度一般比较大，有的业主甚至要求合同额的 100%；这两类保证中条款的内容在国际上并无统一格式，在新版合同条件后面附上了 FIDIC 推荐的这两类履约保证的范例格式。

在某些国家,如美国,限于法律的规定,通常采用"备用信用证"（standby Letter of Credit）作为履约保证。FIDIC 以前提倡使用有条件履约保函,但在新版合同条件推荐的范例格式为"即付"保函,即无条件保函,这反映出 FIDIC 某些原则的变化。作为承包商,在实践中,一定要注意履约保证中条款的具体规定,包括额度,业主依据保函索赔的条件,有效期等。

4.3 承包商的代表（Contractor's Representative）

"千军易得，一将难求"。对于承包商来说，选择一个有能力的代表是项目成功的开始。在本款中所说的"承包商的代表"，在我国习惯称为承包

---

❶ 业主并不一定将整个保函全部没收，有时只是从履约保函中没收其中的一部分，具体取决于业主认为承包商的违约给其造成损失的大小。

商的"施工项目经理"。由于承包商的代表是项目中一个十分关键的人物，在合同条件中通常有一专门条款来规定对他的要求，如：其权力、职能、任命程序、资格等。我们来看本合同条件对这一角色的规定。

- 承包商应任命承包商的代表并赋予其在执行合同中的一切必要权力；
- 承包商的代表可以在合同中事先指定；如果没有指定，在开工之前，承包商提出人选及其简历提请工程师同意；如果工程师不同意或同意后又收回了同意，承包商应提出其他合适人选，供工程师同意；
- 没有工程师的同意，承包商不得私自更换承包商的代表；
- 承包商的代表应把其全部时间用于在现场管理其队伍的工作；如果施工期间他需要临时离开项目现场，应指派他人代其履行有关职责，替代人选应经工程师同意；
- 承包商的代表应代承包商接收工程师的各项指令；
- 承包商的代表可以将他的权力和职责委托给他的有能力的下属，并可随时撤回；但此类委托和撤回必须通知给工程师后才生效，被委托的权利和职责应在通知中写清楚；
- 承包商的代表和被委托权利的关键职员应能流利地使用合同规定的语言来交流。

我们说，判断一个合同条款编写的好坏，有一些基本标准，其中一个重要的标准就是看是否有利于项目的顺利实施以及工作效率的提高。本款的规定基本上反映了这一原则。请读者思考一下：您能从管理学的角度来解释一下上面所列的第一项和倒数第二项中那样规定的好处吗？

另外，本款对承包商的代表的语言提出了要求，即：必须能流利使用合同主导语言进行交流。这说明，语言作为人们之间交流沟通的工具，其重要性越来越为国际工程界所重视。毫无疑问，如果一个项目各方的关键人员能够用同一种语言流利地交流，其工作效率将会大大提高。希望我们从事国际工程承包的项目经理都能达到这一要求。

4.4 分包商（Subcontractors）

与业主，工程师，承包商三方相比，也许分包商这一角色在项目中不是那么"耀眼"，但在随着国际工程市场上业主国对输入外来劳工的限制越来越严厉，国际工程承包模式越来越朝管理型方向转变的情况下，分包商在项目中的作用也越来越为业主方和承包商方所关注。国际工程主合同中大都有关于分包的规定，请看本款对分包商是怎样规定的：

- 承包商不得将整个工程分包出去；
- 承包商应为分包商的一切行为和过失负责；

- 承包商的材料供货商以及合同中已经指明的分包商无需经工程师同意;
- 其他分包商则需经过工程师的同意;
- 承包商应至少提前 28 天通知工程师分包商计划开始分包工作的日期以及开始现场工作的日期;
- 承包商与分包商签订分包合同时,分包合同中应加入有关规定,使得分包合同能够在特定的情况下将分包合同转让给业主。见第 4.5 款 [分包合同权益的转让] 和第 15.2 款 [业主终止合同]。

本款主要是业主对工程分包提出要求。对承包商而言,分包商工作的好坏,直接影响整个工程的执行。在选择分包商时,要注意其综合能力,具体要考虑四个因素:报价的合理性;技术力量;财务力量;信誉。

除了上面提到的方面外,在分包工作实施的过程中,还应注意以下问题:

一、在分包工作实施的过程中,总承包商自身必须首先遵守分包合同的规定,履行自己在分包合同的义务。这就要求总承包商应当注意自己的内部管理。如果总承包商内部管理出现问题,管理脱节,在总承包商与分包商之间产生了交叉责任,就会给分包商逃避其责任提供了借口。

二、对于某些类型的工作,也不能单纯地按工作量付款,否则,对于较容易做的工作,分包商愿意去做,对于那些难干的部分,则没有积极性,容易拖延进度。

三、雇佣分包商应遵守工程施工所在地的法律和符合主合同的要求,总承包商应了解当地法律对雇佣分包商的规定,总承包商是否有义务代扣分包商应交纳的各类税收,是否对分包商在从事分包工作中发生的债务承担连带责任。有的主合同规定,在最终款项结算之前,总承包商要提供一份宣誓书(Affidavit),保证并证明他已经支付了在工程执行过程中发生的一切债务,包括其分包商所发生的债务。因此,总承包商应对分包商有同样的要求。

四、由于分包商与业主没有合同关系,从合同角度来说,分包商无权直接接受业主的监理人员或代表下达的指令,如果因分包商擅自执行业主的指令,总承包商可以不为其后果负责。但在工程的实际执行过程中,为了工作的便利,业主、总承包商以及分包商三方可以制定一协调程序,规定在何种情况下,业主的监理人员或代表可以直接向分包商发布指令,以便提高工作效率。

五、对于分包工作,总承包商不能存在以包代管的思想,因为受具体条件的限制,总承包商雇佣的分包商自身的管理水平可能还比较低,尤其是一些小分包商,更关心的是其效益,有时不太讲信誉。所以,总承包商要派专人来监督和管理分包商的工作,及时提醒和纠正分包商工作出现的问题，使分包工作按时、保质地进行，从而为总承包商顺利完成整个工程提供可靠的保证。

4.5 分包合同权益的转让（Assignment of Benefit of Subcontract）

工程竣工之后，还有维修期（Maintenance Period）❶，通常为一年。但有时，承包商雇佣的分包商，如提供机电设备的分包商（供货商）按分包合同或适用法律向承包商提供一年以上的维修保证。这就出现了一个问题：如果在承包商的维修期结束之后，分包商的维修期还没有届满，此时若分包商提供的设备出了问题，业主既不能找承包商也不能找分包商，因为承包商的维修义务完全结束，而且业主与分包商没有合同关系。本款的规定就是为了解决这一问题的，主要规定如下：

- 如果有关的缺陷通知期届满之日分包商的义务还没有结束，工程师可以在该日期之前指示承包商将从此类义务的获得的权益转让给业主，承包商应照办；
- 如果在转让中没有特别说明，承包商不对分包商在转让之后实施的工作向业主负责。

上面第一点中所说的"有关的缺陷通知期"指的是主合同下涉及分包工作内容的那一缺陷通知期。

从本款规定中可以看出，只有工程师在主合同中涉及分包工程的那一缺陷责任通知期届满之前通知承包商，承包商才有义务安排有关转让事宜。如果转让后，分包商的工作出了问题，承包商一概不负责。在此问大家一个问题：分包商必须同意将自己对承包商承担的义务转让给业主吗？为什么？（参阅上面我们刚刚读过的那一条款。）

4.6 合作（Cooperation）

对于有些工程来说，尤其是一些大型项目和改建项目，施工现场可能不为承包商独自占用（参阅第 2.1 款［进入现场的权利］），因此在现场上可能出现多方同时施工的情形，也就可能出现相互干扰的情况。此时，要保持现场高效率的作业，各方之间的"合作"至为重要。为了促使各方合作，合同往往将"合作"规定为承包商的义务，本款即是这一目的。我们来看具体内容：

- 如果在现场或现场附近还有其他方的人员工作，如：业主的人员，

---

❶ 在 FIDIC 红皮书第 4 版中，此术语被称为"缺陷责任期"（Defects Liability Period），在这套新版中被称为"缺陷通知期"（Defects Notification Period），见定义 1.1.3.7 和第 11 条［缺陷责任］。

业主的其他承包商的人员，某些公共当局的工作人员，承包商应按照合同的规定或工程师的指令为他们提供合理的工作机会；

- 如果工程师的指令导致了承包商某些不可预见的费用，该指令应构成了变更；

- 承包商向上述人员提供的服务可能包括让对方使用承包商的设备，临时工程，以及负责他们进入现场的安排；

- 根据合同，如果要求业主按照承包商的文件给予承包商占用某些基础、结构、厂房或通行手段，承包商应按照规范中规定的方式和时间向工程师提供此类文件。

在阅读这一款时，如果您是承包商，应注意自己在合同中的任务范围，应能立即判断出在什么情况下工程师的指令构成了超出自己的工作内容，构成了变更，并主动要求工程师按变更程序处理。另外，上面第三点的规定本身并不十分清楚。但结合上下文，我们可以推断出，这一规定，只是在工程师要求承包商向其他方提供此类服务时，承包商有责任这样做，但并不意味着承包商免费为对方提供那些设施和服务，除非合同的工作范围内有相关内容。笔者认为，这一点的规定应更明确些。

4.7　放线（Setting Out）

承包商现场开工的第一步就是派自己的测量工程师在现场进行测量放线，确定整个工程的位置。放线需要的原始数据一般在合同中规定或由工程师通知给承包商。本款规定的是在放线出现错误时双方的责任问题，要点如下：

- 承包商应按照合同规定的或工程师通知的原始数据进行放线；

- 承包商应负责工程各个部分的准确定位，如果工程的位置、标高、尺寸、准线等出了差错，他应修正；

- 如果业主提供的原始参照数据出现错误，则业主方应负责，但承包商在使用这些数据之前应"使用合理的努力"来核实这些数据的准确性；

- 如果业主提供的原始数据出现问题，一个有经验的承包商也无法合理 发现，并且无法避免有关延误和费用，则承包商应通知工程师，并按照第20.1款［承包商的索赔］去索赔工期、费用和利润；

- 工程师接到承包商的通知之后应和双方商定或自行决定此类错误承包商是否事先可以合理发现；若不能，应给予承包商延长工期、费用和利润。

从本款的规定看出，虽然业主对其提供的错误数据负责，但同时又规定，承包商负有核实业主方提供的原始数据准确性的义务。即使业主方提供的数据出现错误，承包商要想索赔成功，需要满足三个条件：

1. 首先证明，业主的错误数据导致他延误了工期和额外费用；
2. 然后证明，承包商无法合理发现此类错误，即：自己一方在履行了"使用合理的努力"之后仍没有发现错误；
3. 按照第 20.1 款［承包商的索赔］规定的程序及时发出索赔通知。

对于此类索赔，争执可能往往发生在承包商是否在使用之前本应发现数据中的问题。承包商应建立自己内部的文件审核系统，对提交给业主的文件以及从业主接收的文件按程序进行审核，并进行记录，这样，至少从程序方面显示出自己履行了"核实"义务。

笔者认为，一个承包商要想立足市场，取得业主的信赖，赢得信誉是十分重要的，这需要向业主显示自己高水平的业务能力和良好的职业道德。企图利用业主的失误来获取额外利益，是一种十分有害的短视行为。本款的"弹性"编写方式也反映出 FIDIC 这样一种思想：即：既避免业主方不负责任随意给出原始数据的做法，又防止承包商投机取巧的行为。

4.8 安全措施（Safety Procedure）

工程建设过程比较危险，容易造成人员伤亡。在现代社会中，安全施工越来越受到人们的关注，这不但体现在各国的有关法律中，而且在工程建设合同中也往往单独予以规定。本款就是向承包商提出的安全施工的规定，主要内容如下：

- 承包商应遵守一切适用的安全规章；
- 承包商应照管好有权进入现场的一切人员的安全；
- 承包商应努力保持现场井井有条，避免出现障碍物，对人们的安全构成威胁；
- 在工程被业主验收之前，承包商应在现场提供围栏，照明，保安等；
- 如果承包商的施工影响到了公众以及毗邻财产的所有者或用户的安全，则他必须提供必要的防护设施。

本款的规定主要是从保护公众利益以及人道主义出发。实际上，对承包商而言，安全工作的好坏不仅关系到其社会形象问题，而且还可能给承包商的现场工作带来很多问题，如：对于高空作业，一次事故之后，工人的出勤率和工作效率可能会明显降低。另外，有些工程投标资格预审文件中，在要求承包商填写以前完成的工程情况时，就有事故率方面的内容，并以此作为承包商是否通过资格审查的标准之一。不可否认，加强安全工作，会投入一定的人力物力，但作为一个管理者，应能全面，辩证地看问题，应对"孰轻孰重"做出明智的判断。

4.9 质量保证（Quality Assurance）

工程师管理承包商依据的是合同文件，就质量方面而言，依据的是规范和图纸之类的技术文件。但要使工程质量得到保证，最终还是通过承包商内部的管理来实现。因此，作为现代工程管理中的一种习惯做法，工程师要求承包商结合合同中有关质量方面的规定，编制一套承包商内部实施工程的质量保证程序文件，使承包商的项目人员遵照执行。本款就是针对这方面做出的规定，主要内容如下：

- 承包商应编制一套质量保证体系，表明其遵守合同的各项要求；
- 该质量保证体系应依据合同规定的各项内容来编制；
- 工程师有权来审查该体系各个方面的内容；
- 在每一设计和实施阶段开始之前，所有具体工作程序和执行文件应提交给工程师，供其参阅；
- 在向工程师提交任何技术文件时，该文件上面应有承包商自己内部已经批准的明确标识；
- 执行质量保证体系并不解除承包商在合同中的任何义务和责任。

谈到质量保证，大家可能想到 ISO9000 族标准。它是由 ISO/TC176 技术委员会（国际标准化组织质量管理和质量保证技术委员会）制订的一系列国际标准，其中 ISO9001 标准适用于工程公司。

目前国际上管理水平高的工程公司一般都执行 ISO9001 标准。因此，作为一个有现代管理意识，要参与国际市场竞争的承包商，应在工程公司和项目的管理中执行 ISO9001 标准，并努力获得 ISO9000 质量体系认证。这不但有利于进入国际市场，而且能提高工作质量和管理效率。

4.10 现场数据（Site Data）

现场条件是影响承包商报价关键因素之一。现场条件一般包括现场的水文地质情况，环境情况。由于在工程实施之前，无论承包商还是业主，都不可能十分准确地获得现场的具体条件，因此，现场条件的这一"变数"成为工程实施过程中一个很大的风险。如何在业主与承包商之间分担这一风险，这是每个合同中应明确规定的一个核心问题。本款就是针对这方面做出的规定，主要内容如下：

- 业主应将自己掌握的现场水文地质以及环境情况的一切相关数据在基准日期之前提供给承包商，供其参考（您是否还记得基准日期指的是哪一天？如果想不起来了，就查一下定义 1.1.3.1 吧。）；

- 业主在基准日期之后获得的一切此类数据也应同样提供给承包商；
- 承包商负责解释上述数据；
- 在时间和费用允许的条件下，承包商应在投标前调查清楚影响投标的各风险因素和意外事件等；
- 同样，承包商还应对现场及其周围环境进行调查，同时对业主提供的有关数据和其他资料等进行查阅和核实；
- 承包商了解的内容具体包括以下主要内容：
  1. 现场地形条件与地质条件；
  2. 水文气候条件；
  3. 工程范围以及为完成相应工作量而需要的各类物资；
  4. 工程所在国的法律以及行业惯例，包括雇用当地工人的习惯作法；
  5. 承包商对各项施工条件的需求，包括现场交通条件，人员和食宿，水电，以及有关设施。

FIDIC 在新红皮书中的这种风险分担方法基本上代表了目前国际上施工合同中一般规定。阅读本款时应注意，本款并没有明确规定业主是否为其提供的有关现场资料的准确性负责，却要求其将自己掌握的一切项目现场资料提供给承包商，这就意味着，业主方不得隐瞒关于有关资料和数据，否则就是违反其合同义务。那么，如果业主提供的数据有错误，承包商是否有权索赔呢？这主要看业主提供的数据的性质。如果业主提供的数据只是仅供参考，即使这些数据后来发现有某些误差，承包商很难以业主提供的数据不准确提出索赔。虽然如此，这一事实仍有助于承包商依照其他条款提出索赔，如第 4.12 款［不可预见的外界条件］，因为承包商的投标报价是基于招标文件和现场考察，如果业主提供的数据错误，无疑将影响承包商准确地进行报价，从而使某些事件"不可预见"。若业主提供的数据承包商无法改动，且必须遵守，若在工程执行过程发现这些数据有误，必须更改，这可以被看做"变更"，承包商可以直接索赔。另一方面，本款要求承包商在投标前对该项目现场及周围环境了解清楚，但同时说明，这种"清楚了解"只是相对性的，即：是在现场考察时间和费用允许的情况下尽可能地了解清楚。（请思考：如果在施工过程中承包商发现现场地质条件与投标时设想的有很大差异，他是否有权索赔？参阅下面第 4.12 款［不可预见的外部条件］中的解释。）

鉴于现场条件对工程费用影响巨大，如果承包商将这类风险费计算得过高，其报价就会失去竞争力；反之，如果考虑得过低，如果发生此类风险，就可能导致承包商亏损。承包商对于现场条件这一问题必须慎重对待。为此，承包商必须：

- 认真研究业主提供的有关现场条件的数据，特别是一些可能存在多种解释的数据；
- 仔细进行现场踏勘；
- 利用标前会议等机会尽可能要求业主对不了解的问题进行澄清；
- 研究在什么条件下，合同允许承包商就有关事宜进行索赔；
- 研究如何在投标前和施工期间创造有利但必须是合理的索赔条件。

4.11 中标合同金额的充分性

（Sufficiency of the Accepted Contract Amount）

为了防止承包商以漏项为借口，在合同执行过程中来辩解其投标时的价格没有包括合同中的某些内容，以此而向业主方提出索赔，国际工程中的合同往往规定，承包商在合同中承诺自己的报价覆盖了其完成合同义务的一切工作。本款就是针对这一情况的一个典型条款，主要内容如下：

- 从合同角度而言，承包商的中标合同金额是适宜和充分的，不管实际是否如此；
- 中标合同金额是基于业主提供的现场数据，承包商的解释，承包商的现场考察等计算出来的；
- 如果在合同其他地方没有相反的规定，中标合同金额应覆盖了承包商履行其合同义务的一切工作。

这一款实际上是对上面第4.10款的进一步的规定。如果说第一项和第三项规定主要是限制承包商的，那么第二项的规定则又提供了一定的"弹性"，为下面第4.12款的规定提供了一定的"余地"。

4.12 不可预见的外界条件（Unforeseeable Physical Conditions）

工程作为一种特殊"产品"，其"制造"过程十分复杂。一般来说，工程建设时间长，空间跨度大，工艺复杂，而且露天作业。这些特点决定了工程建设过程受外界影响的可能性很大，从而使工程的工期拖延和费用加大。那么此类风险到底让哪一方承担呢？是业主还是承包商？本款的规定可以说是国际工程合同中的一个范例，主要内容如下：

- "外部障碍的条件"指的是承包商现场遇到的外部天然条件，人为条件，污染物等，包括水文条件和地表以下的条件，但不包括气候条件；
- 承包商发现没有预料到的不利外部条件时，应尽快通知工程师；
- 上述通知中应对遇到的外部条件进行描述，并说明承包商无法预

　　见的理由;

* 承包商在此情况下应采用适当的方式和措施继续施工,并同时遵守工程师可能签发的指令,如果指令构成变更,按第 13 条〔变更与调整〕处理;

• 如果遇到的外部条件无法预见,承包商同时发出了通知,发生的情况也导致承包商支出了额外费用和延误的工期,则他有权索赔此类费用和工期;

• 工程师收到索赔报告之后,应根据第 3.5 款〔决定〕来决定是否理赔,理赔多少;

• 然而,工程师在决定理赔承包商费用之前,可以审查在相类似的工程部分,是否以前碰到的施工条件比承包商在投标时预见的更为有利,如果是的话,他可以减扣相应的费用,但减扣的费用不得超过理赔的费用;

• 如果承包商提供了有关他在投标阶段所预见的外部条件的证据,则工程师可以予以考虑,但不受其约束。

　　阅读本款应注意,承包商有权索赔的三个前提条件:发生的情况不可预见;尽快发出了通知;该事件对其有不利影响。另外,在索赔过程中,他必须遵循第 20.1 款〔承包商的索赔〕。请大家思考:承包商"尽快发出通知"有确切的时间限制吗?最晚他必须什么时间发出该通知?(参阅第 20.1 款〔承包商的索赔〕。)

　　在国际工程中,本款可能是作为承包商索赔依据最频繁的条款,问题的焦点在于如何界定所发生的情况是否为"不可预见"。(您还记得这一术语的定义吗?如果忘记了,请再查阅一下第 1 条中的"1.1.6.8 不可预见"吧。)在国际工程中,对于承包商如何论证发生的某事件属于本款规定的情况,他首先应能提供证据,证明其在投标阶段依据招标文件和现场考察等合理设想的项目的外界条件与施工中实际碰到的不一样。如果实际发生的外界条件与招标文件中的描述不一样,而业主方却认为该外界条件是承包商本应预见到的,承包商最有力的反击也许就是:"业主前期花很长时间进行项目可行性研究都不能预见的情况,而却要承包商在短短的投标期中通过阅读招标文件和现场考察预见到,这本身合理吗?"详见前面的定义"1.1.6.8 不可预见"中的解释。

4.13　道路通行权与设施使用权 (Rights of Way and Facilities)

　　在承包商施工过程中,承包商的设备和人员需要往来现场,如果现场靠近公共道路,一般他可以很方便地使用此类道路。如果现场处于偏僻的地方，则他就可能需要一些特别或临时通道，那么，根据合同，由哪一方负责获得此类道路的通行权呢？本款即对此做出如下规定：

- 承包商应自费去获得他需要的特别或临时道路的通行权，包括进入现场的此类通道；
- 如果承包商施工所需，他也应自费去获得现场以外的设施的使用权，并且自担风险。

从本款的规定来看，FIDIC 提倡将获得为施工所需的各类特别或临时通道的责任划归给承包商。这就意味着，承包商在投标阶段进行现场考察时需要详细了解施工过程中必须使用的通道和路线；是否需要通过私家道路，是否需要修建一些临时或特别通道等，以便在投标报价中予以考虑。在我国，业主习惯提供"三通一平"。对于国际工程，并不是每个业主都这样做，我国的承包商在投标国际工程时应注意这一点。同时参阅第4.15款〔进场路线〕。

4.14 避免干扰 (Avoidance of Interference)

由于工程施工活动的特殊性，它可能对周围环境产生不好的影响，如：噪音，污染，车辆设备堵塞交通等。为了从合同上约束承包商在施工作业时尽可能减少对公众的影响。合同中一般做出相应规定。本款即针对这一情况，主要内容如下：

- 承包商不得干扰公众的便利，也不得干扰人们正常使用任何道路，不管这些道路是公共道路或是业主和他人的私家道路。但如果因施工不得已而为之，则应该控制在必要和恰当的范围内；
- 如果因承包商不必要和不恰当的干扰他人招致任何赔偿或损失，则应由承包商自行承担一切后果，保障业主方免招由此招致的任何影响，如：各类赔偿费，法律方面的费用等。

在国际工程中，不但合同要求承包商在施工中注意此类问题，有些国家的法律对施工造成的各类影响也有严格规定，特别是在市区等人口稠密的地方施工，如土方开挖时，还同时要洒水，防止尘土飞扬；我国的许多城市规定，高考期间在考场附近必须停止一切有噪音的施工作业。对于此类要求，有时也体现在合同的规范中。

4.15 进场路线 (Access Route)

由于施工过程中大量设备要进出现场，尤其是一些重型设备运入和运出现场，因此，保证有适当的进入现场的通道，十分重要。那么查找适当的路线是哪一方的责任呢？进场道路的维修由哪一方负责呢？请看本款的规定：

- 承包商应了解清楚进场路线，也应了解清楚此类道路的适宜性；
- 承包商应努力避免来回运输对道路和桥梁可能导致的损害，因此，他应使用合适的运输工具和合适的路线；
- 承包商应对其使用的通道自行负责维修，并在征得政府主管部门同意之后，沿进场道路设置警示牌和路标；
- 业主对因使用有关进场道路引起的索赔不负责任，也不保证一定有适宜的通行道路；
- 如果没有现成的适宜道路供承包商使用，承包商为此付出的费用由自己承担。

通过阅读本款，我们了解道，承包商在从其他地方（一般为港口）往现场运输大型施工设备或永久设备时，要自己负责寻找合适的路线，并且发生的有关费用业主概不负责。因此，承包商在投标阶段的现场考察时，对进场路线，尤其是承包商要运输大型设备的路线是否适宜，应当特别注意。同时参阅第 4.13 款 [道路通行权和设施使用权]。

承包商应注意，凡本款涉及承包商自费负责的工作，相应费用在投标时予以考虑。

4.16 货物运输（Transport of Goods）

建设一项工程需要往现场运输大量的材料和设备，合同对运输这些货物有何具体规定呢？请看本款的规定：

- 承包商应提前 21 天将他准备运进现场的永久设备和其他重要物品通知工程师；
- 一切货物的包装、装卸、运输、接收、储存和保护，均由承包商负责；
- 如果货物的运输导致其他方提出索赔，承包商应保障业主不会因此受到损失，并自行去与索赔方谈判，支付有关索赔款。

本款规定比较简单，即对工程货物运输完全由承包商负责，并且进场前提前 21 天通知工程师。

4.17 承包商的设备（Contractor's Equipment）

工程的施工离不开施工机械，为了高效地使用施工设备，保证工期，合同往往规定，承包商运到现场的施工设备要专门用于该工程。本款的具体规定如下：

- 承包商应对一切承包商的设备负责。

- 承包商的施工设备运到现场之后，就应看做专用于该工程；
- 没有工程师的同意，承包商不得将任何主要承包商的设备运出现场，但来回运输承包商人员和货物的交通车辆的进出不在此限。

在 FIDIC 合同条件中，凡提到"承包商的设备"即指的是施工设备，请参阅前面的定义 1.1.5.1。请想想看：你都知道哪些施工设备？如果你从事的是国际工程，你知道这些施工设备的英文名称吗？

4.18 环境保护（Protection of the Environment）

环境保护已成为一个全球关注的问题，越来越引起世界各国的重视。由于施工过程本身很容易对环境造成污染，因此，近年来国际工程合同对施工过程的环保要求很严格。本款的具体规定如下：

- 承包商采取一切合理措施保护现场内外的环境，并控制好其施工作业产生的噪音、污染等，以减少对公众人身财产造成损害；
- 承包商应保证其施工活动向空气中排放的散发物，地面排污等既不能超过规范中规定的指标，也不能超过相关法律规定的指标。

许多国家，特别是一些以旅游为主要收入的国家，对环境极为重视，其环境保护法也是十分严格。作为一个有现代管理意识的承包商，应在工程施工中注意环保问题，这不但是自己的合同义务和法律义务，而且也涉及公司在当地的形象问题。

4.19 电、水和燃气（Electricity，Water and Gas）

在工程项目现场，电、水以及燃气等通常是施工和工地人员生活不可缺少的，通常由承包商自行解决，但有时如果业主提供水电等比较方便，也可以向承包商提供，但一般是收费的。请看本款的规定：

- 除明文规定外，承包商应负责提供他需要的水、电、燃气等服务设施；
- 为了施工，承包商有权使用现场已经有的水、电、燃气等设施，自担风险，但应按规范中规定的价格和条件支付业主；
- 承包商应负责提供计量仪器，来计量其耗量；
- 承包商的耗量以及应支付给业主的使用费由工程师根据第 2.5 款［业主的索赔］和第 3.5 款［决定］与双方商定或自行决定；
- 承包商应向业主支付此类款项。

承包商在做现场准备"三通"时，应首先考虑是否能利用现场已经有的设施；周围是否有可以使用的高压系统电网？是引系统电好还是自行发电好？是整个现场集中供电好还是各工作面单独发电好？

4.20 业主的设备和免费供应的材料

（Employer's Equipment and Free – issue Materials）

出于经济方面的考虑或者质量方面的考虑，有时，业主在合同中规定向承包商提供一定的施工设备和工程用材，业主提供的施工设备一般是收费的，而提供的材料通常是免费的。请看本款的规定：

- 如果规范中有规定，业主应按规范中的具体规定以及收费标准，将业主的设备提供承包商实施工程；
- 若规范无相反规定，业主应对业主的设备负责；
- 但如果某项业主的设备正在由承包商的人员操作，调度使用或占用和控制着，则此时该设备由承包商负责；
- 承包商使用业主的设备的时间，以及根据收费标准应支付给业主的金额，应由工程师根据第 2.5 款［业主的索赔］和第 3.5 款［决定］与双方商定或自行决定，承包商应支付此类费用；
- 如果规范中规定业主向承包商提供免费材料，则业主应自付费用，自担风险，在合同规定的时间将此类材料提供到指定的地点；
- 承包商在接收此类材料前应进行目测，发现数量不足或质量缺陷等问题，应立即通知工程师，在收到通知后，业主应立即将数量补足和更换有缺陷的材料；
- 在承包商目测材料之后，此类材料就移交给了承包商，承包商应开始负责看管；
- 即使材料移交给承包商看管之后，但如果材料数量不足或质量缺陷不明显，目测发现不了，那么，业主仍为之负责。

本款规定业主可能按合同将自己的设备有偿提供给承包商使用，这实际上等于向承包商出租自己的施工设备。如果有这种情况，一般多在规范中规定具体安排。作为承包商应看清楚有关规定的内容：如：业主收费标准；设备类型和新旧状况；计时方法；操作员和燃料由哪方负责提供；使用过程中设备维修由哪一方负责。一般来说，业主出租的条件应优于市场租赁条件。关于业主免费供应的材料，承包商应注意移交地点和时间的安排，以及责任"分界点"。

4.21 进度报告（Progress Reports）

进度报告是业主和工程师了解和管理承包商施工情况的手段之一，也是一项重要的管理文件。那么，进度报告多长时间提交一次，报告中又包括哪些内容呢？请看本款的规定：

- 月进度报告由承包商编写，并提交给工程师，一式六份；
- 第一份月进度报告覆盖的时间范围是从开工日期到第一个日历月末，之后每月提交一次，提交的时间为下月 7 日之前；
- 每月报告一直持续到承包商完成一切扫尾工作为止；
- 进度报告包括：

1. 详细的进度图表和说明，内容涉及设计和承包商的文件；设备、材料采购的情况；施工、安装和检验；指定分包商的工作；
2. 能表明设备制造和工程进度的照片；
3. 永久设备和材料厂家的名称；制造地；进度百分比；开始制造，承包商的检查，试验以及装船和运至现场的实际日期与计划日期对比；
4. 该月投入的人员与施工设备的情况（见第 6.10 款［承包商的人员与设备］）；
5. 质量保证文件，检验结果和材料证书；
6. 业主和承包商分别向对方提出索赔的清单；
7. 事故安全统计以及环保和公共关系方面的问题；
8. 实际进度与计划进度的对比，影响工程按时完工的事件，以及为弥补延误而采取的措施。

在国际工程实践中，一般来说，在递交第一个月的进度报告之前，承包商与工程师通常以合同的规定为基础商定月进度报告的格式，之后每个月就按该格式上报月进度报告。其实，在很多国际工程中，合同不但要提交月进度报告（月报），而且还常要求提交周进度报告（周报），有的甚至还要求提交日进度报告（日报）。但随着计算机越来越广泛的应用到工程管理中，编制和提交进度报告相对变得比较容易和便捷了。除了本款规定的进度报告内容之外，在实践中，有的合同还要求承包商在月进度报告中列入该月出现的质量事故的次数以及补救措施，即：该月内业主/工程师发现承包商工作质量问题而下达的整改通知，英文为 Non - performance Report（违规报告）。

进度报告实际上是承包商每月所做的一次工作总结，写入重要的事件和资料。如果不按时提交，工程师可以拒绝承包商的期中支付证书的申请。详见第 14.3 款［期中支付证书的申请］。

4.22 现场安保（Security of Site）

现场的安全保卫工作也越来越为合同各方所关注，尤其工程现场处于社会治安不太好的国家和地区。本款规定如下：

- 承包商应负责将没有得到授权的人员拒之于现场以外；
- 有权进入现场的人员仅限于业主的人员，承包商的人员，以及业主或工程师通知承包商允许进入现场的其他承包商的人员。

本款对现场的安保工作规定比较简单。在国际工程实践中，为了防止偷盗和人为破坏，合同可能要求承包商雇用正式的保安公司的人员来保卫现场的安全。对于一些特别设施，如：承包商爆破作业所用炸药的仓库，可能需要请求当地部队来守卫。在国际工程实施过程中，有时甚至发生工程人员被枪击、绑架等恶性事件发生，严重影响工程的正常进行，降低承包商的施工效率。对此类风险比较大的项目，承包商不但在投标时进行风险评估，施工期间应当有适当的防范措施。

4.23 承包商的现场作业（Contractor's Site Operations）

国际工程合同常常要求承包商的现场工作遵循一些"职业"规则，如：不得私自占用现场以外的土地，现场要布置得井井有条等。本款就具有类似作用，主要规定如下：

- 承包商应将自己的施工作业限制在现场范围以内，在工程师同意后，也可另外征地作为附加工作区域，承包商的设备和人员只准处于这些区域，不得越界到毗邻土地；
- 施工过程中，承包商应保证现场井井有条，没有不必要的障碍物，施工设备和材料应妥善存放；
- 接收证书签发后，承包商应清理好相关现场，除缺陷通知期（维修期）必需的设备材料外，其他一切应清理出现场，使现场处于"整洁和安全"的状态。

作为一个管理水平高的承包商，其施工作业应体现出自己的"职业形象"，而不能像一个毫不遵守任何规则的"游击队"。施工设备在下班后应停放指定的位置，而不应乱放，这不仅涉及形象问题，而且有时还导致事故。某对外公司的一项国际工程中，由于司机在下班时就势将推土机停放在正在回填的地面上，结果夜晚下雨，新回填的土塌落，导致设备滑落到旁边的深沟，招致不应有的损失。也许有人认为，凡事按条条框框去做，太教条，影响工作效率，但实践表明，一个布置妥当，井井有条的现场更易于提高总体工作效率。

4.24 化石（Fossils）

古代文物保护是全世界共同关心的问题，很多国家尤其是一些文明古国，有严格的文物保护法。由于工程施工过程中常常碰到文物，为了处理这一问题，工程合同中通常有保护现场发现的文物的规定。本款规定的目的就在于此，主要内容如下：

- 现场上发现的任何有价值的文物和遗迹应归于业主看管，处置权也在业主；
- 承包商应采取合理措施，防止其人员肆意移动和损坏发现的文物；
- 承包商在现场发现文物后，应立即通知工程师，工程师应签发处理该文物的指令；
- 若承包商因上述情况遭受延误和多开支了费用，他可以按索赔程序索赔工期和费用；
- 工程师收到索赔后，应按程序进行理赔工作。

可以说，本款是近年来工程合同条件中的一个典型条款。也可看做是对第 4.12 款［不可预见的外部障碍］的一个补充规定。但本款明确规定承包商可以索赔工期和费用，并且不像 4.12 款给承包商索赔规定了一些限制条件，这实际上是一种"激励"条款，不但规定承包商有义务保护现场文物，而且通过规定承包商有权索赔来鼓励承包商愿意为保护文物而付出努力。可以想象；如果承包商认为他为保护文物付出的努力得不到补偿的话，他会积极主动的这样做吗？

本条到此讲完了，请检查一下自己是否达到了开始提出的要求，并思考下面的问题：

1. 本条涉及承包商可以索赔的规定有哪些？承包商在索赔时应注意哪些问题？
2. 根据 4.21 款［进度报告］的要求，请自己练习编制一份月进度报告。
3. 请您列出承包商在派遣其现场代表时应注意什么问题？一个优秀的项目经理应具备哪些素质？

> 管理者言：
>
>   未来承包商的竞争力不在于它有多少施工设备，而是取决于它有多少优秀的项目经理和良好的人才激励机制。

第5条　指定分包商 (Nominated Subcontractor)

一般来说，对于大型的工程，承包商都要在工程师的同意之下雇用分包商，分包出去一些工作。但对于工程中的一些属于特别专业的关键部位或永久设备，业主希望让一个有经验，有专长，自己熟悉和信赖的专业公司来承揽，以确保工程质量以及业主的其他特殊要求。基于这一原因，在国际工程中出现了"指定分包商"这一角色❶。现在我们一起看具体内容。

5.1 "指定分包商"的定义

(Definition of "nominated Subcontractor")

作为合同条件中的一个惯例，在一个新概念出来时，一定进行定义，以免造成误解。本款即来定义"指定分包商"这一概念，当然，这里的定义有时只是一种简单的说明。主要内容如下:

• 指定分包商可以在合同中提前由业主指定;
• 如果在工程实施过程中，业主方让承包商去雇用某公司作为指定分包商，则工程师应依据第13条［变更与调整］来给承包商下达指令。

从本款的规定来看，指定分包商可以由业主和承包商在签订主合同时就已商定好，也可以在签订主合同后，由工程师指令承包商去雇用某专业公司，作为指定分包商，来承担某部分工作，但这样做，需要按第13条的有关规定作为变更的内容来处理。主要参阅13.5［暂定金额］。

---

❶ 确切地说，"指定分包商"起源于英国，FIDIC编制其合同条件时主要参考英国各类合同条件版本，如: ICE和JTC版本，也一直在其合同条件中采用这种"指定分包"方式。

5.2 对指定的反对（Objection to Nomination）

承包商是否可以拒绝雇用业主方指定的分包商呢？换句话说，他是否有义务接受这种指定的分包商呢？我们看本款的规定：

- 如果承包商提出了反对雇用指定分包商的理由，又尽快通知了工程师，并附有证明资料，则承包商没有义务雇用指定分包商；
- 反对指定分包商的理由有：
  1. 有理由相信该分包商能力不足，资源不足或财力不足；
  2. 分包合同没有明确规定，如果该分包商一方渎职或误用材料，他应保障承包商不会因此而招致损失；
  3. 分包合同中没有明确规定，分包商向承包商保证，如果分包的工作出了问题，分包商将为之承担一切责任，以及没有履行此类责任的后果责任。

由于承包商要为整个工程的质量和工期负责，因此，强迫承包商雇用指定分包商，会与"指定分包"的思想相违背，因此，一般规定，只要承包商提出拒绝的合理理由，业主方不能强迫承包商，除非业主方保证承包商不承担由雇用该分包商产生的一切后果，本款的规定目的即在于此。

5.3 对指定分包商的付款（Payment to "nominated Subcontractor"）

指定分包商是一种特别的分包商，那么对指定分包商如何付款呢？我们来看本款的规定：

- 指定分包商的应得款项，由工程师签证，承包商按照分包合同的规定支付；
- 承包商支付给指定分包商的金额，再加上第13.5款［暂定金额］中规定的承包商的其他收费，增加到主合同中，并由业主支付给承包商。

学习本款时请注意，承包商应支付给指定分包商的款额的多少由工程师证明。本款中所说的"其他收费"指的是承包商因负责管理指定分包商而向业主收取的管理费和利润，为指定分包合同额的一个百分数，一般在有关数据表或投标函附录中规定。通常，指定分包商承担的工作从主合同中的暂定金额中支付。参见第13.5款［暂定金额］。

5.4 付款证据（Evidence of Payments）

业主方/工程师是否干预承包商向指定分包商的支付呢？如果承包商不

按时支付指定分包商，业主可以采取什么措施呢？请看本款的规定：

- 在签发一个包含有指定分包商的款项的支付证书之前，工程师可以要求承包商提供证据，证明指定分包商已经收到了以前签发的支付证书中包含的指定分包商的有关款项；
- 如果承包商
    1. 不能提供支付证据，
    2. 又没有向工程师书面说明他扣发指定分包商款项的理由；以及
    3. 证明承包商已经通知指定分包商有关扣款事宜以及扣款理由，

那么，业主可以自行直接将有关款项支付给指定分包商；
- 承包商应随后将业主支付给指定分包商的款项归还给业主。

从本款的规定来看，业主方/工程师为了保证承包商按时支付指定分包商，对承包商向指定分包商的支付情况有知情权，并且承包商若无正当理由扣发指定分包商的款项的情况下，可以直接支付给指定分包商，并有权从承包商处收回。为什么这样规定呢？这大概与指定分包商的特殊性有关。为了理解本款的规定，先提出这一问题：承包商是否就指定分包商的工作出现的问题向业主承担责任呢？

首先可以肯定，一般情况下，承包商作为责任人应向业主负责，尤其是指定分包商的施工工艺或提供的材料出现问题时，但承包商可以根据指定分包合同从指定分包商那里得到赔偿。如果在承包商反对雇用指定分包商的情况下，业主方坚持用该分包商，并保证承包商免遭由此带来的损失，那么，承包商在指定分包商的工作出现问题时是不向业主承担任何责任的。例如：如果指定分包商的工作延误，影响了承包商的工作，承包商以此为由可向业主索赔工期，业主由于指定分包商的工作而不能按时得到完工的工程，由此招致损失。但由于业主方没有向承包商收取拖期赔偿费，承包商自然也不能向指定分包商征收此类赔偿费，因而，指定分包商可以逃脱此责任。为了解决这一问题，在实践中，业主往往与指定分包商签订一个协议，要求指定分包商向业主保证其恰当地履行分包义务，否则向业主承担责任；作为对应条件，业主向指定分包商保证，如果承包商不按时支付，业主可以直接支付指定分包商。由于业主向指定分包商有了这一承诺，因而也在主合同中加上本款规定的类似内容❶。

---

❶ 关于指定分包商的论述，详见 Construction Contracts: Law and management, Third Edition, 275 – 292 页，作者：John Murdoch 和 Will Hughes, E& F N Spon 公司 2000 年出版。

本条到此讲完了，请检查一下自己是否达到了开始提出的要求，并思考下面的问题：

1. 如果指定分包商的工作出了问题，导致承包商遭受了损失，承包商能向业主提出索赔吗？为什么？

2. 要满足哪些条件，承包商才能扣发指定分包商的款项而不会招致工程师反扣？

管理者言：

　　承包商之于分包商，犹与业主之于承包商，在管理分包商时，承包商应懂得"己所不欲，勿施于人"的道理。

第 6 条　职员与劳工（Staff and Labour）

~~~~~~

学习完这一条，应该了解：

• 承包商雇用职员和劳工应注意的问题，如：工资标准、食宿、交通、安全等；

• 承包商按规范/工程量表为业主方的人员提供设施。

• 合同对承包商遵守劳动法以及工作时间的要求；

• 合同对承包商在施工期间日常管理工作的要求；

• 合同对承包商的人员的技术水平与职业道德的要求。

~~~~~~

在完成工程所需要的资源中，人力资源无疑是最活跃的因素。工程管理领域的一些研究发现，项目人力资源管理水平的高低，对项目执行的情况有很大的影响。在国际工程合同中，业主方主要从保证项目顺利进行的角度出发，对承包商在雇用和管理其项目的职员和劳工提出了某些要求。本条主要围绕着这一问题做出了相关的规定。现在我们一起看具体内容。

6.1　雇用职员和劳工（Engagement of Staff and Labour）

承包商为一个项目是要雇用一定数量的职员和劳工的，承包商在这方面有哪些义务和责任呢？请看本款的规定：

• 承包商应自行安排雇用职员和劳工，包括当地的和外籍的，并支付他们的工资，安排他们的食宿和交通；

• 如果在规范中有其他规定，则按规范的规定执行。

这一规定是国际工程的通常做法。我们注意到，除了工资之外，本款还要承包商负责安排他的人员的食宿和交通。在国际工程实践中，承包商可以根据具体情况来安排。对于自己从本国带来的人员，承包商一般在现场或附近建立自己的营地或租赁当地人的住房为他们提供食宿；对于当地的雇员，如果施工现场距离当地的居民区不太远，一般承包商只提供上下班交通，不提供住房，也可以不提供三餐，但需要在现场提供饮用水。无论承包商如何安排，他必须在雇工时将雇工条件讲清楚，并且不违反当地劳动法的规定。至于如何激励自己的职工，则是每个承包商的管理者应注意的另一个问题。

6.2 工资标准和工作条件

（Rates of Wages and Conditions of Labour）

承包商雇用的工人的工资水平是以什么标准作为参照的？合同对为工人提供的劳动条件是否有规定呢？请看本款的规定：

- 承包商支付的工资水平和提供的劳动条件不得低于当地同行业中约定的标准；
- 若该行业没有相应的适用标准，则不得低于类似行业的标准。

表面来看，此款的规定显得有点多余，因为承包商在雇工时，只要遵守工程所在国的劳动法也就可以了，下面的第 6.4 款［劳动法］就是规定有关内容的。但此处增加了这一规定，可能出于以下考虑：

1. 只有承包商支付的工资标准和提供的劳动条件不低于通行标准，才能雇用到比较合格的项目工人，从而有助于保证项目的质量和进度；
2. 在工程所在国劳动法不健全的情况下，使项目工人的权益得以保护，业主方可以避免卷入不必要的劳资争端。

但如果本款与下面的第 6.4 款［劳动法］合并在一起，似乎显得更"整体化"一些。同时，本款也提醒我们在业主国进行市场调查的时候，对当地通行的工人工资标准进行详细的调查会有助于投标报价的准确性。

6.3 正在服务于业主的人员（Persons in the Service of Employer）

如果出于某种目的，承包商希望从正在服务于业主的雇员中"挖走"一些人，合同允许承包商这样做吗？请看本款的规定：

- 承包商不得从业主的雇员中雇用或企图雇用任何人员。

本款显然是保护业主方的利益的。如果承包商从业主方"挖走"一些人员，不但会影响业主方内部的工作，而且业主方的有些保密事项也可能被泄漏。

6.4 劳动法规（Labour Laws）

建筑业是一个劳动密集型的行业，一个工程要使用大量的工人，因此，对于这样一个行业，遵守劳动法就显得格外重要。请看本款的规定：

- 承包商应遵守与承包商的人员相关的一切劳动法规，包括对他们的雇用、健康、安全、福利、出入境，并让他们享有一切法定权利；
- 承包商应要求其雇员遵守一切适用法规，包括安全法规。

一般来说，各国的劳动法大同小异，与工程雇工相关比较密切的内容涉及以下几方面：

1. 雇用程序和解雇程序;

2. 最低工资;

3. 福利条件,如劳保用品的发放等;

4. 办理社会保险或雇主责任险;

5. 病休与带薪休假;

6. 工作时间以及加班费支付问题等。

6.5 工作时间(Working Hours)

在国际工程中,承包商可以在节假日自由加班吗?请看本款的规定:

• 在当地公共节假日和投标函附录中规定的正常工作时间之外,不允许承包商在现场加班;

• 但如果合同规定可以,或工程师给予了许可,或为了抢救生命财产或为了工程安全,则承包商可以安排加班。

这是国际工程合同中的一个典型条款。这样规定可能主要出于这样一个原因:如果承包商现场加班,业主方/工程师也需要安排相应加班,以保证承包商的工作符合规范的规定,而业主的人员加班也会导致业主多付出一些加班费。但由于业主方和承包商在希望尽快完成工程这一问题上目标是一致的,因此,在实践中,承包商的加班申请一般是会得到许可的。(请大家思考:如果承包商加班,导致业主方的人员也相应加班,业主可以向承包商索取他的人员的加班费吗?参阅第8.6[进展速度])。

在签订合同时,如果承包商能争取在合同中写入"承包商可以在节假日加班"的规定,这将会给承包商在施工中赶工提供极大便利。

6.6 为职员和劳工提供设施(Facilities for Staff and Labour)

承包商的人员和业主的人员的生活设施和办公设施由哪一方提供?请看本款的规定:

• 承包商应为其人员提供一切必要的用房和福利设施,规范另有规定者除外;

• 承包商应按规范的规定同时为业主的人员提供设施;

• 承包商不得允许他的人员在永久工程的构筑物内搭设临时或永久住房。

本款规定的核心就是承包商为业主的人员提供设施的问题。这里规定,承包商按规范中的规定为业主的人员提供设施。在国际工程中,这项内容也常列在承包商的"工作范围"或"业主的要求"中,一般情况下包括:业主人员的现场办公用房;办公设备和相关设施(计算机、电话、传真等);交通车辆等。对提供的内容和数量一定在投标前搞清楚,例如:承包商除了提供硬件设施外还负担使用费吗（如车辆用油、电话费等)?

6.7 健康和安全（Health and Safety）

由于工程施工过程中影响健康和安全的因素很多，工伤事故率比较高，为了减少此类问题，业主通常在合同中规定承包商在这方面的义务。请看本款的规定：

- 承包商应始终采取各种防范措施，保证其人员的健康和安全；
- 承包商应与当地医疗机构配合，保证在现场为承包商和业主双方人员的住宿地提供医疗人员和医疗设施以及救护服务，包括急救设施、病房、救护车等；同时防止流行病的发生；
- 承包商应安排专职安全员，负责现场安全保护和事故预防，安全员应称职于这一工作，有权签发相关指令和提出防范措施，承包商应满足安全员为保障安全而 提出的各类要求；
- 承包商应向工程师报告事故详情，并保持人员、财产伤亡和损坏的记录，供工程师检查。

健康和安全应是承包商在施工过程中注意的主要问题之一，作为一个成熟的管理者，即使合同中没有如此严格的规定，项目经理也应该慎重地对待此问题（您能举例说明一个项目频繁发生安全事故给承包商带来的后果影响吗?）。他应处理好施工速度与安全防范的辩证关系，指派合格的安全工程师来具体管理安全问题，使项目人员具有充分的安全意识，不但制订完善和可行的项目安全规则，而且要有贯彻这些规则的具体措施。本款的规定与国际劳工组织的 167 号公约是一致的，将劳工的健康和安全统一起来。

6.8 承包商的管理工作（Contractor's Superintendence）

为了保证项目顺利和安全的进行，合同要求承包商实施良好的项目管理，作为承包商用来保证其履行合同义务的一项措施。请看本款的规定：

- 在工程施工的过程中，承包商应提供一切必要的管理工作，具体包括计划、安排、指导和检验各项工作；
- 为了保证工程顺利和安全实施，要有足够数量的从事管理工作的人员，他们要懂合同规定的沟通语言，懂施工作业方法和技术，熟悉施工中潜在的风险因素和避免事故的方法。

可以说，本款提出了对承包商进行项目管理的总体要求，涉及项目管理的内容和管理人员的数量和素质要求。具体来讲，项目管理可覆盖以下 8 个方面的内容：

1. 范围管理（Scope Management）；

2. 时间管理（Time Management）；

3. 费用管理（Cost Management）；

4. 人力资源管理（Human Resource Management）；

5. 风险管理（Risk Management）；

6. 质量管理（Quality Management）；

7. 合同管理（Contract Management）；

8. 沟通交际管理（Communication Management）

可以认为，合格的项目管理人员应至少是其中一方面的专家，而一个优秀项目经理则应是一个在其中一方面为专家（specialist）、而又了解其他方面的通才人物（generalist）。

6.9 承包商的人员（Contractor's Personnel）

高水平的管理和工作质量来自于高素质的管理人员和技术人员。请看本款的规定：

- 承包商的人员应是各自工种或专业的称职人员，具有相应的技能和经验；

- 如果承包商的人员有下列行为之一：

1. 一贯行为不轨或粗心；

2. 不能胜任工作或渎职；

3. 不遵守合同的规定；

4. 经常做出危害安全，有损健康或环保的行为，

则工程师有权将其驱逐出现场，不得再在项目上工作，包括承包商的项目经理。

本款的规定体现了合同对承包商的项目人员的素质要求，具体分为两个方面：技术水平和职业道德，并且工程师有权从现场"驱逐"走承包商的任何人员，包括承包商的代表（项目经理）。这样规定的优点是能保证项目拥有整体高素质的人员，同时，为了避免工程师滥用这一职权，规定了工程师行使这一权力的限定条件。本款与上一条款的规定有一些交叉，但侧重点不同，请联系上一条款来体会关于承包商人员的规定。

6.10 承包商的人员和设备的记录

（Records of Contractor's Personnel and Equipment）

为了便于工程师监理承包商的工作，合同常要求承包商定期向工程师汇报承包商投入项目的人员和设备。请看本款的规定：

- 承包商应向工程师提交承包商每一级别的项目人员数量以及每类

施工设备的数量报告；
- 报告应按工程师批准的格式，并每月提交一次，直到在缺陷通知期完成全部扫尾工作为止。

由于本款的规定，工程师就掌握了承包商整个项目人员数量和设备数量，这对业主方了解项目的实施情况很有帮助。另外，承包商提供的设备与人员投入量如果不能满足项目顺利进行的需求，当承包商因其他事件索赔工期时，业主方很可能以承包商的人员设备不足为理由来指责工程的延误是承包商造成的。

6.11 妨碍治安行为（Disorderly Conduct）

国际工程的复杂的特点导致在项目执行期间可能出现一些影响安定的"混乱"现象。为了尽可能减少此类情况的发生，以及在发生后保持安定，合同常规定承包商要负担这方面的责任。请看本款的规定：
- 承包商始终应采取一切合理防范措施来避免在项目人员内部发生违法，动乱或妨碍治安的行为，保持项目的安定；
- 他还应保护好现场和周围的人员和财产的安全。

由于项目环境的复杂性，在国际工程中，工人罢工闹事以及外籍工人与当地工人发生冲突的现象并不少见，往往对承包商和项目的形象造成不好的影响。本款规定了承包商在防范这些问题方面的责任。请大家思考：承包商可以采取哪些预防措施来避免此类事件的发生呢？

本条到此讲完了，请检查一下自己是否达到了开始提出的要求，并思考下面的问题：
1. 承包商雇用当地工人时应注意哪些问题？
2. 本款对项目中的卫生和安全是怎么规定的？如果您是项目经理，应怎么认识项目的卫生和安全问题？

管理者言：

项目经理必须认识到这样一个事实：他的项目队伍中只有两类人：第一类为项目创造利润；第二类为项目创造亏损。他的工作之一就是激励前一类，消除后一类。

第 7 条　工程设备、材料和工艺
（Plant，Materials and Workmanship）

~~~~~~

学习完这一条，应该了解：

- 承包商实施工程各个环节的总体要求；
- 材料质量控制方法；
- 业主方的现场检验内容和程序以及承包商配合的义务；
- 工程师的拒收与不合格工程的返工。

~~~~~~

　　质量是工程的生命。在国际工程中，业主对工程质量管理和控制❶ 主要体现在规范，图纸以及合同条件的规定中。承包商根据合同的各项规定，编制自己内部质量控制程序，在工程实施中执行。本条给出了设备材料验收与工艺检验的有关规定，作为业主方控制工程质量的手段，可以说，本条属于质量控制方面的内容。现在我们一起看具体内容。

7.1　实施方式（Manner of Execution）

　　英文工程合同条件编写的特色之一就是常常在一个条款的第一款中做出全面但笼统的规定，以期望覆盖该条规定的主要意图，然后，在后续的条款中将核心的内容再详细规定，这在涉及承包商的义务和责任的条款中表现尤为明显。FIDIC 合同条件中的条款也体现了这一编写方法，本款就是这一目的，它概括了承包商在工程实施过程中为了保证工程质量而应采取的实施方式（除了本款外，您能再从我们已经阅读过的内容中找一个类似方法编写的条款吗？）。请看本款的规定：

- 无论是永久设备和材料的加工与制造，还是其他的工程施工作业，承包商都应遵守下列三项原则：

　　1. 如果合同中有具体的规定，按此类具体方式来实施；

---

❶ 在 ISO8402—1994 "质量—术语" 中，给出了 "质量管理" 和 "质量控制" 的严格定义，前者的范围要比后者宽得多。由于 FIDIC 合同条件中没有使用此类术语，在本书条款的解释中，在使用此类术语时并不严格遵守上述文件中的定义。

2. 应按照公认的良好惯例，以恰当的施工工艺和谨慎的态度去实施；

3. 若合同没有另外的规定，应使用恰当配备的设施和无害材料来实施。

本款为承包商实施工程的所有作业限定了三项规则。第一项原则实际上主要体现在规范的规定中，承包商按规范中规定的标准执行即可。第二项是对第一项的补充，也就是说，在没有明确规定施工方法时，应按"公认的良好惯例"（在 FIDIC 合同条件中，对这一术语并没有定义，那么你是怎样来理解这一工程合同常常使用的术语的？）。第三项主要从施工中的设施与材料的安全性能方面提出了对施工方式的要求。本款的规定在下面几款中得到细化。

7.2 样品（Samples）

工程材料的质量直接关系到工程本身的质量，因此，材料质量控制是质量控制的一个关键内容。对业主方来说，需要获得有关材料的技术数据，以确保工程用材符合合同的要求。为此，就需要在合同中规定承包商在这方面的义务。请看本款的规定：

- 承包商在将材料用于工程之前，应向工程师提交有关材料的样品和资料，取得工程师的同意；
- 此类样品包括承包商自费提供的厂家的标准样品以及合同中规定的其他样品；
- 如果工程师还要求承包商提供任何附加样品，则工程师应以变更形式发出指令；
- 每种样品上应列明其原产地和在工程中的用途。

本款规定承包商在材料用于工程之前，向工程师提交样品。实际上，在工程实践中，对于工程中常用的大宗材料，如水泥，承包商可以依据规范以及有关设计要求，向厂家提出要采购的水泥的技术数据。厂家将自己产品的技术数据提供给承包商，承包商认为符合要求之后，在下订单之前，把此类技术数据提交给工程师，经工程师同意后再下达订单，这样就可避免工程师对已经采购的材料拒绝用于工程的被动局面。另外，还请大家注意，有些国际工程合同中明确规定，一些重要的永久设备在下订单之前，需要得到业主方对厂家的批准，或者承包商只能从业主批准的供货商名单中购买。请大家思考一下：此款规定承包商向工程师提交样品供其同意，但并没有规定工程师在多长时间中给予答复，万一工程师的答复太迟（虽然这种情况并不常发生），延误了承包商的工作，承包商有何保护自己的措施？（参阅第 1.3 款［通信联络］）。

7.3 检查（Inspection）

业主方在施工期间对承包商工作的检查是控制工程质量的手段之一，为此，合同中应规定工程师在这方面的权力以及承包商应给予的配合。请看本款的规定：

- 业主的人员应有权❶ 在一切合理的时间进入现场以及天然料场；
- 业主的人员还应有权在一切合理的时间进入项目设备和材料的制造生产基地，检验和测量永久设备和材料的用材，制造工艺以及进度；
- 承包商应提供一切机会协助业主方人员完成此类工作，并提供所需设施等；
- 此类检查不解除承包商的任何义务和责任；
- 当完成的一项工作在隐蔽之前，或者任何产品在包装储存或运输之前，承包商应及时通知工程师；
- 工程师应前来检验和测量等，不得无故延误；但如果他不要求检查，应及时通知承包商；
- 如果承包商没有通知工程师，则在工程师要求时，承包商应自费打开已经覆盖的工程，供工程师检查，并随后恢复原状。

本款规定了两部分内容：第一部分为业主方的人员进入现场或有关场所检查工程的权力，同时规定承包商有义务协助业主人员进行此类检查；第二部分为检查隐蔽工程的程序，包括工程构件包装储存或运输前的检查程序。本款中规定，工程师接到承包商的通知之后，应前来验收已经完成的待隐蔽的工作，不得无故拖延，但没有规定具体的时间限制，这给实际操作中可能带来不便，但如果业主方人员与承包商的合作愉快的话，不会发生故意拖延验收的情况，毕竟双方都希望工程按时竣工。但由于实际工作中各类因素比较复杂，在具体的项目中，也可考虑在合同专用条件中对"不得无故拖延"做出进一步的规定，即：给出具体的时间限制。

7.4 检验（Testing）

检验可以说是深层次的检查，需要专门仪器和装置来进行。检验怎样安排？哪一方提供检验仪器和设施？检验程序如何？请看本款的规定：

- 本款的规定适用于合同明文规定的一切检验（竣工后检验除外）；
- 承包商为检验提供的服务包括：

---

❶ 原文用的是"shall be entitled to"来规定"业主的人员有权 ..."，在严格的合同语言中"shall"常表示"强制性的概念"，通常将其翻译为"应"。本款中用"shall"，似乎与本款的语境不太吻合。

1. 合格的人员，包括职员和劳工；

2. 设施和仪器等；

3. 消耗品，包括电、燃料、材料等；

4. 提供的数量以能够高效地实施此类检验为准；

- 若准备对永久设备，材料以及工程的其他部分检验，承包商应与工程师提前商定检验的时间和地点；

- 工程师有权根据变更条款（第 13 条）的规定，来变更检验的地点以及其他方面的内容，也可下指令进行附加检验；

- 若工程师打算参加检验，他至少应提前 24 小时通知承包商；

- 如果工程师在商定的时间不到场，承包商可以自行检验，检验结果有效，等同于工程师在场；

- 在开始检验之前，工程师可以通知承包商，更改已经商定好的时间和地点，但如果工程师的此类变动影响了承包商的工作，承包商可以按第 20.1 款［承包商的索赔］，提出工期和经济索赔（包括费用和利润）；

- 工程师收到承包商的索赔通知之后，按第 3.5 款［决定］来处理；

- 承包商应立即将其正式检验报告提交工程师，如果检验通过了，工程师应在上面背书认可，但也可另签发一份检验证书，证明该检验结果；

- 如果工程师没有参加检验，他应认可承包商的检验结果。

本款从适用范围、检验投入、检验程序、例外处理等进行了详细的规定。在国际，工程中的检验可大致分三类：施工过程中的检验；竣工检验；竣工后检验。对于施工合同，一般只有前两类检验，竣工后检验并不常见，通常只出现在包括设计的交钥匙总承包合同中。如：本合同条件中就没有出现关于"竣工后检验"的规定。参阅第 9 条［竣工检验］和第 11.6 款［进一步的检验］。

7.5 拒收（Rejection）

那么，如果检验结果不合乎合同的规定，材料或工艺有缺陷，双方将如何处理？请看本款的规定：

- 如果检查和检验发现永久设备，材料或施工工艺有缺陷或不符合合同的要求，工程师可以通知承包商，拒绝接收，但应说明理由；

- 承包商应立即将缺陷修复，并保证被拒绝的工作经修复后，都符合合同的规定；

- 如果工程师要求对经过修复或更换的新材料、永久设备、施工工艺重新进行检验，重新检验的条件应如以前的一样；

• 如果重新检验使得业主支付了额外费用，业主可以按第 2.5 款［业主的索赔］规定的程序向承包商索取。

从本款的规定来看，工程师拒绝接收承包商的工作的原因有两大类：第一类是工作本身有缺陷，如浇筑的混凝土出现了规范不允许的裂缝或蜂窝麻面；另一类是产品本身没有缺陷，但不符合合同规定，如：合同要求工程中用的 UPS 原产地为法国，而承包商购买的 UPS 的原产地却是新加坡。但在实践中，由于工程本身有时十分复杂，检验的标准不太明确，可能有时双方对检验结果的看法不太一致，因此，为了避免工程师滥用职权，本款要求他在拒绝承包商的某工作时应给出理由。

由于重新检验增加了业主方人员的工作量，导致业主多支付他的人员的工资以及各种补助，因此本款规定，业主可以通过索赔的手段从承包商处得到补偿。这是一种比较合理的规定，因为重新检验是由于承包商的过错引起的。类似本款的规定还可以在第 8.6 款［进展速度］中发现。

7.6 补救工作（Remedial Work）

如果材料、永久设备和施工工艺已经进行了检验，并且也已经被认可了，是否就意味着工程师不能再"说三道四"呢？如果现场出现紧急情况，工程师是否有权指示承包商进行任何补救工作呢？请看本款的规定：

• 尽管已经进行了检验或给予了认可，工程师仍有权指示

1. 承包商换掉不符合合同的材料和永久设备；

2. 不符合合同要求的工作一律返工；

3. 承包商在发生紧急情况时，如：事故、意外事件等，为了工程的安全需要紧急做的任何工作；

• 承包商应在合理的时间内执行工程师的指令，如果属于紧急情况，他应立即执行；

• 如果承包商没有执行工程师的指令，业主可以花钱雇人来做相关工作；

• 如果这些工作本属于承包商职责范围内工作，业主可以按照索赔条款向承包商索取。

本款可分两大部分内容：第一部分规定工程师下达指令的权力；第二部分规定何方承担相应费用。

本款第一部分规定，不管工程师是否对承包商完成的工作已经认可，如果随后他发现已经认可的工作不符合合同要求，他仍可以下达指令令其更换或返工。这通常是国际工程合同中的典型规定，即：工程师的认可和

批准不解除承包商的任何合同义务，而承包商的合同义务就是提供给业主一个符合合同规定的工程。

现在，我们从管理学的角度，来进一步分析这种规定。从积极意义上说，这一规定能起到约束承包商投机取巧的作用；但这种规定也有其消极的一面，即：它可能纵容作为管理者的工程师在监督承包商执行工作过程中不负责任的行为，因为只要他以前认可或批准的工作有问题（当然要依据合同判定），他就可以随时下达新指令要求承包商返工，而自己不负担任何责任。这可能导致工程实施过程中低效率，不利于工程顺利执行，甚至导致合同双方的对立情绪。一个理想的合同条款应当能够激励合同双方以积极的态度去实施工作并且避免一切消极行为。本款还规定在紧急情况下为了工程的安全，工程师可以命令承包商立即实施任何必要的工作，赋予工程师这一权力显然是非常必要的。

第二部分内容规定，如果承包商不执行工程师的指令，业主有权雇用并支付他人来做此类工作。如果此类工作属于承包商的本职工作，业主可以向其索取他支付的费用。表面看，这是一个业主索赔的规定，但同时也隐含了一个承包商索赔的规定，即：如果承包商执行了工程师的指令，在紧急情况下做了超出合同范围以外的工作，他同样有权向业主索赔。

7.7 工程设备和材料的所有权（Ownership of Plant and Materials）

工程的建设周期一般比较长，承包商采购的永久设备和材料很多，在国际工程中，常规定这些设备和材料在安装或消耗到工程上之前，其所有权归业主所有。请看本款的具体规定：

- 永久设备和材料在运到现场之后，或者在工程暂停的情况下，当承包商有权从业主方获得设备和材料款时，这些永久设备和材料的所有权即归属业主，以先发生的时间为准；
- 如果上述规定与工程所在国的法律相违背，以法律为准。

本款的目的就是解决工程待安装的永久设备和待消耗材料的所有权问题。之所以规定在上述两种情况下所有权归业主所有，大概是因为，在上述情况下，承包商一般就可以有权从业主处得到一定的设备和材料款（参阅第14.5款［拟用于工程的永久设备和材料］），因此业主有理由获得它们的所有权，但由于业主的此类付款一般不是全部，而且在所有权转移给业主时此类款项可能还没有实际付出（承包商此时只是有权获得付款），因此，这一规定可能与某些国家的法律相违背，故本款说明，其规定以不与工程所在国的法律相违背为前提。

7.8 矿产使用费（Royalties）

在工程施工过程中，常需要从现场内外取用一定的天然材料，另外，施工后剩余的废弃物也需要处置，那么涉及的有关费用有哪一方负担呢？请看本款的规定：

- 如果在规范中没有另外规定，承包商应支付他从现场外取得的天然材料的一切费用；
- 如果在规范中没有另外规定，施工中开挖和拆除的废弃物或剩余材料的处理费，也由承包商自行负担，但如果在现场内指定了废弃物处理区，承包商可免费在此区域内处置其废弃物。

承包商也许在投标期间，就可能要考虑其施工中所需的某些天然材料的来源，尤其是粘土、细砂、碎石等。有时在合同规范中会做出说明，承包商可以从现场内的某一区域取用施工所需的天然原料，但如果承包商在现场外取用天然原料，一般需要承包商自己与料场的所有人协商，并支付取料费。当今，越来越多的国家重视环境问题，因此，即使在现场设有垃圾处理场，合同规范中对施工中废弃物的处置规定也很严格，如有些废弃物必须在指定地点焚烧，有些则必须掩埋。如果合同不允许在现场处理废弃物，承包商只有自费将其倾倒到现场外，由此发生的费用通常是由承包商承担的。

本条到此讲完了，请检查一下自己是否达到了开始提出的要求，并思考下面的问题：

1. 本款的规定主要从哪些方面来控制工程质量的？
2. 请您基于本条的规定试着编制一份工程检验的操作程序。

管理者言：

"百年大计，质量第一"，这句话写在工地大门外的牌子上易，但要刻在每个项目人员的心中难。

第8条 开工、延误及暂停
（Commencement，Delay and Suspension）

〰〰〰〰〰〰〰〰〰〰〰〰〰〰〰〰〰〰〰〰

学习完这一条，应该了解：

• 关于开工具体规定，尤其是开工日期的确定；
• 承包商的进度计划的编制与提交；
• 承包商索赔工期的权利和条件；
• 业主方对承包商延误工期的管理方法以及收取拖期赔偿费的规定；
• 工程暂停的条件以及暂停的后果。

〰〰〰〰〰〰〰〰〰〰〰〰〰〰〰〰〰〰〰〰

"时间就是金钱"，对工程建设的各方来说再恰当不过了。进度管理是项目管理的主要内容之一，无论是业主，还是承包商，通常将工期、费用和质量三个指标作为判断项目是否成功的标准。从工程实施进程来看，与工期管理密切关联的内容有：开工、进度、竣工、缺陷通知期以及工程延期。从第8条到第11条可以看做是对工期管理的内容。本条基本上覆盖的是开工、进度、暂停、工期延长等方面的内容。现在我们一起看本条的具体内容。

8.1 开工（Commencement of Work）

开工是实施工程的重要的里程碑。承包商在收到中标函后，最关心的问题之一就是什么日期开工了。那么合同对开工是如何规定的呢？请看本款的具体规定：

• 工程师至少应提前7天将开工日期通知承包商；
• 如果专用条件中没有其他规定，开工日期应在承包商收到中标函后42天内；
• 承包商在开工日期后应"尽可能合理快"地开始实施工程，之后应以恰当的速度施工，不得拖延。

工程开工日期是一个十分重要的日期。可以说本款的前两个规定主要是限制业主方，保护承包商利益的，为什么呢？因为承包商在中标之后，就会全力投入施工准备，如果因为业主的原因，迟迟不签发开工通知，承包商就无法做出合理的开工安排，可能导致设备和人员的闲置，招致无效费用，所以，本款规定，开工日期必须在承包商收到中标函之后的42天期间内，也就是说，工程师最迟必须在承包商收到中标函后的第35天签发开工通知。但应注意，本款同样允许业主在专用条件中对"42天"这一期限加以修改，但无论将此期限延长或缩短，承包商至少能得到明确的信息，以便能做出相应合理的安排。因此，本款同样隐含着这样一个规定：如果业主方在规定的时间内没有允许承包商开工而导致了承包商的损失，承包商是有权索赔的。但一个项目没有开工就发生索赔事件，无论对业主，还是对承包商决非什么好事，双方应本着合作精神去解决此类问题，这才是问题的关键。同时，承包商又可能不希望工程师签发开工通知太快，以免来不及做开工准备，如：承包商一般是不会愿意工程师在承包商收到中标函中立即签发开工通知的。

前面两项规定是约束业主方的，最后一项明显是约束承包商的，即：承包商在开工日期之后应立即行动起来，至少看起来是"尽可能合理地快"开始实施工程，并在之后的工期内恰当施工，不得延误。虽然这一规定比较模糊（如：什么是"尽可能合理地快"？），但如果承包商由于自己的原因，迟迟不能开工，业主方有哪些权利处置承包商呢？请参阅第8.6款［进展速度］和第15.2款［业主提出的终止］。

无论业主，还是承包商，都需要一定的时间准备开工，因此，工程师在签发开工通知时，应考虑双方的准备情况。

笔者认为，本款是新版FIDIC条件中高质量条款中最具有代表性的一个，既有约束双方的原则，又在操作上有一定的弹性。

另外，承包商收到开工通知后首先要做的就是占有现场，大家还记得业主将现场移交给承包商的规定吗？如果不记得了，那么请再查阅一下第2.1［进入现场的权利］和投标函附录吧。

8.2 竣工时间 (Time for Completion)

竣工时间就是合同要求承包商完成工程的时间，那么，在这一时间内，承包商完成哪些工作才算竣工呢？请看本款的规定：

• 承包商应在竣工时间内完成整个工程；
• 完成整个工程的含义是：

1. 通过竣工检验；
2. 完成第10.1款［工程接收］中要求的全部工作。

• 如果合同同时还规定了某区段的竣工时间，其原则同上。

这里的竣工时间指的是一时间段，相当于我们国内通常所说的"工期"，即:承包商必须在这一段期限内完成有关工作,达到第10.1款[工程接收]中规定的移交标准,供业主接收,除非承包商通过索赔得到延期。如果在合同中将整个工程划分为若干个区段,并要求分别移交,那么,合同就有若干个对应于各个区段的竣工时间。大家还记得竣工时间的计算是从哪一天算起的吗?竣工时间的具体日期是在哪个合同文件中规定的呢?如果不记得了,请查阅第1条中的定义1.1.3.3"竣工时间"和投标函附录。

8.3 进度计划(Programme)

"凡事预则立"。要实施一个项目,需要有精心的计划。工程项目的实施就必须有进度计划这个"纲"。承包商的项目管理需要这个"纲",业主方为了了解承包商对项目实施安排和管理承包商,也需要这个"纲"。因此,国际工程合同常规定承包商向业主递交一份详细的进度计划。那么,此进度计划什么时间提交,又如何编制此类进度计划呢?请看本款的规定:

- 承包商应在收到开工通知后的28天内向工程师递交一份详细的施工进度计划;
- 如果承包商现有的进度计划与承包商的实际进度或合同义务不符,承包商应对其进度修改,并再次提交给工程师;
- 进度计划应包括下列内容:
  1. 承包商实施工程的顺序,即:各阶段工作的时间安排,如:设计(如果工作包含设计内容)、承包商文件的编制、货物采购、施工安装、检验等;
  2. 涉及指定分包商工作的各个阶段;
  3. 合同中规定的检查和检验的顺序和时间安排;
  4. 一份支持报告,包括承包商的施工方法和主要施工阶段,以及各阶段现场所需的各类人员和施工设备的数量;
- 如果收到承包商的进度计划后,工程师认为某些方面不符合合同的规定,他可以在收到后的21天内通知承包商,否则,承包商可以依据该进度计划进行工作,但同时不得违反其他合同义务;
- 业主的人员在进行工作安排时,可以依据该计划;
- 在实施过程中,如果承包商认为有可能随后发生的事件可能会消极地影响到工作,增加合同价格和延误进度,他应立即通知工程师;
- 工程师可要求承包商提交一份未来事件预期影响的估算,以及按第13.3款[变更程序]提交一份建议书;
- 如果工程师向承包商发出通知,说明进度计划不符合合同要求或与实际进度和承包商既定目标不相符,无论何时,承包商都应根据本款向工程师提交一份修正的进度计划。

本款规定了何时提交进度计划以及编制进度计划的原则，这一进度计划实际上是投标时进度计划的具体化，是要正式实施的一个进度计划。

本款出现了两个关于时间方面的限制：一是对承包商第一次提交详细的进度计划的时间限制，即承包商收到开工通知后 28 天内提交；另一个是对工程师认可承包商提交的进度计划的限制，即：如果工程师对承包商的进度计划有意见，他必须在收到后 21 天通知承包商，否则承包商就可认为工程师认可了该进度计划，并可依据该进度计划进行工作。但本款并没有对承包商提交修改的进度计划给出时间限制，只是规定，如果工程师认为现行进度计划有问题，他可以随时要求修改，承包商应再次提交修改的进度计划。如果在本款给出承包商提交修改的进度计划的时间限制，似乎更宜于实践中操作一些❶。

承包商编制进度计划时，应基于本款规定的原则，并在具体操作中关注以下几个因素：

1. 业主向承包商移交现场可能规定的时间限制（大家还记得有关业主向承包商移交现场的规定吗？如果忘记了，请查阅第 2.1 款［进入现场的权利］和投标书附录）；

2. 业主方是否规定了编制进度计划的使用软件（如：国际工程中常应用的项目管理软件 Primavera Project Planner，简称 P3 软件）；

3. 进度计划编制的方式和详细程度（如：网络图、横道图等；要达到哪一级或层次❷）。

4. 在编制进度计划时，承包商最好采用"两头松，中间紧"的原则。

下面我们讨论两个与进度计划有关的问题。

一、进度计划是否是合同文件的一部分？

回答应是否定的❸。由于进度计划是双方签订合同之后才由承包商编制提交给工程师的，经过工程师同意，它只是一个承包商据此实施工程的一个程序性文件，它并没有改变双方在合同中的任何义务（大家是否记得

---

❶ 例如，ICE 合同条件（第 6 版）第 14 条 – 进度计划规定，如果工程师对承包商的进度计划有意见，承包商应在工程师要求其修改后的 21 天内提交修改的进度计划。

❷ 关于进度计划的编制的详细程序，请参阅中国化学工程（集团）总公司编写：工程项目管理实用手册（第 5 分册 进度管理和控制），化学工业出版社，1998

❸ 这是基于本合同条件的规定以及国际惯例而给出的一个一般结论，但在个别情况，有的进度计划是合同双方在合同签订之前商定的，并纳入合同，对双方都有约束力，此时，进度计划当然是合同的一部分，但这属于特殊情况，见 Brian Eggleston: *The ICE Conditions of Contract*: *Sixth Edition A User's Guide*，p103 Blackwell Science Ltd，1993

构成合同的文件有哪些呢？如果忘记了，请再查阅一下第1.5款［文件的优先次序］和第1.6款［合同协议书］吧。）除了作为施工的依据之外，它对承包商的作用至少还有：如果在投标函附录中没有规定业主向承包商移交现场的具体日期，那么承包商就有权按照进度计划的安排要求业主逐步移交现场(见第2.1款[进入现场的权利])；进度计划还有助于承包商索赔时计算工期和费用，因为有时它可以作为判断工程师的指令或图纸等的签发是否延误的依据(参见本书中关于索赔内容的解析。)。对业主方来说，进度计划是其监督承包商工程进度的一个"标杆"，便于及时发现承包商进度方面的问题，并要求他及时采取赶工措施(见第8.6款[进展速度])。

二、如果承包商没有按时提交进度计划怎么办？

本款只规定承包商应在收到开工通知后28天提交进度计划，但并没有规定承包商如果不按时递交怎么办。看起来，承包商延误递交进度计划，似乎对业主影响也不会太大，业主也比较难以提出由此招致损失的索赔证据。仔细研究整个合同条件，似乎业主可以利用第8.8款[暂停工作]和第15.2款[业主的终止]，但如果动用这两个条款，似乎又太重，恐怕不但承包商难以接受，业主方也一般不会动用此类极端规定，因为这样做的结合会导致两败俱伤。但是如果承包商迟迟拿不出进度计划，承包商在业主的心目中的形象是会受到影响的。为了激励承包商按照本款的规定及时递交进度计划，可以考虑将提交进度计划作为业主支付进度款或预付款的一个条件，即：在承包商递交进度计划之前，业主不必支付承包商任何工程款项。

8.4 竣工时间的延长 (Extension of Time for Completion)

由于工程施工过程很长，参与方很多，发生的很多问题都有可能影响到承包商的施工作业速度，进而影响到工期，那么哪些情况由承包商负责，哪些由业主方负责呢？即：承包商在哪些情况下可以索赔工期呢？请看本款主要的规定：

- 如果因下面的原因延误了工程按时完工，承包商有权索赔工期：

  1. 发生合同变更或某些工作量有大量变化；

  2. 本合同条件中提到的赋予承包商索赔权的原因；

  3. 异常不利的气候条件；

  4. 由于流行病或政府当局的原因导致的无法预见的人员或物品的短缺；

  5. 业主方或他的在现场的其他承包商造成的延误，妨碍或阻止；

- 承包商应根据第20.1款［承包商的索赔］向工程师发出索赔通知；

- 工程师在决定是否给予延期时，应考虑以前已经给予的延期，但只能增加工期，不能减少在此索赔事件之前已经给予的总的延期时间。

大部分国际工程合同都赋予承包商在某些情况下索赔工期的权利。这些情况包括两个方面:一是由于业主方的过错导致工期的延误;另一是外部情况导致工期延误。这种规定主要来自于工程建设的独特性质以及风险分担理论。但在某个合同中规定在哪些具体情况下允许承包商索赔工期,则取决于业主的工程采购策略和项目的具体特点。从本款的规定以及本合同条件的其他相关条款来看,本合同条件允许承包商索赔工期的规定还是比较宽松的,新红皮书基本上继承了原来红皮书的这方面的规定,而原红皮书在国际工程承包界常常被认为是"亲承包商的"(pro-contractor)。需要注意的是,承包商要想使索赔成功,不但要善于发现其索赔权利,而且应严格遵守相应的索赔程序。本款明确提出了此类要求,参阅第20.1款[承包商的索赔]。

8.5 当局引起的延误 (Delays Caused by Authorities)

很明显,对于任何合同来说,合同双方各自承担由自己一方的错误造成的损失,而对于第三方对合同实施造成的影响则属于风险分担问题,那么,对于工程合同而言,公共当局的行为延误了工程实施,哪一方来负责呢? 请看本款的规定:

- 承包商已经积极遵守了施工所在国的合法当局制定的程序,
- 这些当局延误或打扰了承包商的工作,
- 延误或打扰是承包商无法提前预见的,
- 如果上述三个条件都满足,则此类延误或打扰可作为承包商提出工期索赔的原因。

从本款看,虽然合法当局的打扰可以作为承包商索赔工期的一个原因,但在同时提出了三个前提条件,也就是说,只有承包商提出证据,证明自己的做法符合这三个条件,才获得索赔工期的权利。

工程的实施受公共当局的规则、政策等影响的可能性还是较大的。环保部门在非常时期关于对施工噪音的限制,自由贸易区对经过其土地附近的管线工程的种种限制等都可以归于这一类情况。

8.6 进展速度 (Rate of Progress)

在新红皮书模式下,工程师受聘于业主,就是来管理工程的,工程进度当然也是工程师管理的内容之一,那么如果承包商的施工进度就是上不去,明显落后于进度计划,工程师可以行使哪些权力来进行干预呢? 请看本款的规定:

- 如果实际进度太慢,不能在合同工期内完成工程,以及/或者进度已经或将落后于现有的进度计划,而承包商又无权索赔工期,在此类情况下，工程师可以要求承包商递交一份新的进度计划，同时附有赶工方法说明；

- 若工程师没有另外通知，承包商应按新的赶工计划实施工程，这可能要求延长工作时间和增加人员和设备的投入，赶工的风险和费用也由承包商承担；

- 如果新的赶工计划导致了业主支付了额外费用，业主可以根据第2.5款[业主的索赔]向承包商索赔，承包商应将此类费用支付给业主；

- 如果承包商仍没有按期完工，除了上述费用之外，他还应支付拖期赔偿费。

本款的规定为工程师提供了管理承包商的施工进度的合同依据。其核心内容是在两种情况下工程师可以要求承包商赶工，并且承包商承担自己的赶工费和业主方为赶工付出的额外费用（为配合承包商的加班，业主方的人员一般也得加班，导致业主比经常情况施工多付加班费等）。

在实践中，本款的规定也有可能引起两个问题：一，如果承包商不听工程师的指令怎么办？这个问题与前面的"提交进度计划"涉及的问题比较类似，似乎只能借用第15.2款［业主的终止］中规定的极端做法来惩罚承包商，但实际上不太可能，除非承包商的进度十分糟糕，业主方对其能否完成工程失去信心；二，如果工程师要求承包商赶工，承包商按其要求也进行了赶工，但承包商同时提出了工期索赔，而工程师没有批准延期，问题是，如果经过承包商赶工，工程按时完成了，而最终仲裁员裁定承包商有权延期，但此时工程已经完工，那么承包商在此情况下能否为其赶工得到补偿？显然我们不能从本款中得到答案。笔者认为，但这种情况下，承包商可以将工程师要求赶工的通知看做一项可推定的变更命令（constructive change order），即：工程师变更了新的合同工期（等于原工期加上裁定的延期工期），进而按变更的原则来提出经济索赔。同时，我们也可以从另一个角度来看这个问题，即：如果最后裁定承包商有权获得延期，这证明工程师"没有正当的原因"而扣发了给予承包商的延期决定，而这是违反第1.3款［通信联络］中"... 决定 ... 都不得无故扣发或拖延"的规定，是一种违约，业主方应承担相应责任❶。英国的工程合同管理专家William Harris 曾发表过下列观点：

---

❶ 在 Fernbrook Trading Co. Ltd. V. Taggart（1979）以及 Perini Corporation V. Commonwealth of Australia（1969）的土木工程合同的争端案中，法院判定，"工程师没有在合理的时间内给予延期是一种违约。"（见参考文献：Brian Eggleston：*The ICE Conditions of Contract：Sixth Edition A User's Guide*，p103 Blackwell Science Ltd，1993）

"如果合同中关于工程延期方面的规定不能恰当地被运用，不但业主获得拖期赔偿费的权利可能得不到行使，而且，如果业主方迫使承包商在原合同工期内完成工程，但最终裁定承包商有权获得延期，此情况下，业主就会面临承包商索赔赶工费的危险。❶"

笔者认为，这一观点是很有见地的，值得从事国际工程合同管理的人士思考。

8.7 拖期赔偿费（Delay Damages）

按期完工是承包商的一个合同义务，那么，如果承包商没有按期完工，业主方可获得哪些补偿呢？请看本款的具体规定：

- 如果承包商没有按期完工，承包商应根据业主的赔偿要求，向业主支付拖期赔偿费；
- 拖期赔偿费的支付标准在投标函附录中规定，其额度为每天的标准乘以拖期的天数；
- 拖期的天数为合同竣工日期到接收证书上书明的实际完工日期之间的天数；
- 拖期赔偿费的总额不得超过投标函附录中规定的最高限额；
- 除了在竣工前根据第 15.2 款［业主的终止］发生终止情况之外，拖期赔偿费是承包商对其拖延完工的惟一赔偿责任；
- 拖期赔偿费的支付并不解除承包商完成工程的义务，也不解除合同中规定的他的其他责任和义务。

本款规定，承包商没有按期完工应向业主支付拖期赔偿，同时规定了支付赔偿费的标准以及拖期天数的计算方法和拖期赔偿费的最高限额。

"拖期赔偿费"理念在国际工程中被广泛地接受，并被认为是一种合理而有效的约束机制。请注意，有些国家的法律规定，"赔偿费（damages）"与"罚款（penalty）"的概念是不同的，前者的额度是获得赔偿一方因对方违约而损失的额度，而后者则是带有惩罚性质，通常大于实际损失。由于在工程合同中，拖期赔偿费标准是在合同签订前由业主方确定下来的，只是在招标时对拖期损失的一种合理预见，因此，与实际的拖期损失可能不一致。但如果拖期赔偿费标准明显高于业主的损失太大，或被认为带有惩罚性质，则有可能被法律认定此规定没有效力❷。

---

❶ 来源同上，原文为英文，汉语为笔者所译。
❷ 见 John Murdoch and Will Hughes（2000）: *Construction Contracts*: *Law and Management*（*Third Edition*）p302

请大家思考一个问题：如果承包商拖期的时间特别长，拖期赔偿费也已经达到最高限，再继续拖延下去，业主将会遭受更大的损失。那么，除了拖期赔偿费之外，业主还有其他权利可以行使吗？大家可以参考第8.1款［开工］和第15.2款［业主的终止］。

8.8 暂停工作（Suspension of Work）

在工程的实施过程中，一方有权暂停项目的执行吗？如果是的话，暂停的条件是什么？后果又是什么呢？请看本款的规定：

- 工程师随时可以指示承包商暂停整个或部分工程的进展；
- 暂停期间，承包商应保护好工程，避免损失；
- 工程师可以将停工的原因通知承包商；
- 如果工程师将停工原因通知了承包商，而且停工属于承包商的责任，下面第8.9，8.10，8.11三个条款的规定都不适用。

本款规定了工程师下达暂停工作指示的权力以及承包商在暂停期间的义务。如果暂停的责任应由承包商负担，而且工程师通知了承包商，那么暂停的后果由承包商承担，否则，在下面的三个条款中规定了承包商获得补偿的权利。

工程暂停条款也是工程合同的传统条款之一，原因是工程执行过程中出现不能持续实施工程的情况常常发生，因此，有必要编入此类条款来"管理"这方面的问题。

8.9 暂停的后果（Consequences of Suspension）

上面的条款说明，工程师有权暂停工程，那么，如果暂停的责任属于业主方，承包商能获得哪些补偿呢？请看本款的规定：

- 如果承包商因暂停工作以及复工招致了费用损失和工期延误，他可以按索赔程序通知工程师，提出索赔；
- 工程师收到承包商的通知之后按第3.5款［决定］去决定或商定应给予承包商费用和工期的补偿；
- 但如果因为承包商的设计、工艺、材料等有缺陷或他没有根据上一款的规定尽到暂停期间的保护，存放和保安等职责，则他没有权利就补救由此带来的后果获得费用和工期补偿。

承包商的索赔权利已经在本款规定的很明确了，核心问题是如何计算暂停期间承包商的费用问题，这通常涉及的是承包商的项目现场人员和现场施工设备的闲置费，总部和现场管理费等。计算的标准通常是依据承包商投标报价，有时需要承包商对某些内容进行价格分解。由于停工期间，设备和人员只是闲置，因此，业主方一般是不会同意按工作时的费率来支付闲置费的，这需要承包商将暂停期间各项开支做好记录，作为索赔费用的依据。在实践中，有些项目，为了避免麻烦和争执，在合同谈判阶段，业主和承包商可能就施工设备和人员闲置费等相关费用商定一个补偿标准❶，在实际发生暂停时执行。

本款的另一个规定避免了承包商"浑水摸鱼"的情况，即：凡因承包商一方的过失导致暂停期间的费用，由承包商自己承担，业主不予以补偿，因此，承包商应注意自己在暂停期间的行为，履行好自己一方的义务，这是索赔成功的基础。

8.10 暂停工作情况下对永久设备和材料的支付
（Payment for Plant and Materials in Event of Suspension）

如果工程在正常情况下进行，永久设备和材料的付款就会按正常的付款程序进行（见第 14 条），但暂停工作可能影响到正在采购的一些永久设备和材料。如何处理这一问题呢？请看本款的规定：

- 如果涉及永久设备的工作或永久设备和材料的运送暂停超过 28 天，并且承包商按照工程师的指令已经将此类设备和材料标记为业主的财产，那么承包商有权从业主处获得这些仍没有运至现场的设备和材料的支付；
- 支付的金额应为暂停日这些物品的价值。

本款规定了暂停情况下受到影响的设备材料等物品的支付问题。虽然与暂停密切相关，但由于其本质属于付款内容，因为，截至本条款，关于整个合同价格和支付普遍适用的规定都还没有涉及，而突然给出暂停情况下的一个特别支付规定，在编排显得有点唐突，似乎将本款编排到第 14 条［价格与支付］更自然一些。

8.11 持续的暂停（Prolonged Suspension）

虽然前面的条款规定，如果暂停，承包商可以索赔费用和工期，但如果暂停的时间太长，承包商不愿意再等待，他是否还有其他权利？请看本款的规定：

- 如果工作暂停超过 84 天，承包商可以要求工程师允许他复工；
- 如果工程师在承包商提出复工要求后 28 天内没有给予复工许可，

---

❶ 设备人员闲置费补偿标准常取决于双方根据项目的实际情况而进行的谈判，在笔者参加的一个项目合同谈判中，双方接受的标准是合同单价的 70%。

承包商可以按照第 13 条［变更条款］将暂停的工作看做该工作被删减，但需要通知工程师；

- 如果暂停涉及的是整个工程，承包商可以按第 16.2 款［承包商的终止］，向业主发出终止通知。

本款的规定限制了业主方的暂停行为，对承包商是一种保护。原因是，如果暂停的时间太长，虽然可以索赔，但会打乱承包商整个公司的整体业务安排，不一定对他有利，根据本款规定，如果他觉得从合同范围删减掉暂停的工作，或终止整个合同对其有利的话，他有权做出自己的选择。

8.12 复工（Resumption of Work）

如果没有出现删减暂停的工作或终止整个合同的情况，那么，工程在开始复工时有何具体的程序呢？请看本款的规定：

- 在工程师同意或下达复工令后，承包商与工程师应联合对受到影响的工程，永久设备和材料进行检查；
- 如果暂停期间，工程、设备或材料出现了问题，承包商应进行补救。

本款要求复工前先进行联合检查，并由承包商修复受损工程或物品，但在本款中没有说明哪一方负责修复费用。请大家思考一下：此类修复费用应由哪一方支付？（参考第 8.9 款［暂停的后果］）。

以上五款只回答了工程师有权暂停工程以及相应后果的问题，请大家思考：承包商有权暂停工程吗？下一条的第 16.1 款［承包商暂停工作的权利］可以回答这一问题。

本条到此讲完了，请检查一下自己是否达到了开始提出的要求，并思考下面的问题：

1. 请您列出可能影响工程工期的关键因素。它们在本款中是如何体现的？
2. 按照本条中的规定，进度计划是否属于合同文件的一部分？您能解释一下原因吗？

> 管理者言：
>
> "时间就是金钱，效率就是生命"，这句话也许我们搞工程管理的人理解得更透彻些。

本条附录：

8-1　国际工程每周进度审议会议内容纲要

1. 上周会议纪要中的内容涉及的问题

2. 就上周会议讨论的事宜在本周已经采取的行动

3. 承包商的总体进度汇报

4. 承包商就分包商的工作情况汇报

5. 计日工情况汇报

6. 本周现场工作的劳务人员的种类和数量；投入的设备种类与数量

7. 本周天气对工程进度的影响

8. 业主方关注的有关问题

9. 承包商对工程师/业主本周下达的指令提出质疑，并要求澄清

10. 与会人员的意见

11. 其他（支付、安全、环保、质量等问题）

12. 下周会议安排

第9条 竣工检验 (Tests on Completion)

～～～～～～～～～～～～～～～～～～～～～～～～～～～～

学习完这一条，应该了解：

- 承包商在竣工检验过程中的义务；
- 如果检验被延误，延误检验的一方的责任和对方的权利；
- 竣工检验不能通过情况下的处理方式。

～～～～～～～～～～～～～～～～～～～～～～～～～～～～

工程竣工检验是体现工程已经基本完成的一个里程碑，也是业主控制质量的一个十分关键的手段❶。对于竣工检验，合同通常规定的内容包括：进行竣工检验的前提条件；双方各自的义务；检验过程中出了问题怎么办：如检验被延误，检验结果不合格等。这些也都是本条涉及的内容。现在我们一起看本条的具体规定。

9.1 承包商的义务 (Contractor's Obligations)

凡涉及工程执行过程中的一项重要事项，都需要规定由该方去做以及如何执行，竣工检验也不例外。请看本款是如何规定承包商在这方面的义务的：

- 承包商应根据本款和第7.4 [检验] 中的规定来执行竣工检验；
- 但在开始检验之前，承包商必须提交第4.1款 [承包商的一般义务] 中规定的相关文件；
- 承包商需要将准备好进行竣工检验的日期提前21天通知工程师；
- 如果双方没有另外商定其他时间，那么竣工检验应在上述承包商"准备好进行竣工检验的日期"后的14天内开始，具体到在哪一天（几天）进行，则按工程师的指令；
- 如果业主在竣工检验前使用了工程，那么在评定竣工检验结果时，工程师应考虑业主的使用对工程的性能造成的影响；
- 一旦通过竣工检验，承包商应尽快将一份正式的检验报告（certified

---

❶ 在新版 FIDIC 中，涉及"竣工检验"的内容虽然被编排在贯穿于工期管理的内容之中，从本条的核心内容上来看，更容易被视为是一个质量条款。

report）提交给工程师。

本款规定了承包商在竣工检验时的义务，开始检验的前提条件，检验结果评定应考虑的特殊情况等。

阅读本款需要注意的是，在开始竣工检验之前，承包商需要提交第4.1 款［承包商的一般义务］规定的相关文件。大家是否还记得是什么文件呢？对了，是"承包商的文件（Contractor's Documents）"，那么，哪些类型的文件属于承包商的文件呢？这可以从 1.1.6.1［承包商的文件］的定义中查到。就施工合同的竣工检验而言，通常涉及的文件是一些操作维护手册，竣工资料（如果承包商负责某些设计工作）等。

9.2 延误的检验（Delayed Tests）

对于一项工作，计划往往被变化所打乱，竣工检验亦如此。那么，如果出现竣工检验被某一方延误，没有按双方事先商定进行怎么办？。请看本款的规定：

- 如果竣工检验被业主方延误，应按第 7.4 款［检验］和第 10.3 款［对竣工检验的干扰］中的相关规定处理；
- 如果竣工检验被承包商无故延误，工程师可以发出通知，要求承包商在收到通知后的 21 天内进行检验，承包商可以确定在这一期间内的某日期进行检验，但应将确定的检验日期通知工程师；
- 如果承包商没有在上述的 21 天内进行，业主的人员可以自行检验，检验的费用和风险由承包商承担，并且承包商应接受检验结果的正确性。

本款对业主方和承包商延误竣工检验的情况分别进行了规定。如果业主方延误了，则按第 7.4 款和第 10.3 款处理，即承包商有权向业主方提出费用和工期索赔（请参阅这两个条款）；如果承包商延误竣工检验，工程师可以要求承包商按工程师重新指定的时间进行，否则，工程师可以自行进行竣工检验，承包商应承担有关费用和风险，并应接受检验结果的正确性。注意，这里的规定是"工程师可以"这么做，因此，这种规定只是赋予工程师这样做的一种权力，但他无须这样做，可以消极等待。毕竟，从合同角度而言，由于承包商的原因不能按期进行竣工检验，意味着承包商不能及时拿到验收证书，并承担一切后果责任。然而，作为工程的"管理者"，优秀的工程师应本着负责的态度，以对整个工程执行有利的方式去处理上述情况，从而在工程执行的过程中体现出自己高度的管理水平和职业道德。

9.3 重新检验（Retesting）

那么，如果工程没有通过竣工检验怎么办呢？请看本款的规定：

- 如果工程没有通过竣工检验，按第7.5条［拒收］的有关规定处理；

- 工程师和承包商双方任一方都可以要求对没有通过检验的工作按相同的检验条件重新进行检验。

本款规定第7.5条［拒收］同样适用于工程没有通过竣工检验的情况，即：对于没有通过竣工检验的工作，开始的补救方法基本与没有通过其他检验的情况类似，承包商应对相关工作进行修复，并再次检验，并由承包商承担可能由此造成的额外费用。

9.4 未能通过竣工检验（Failure to Pass Tests on Completion）

如果再次检验仍通不过，如何处理这一情况？请看本款的规定：

- 若工程仍通不过重新进行的竣工检验，工程师有权采取下列方式之一来解决这一问题：

  1. 下达指令，按第9.3款［重新检验］再次重复进行竣工检验；

  2. 如果发现工程中出现的问题使得该工程基本上对业主没有使用价值，那么可以采用第11.4款［未能补救缺陷］规定的补救方法；

  3. 如果业主要求工程师签发接收证书，则工程师可以照办；

- 如果采用第三种方法，承包商应继续履行合同中的其他一切义务，并对合同价格进行减扣，减扣的额度应等同于因出现的问题而导致工程价值降低的额度，即：给业主带来的损失；

- 如果减扣的具体方法没有在合同中规定，业主可以要求双方商定减扣额度（仅限于弥补给业主造成的损失），并在签发接收证书之前支付给业主；也可按第2.5款［业主的索赔］以及第3.5款［决定］来处理。

本款给出了几种处理工程未能通过再次竣工检验的方法。新版中这种处理问题的方式显然比以前的规定更加灵活和明确。本款规定，即使工程不能通过竣工检验，但如果业主愿意，他仍可以要求工程师签发给承包商接收证书，同时他有权要求承包商在获得接收证书之前将造成的损失赔偿给业主。

本条到此讲完了，请检查一下自己是否达到了开始提出的要求，并思考下面的问题：

1. 承包商在竣工检验中有哪些具体的义务？
2. 如果您是业主方，在竣工检验未能通过的情况下，您更愿意采用哪种方式来解决这一问题，为什么？
3. 如果您主要从事国内工程，请对比一下国内工程的竣工检验程序与本款的规定的异同。

管理者言：

竣工检验宛如一面镜子，能照出工程质量的优劣。业主希望这面镜子亮些，承包商希望这面镜子暗些。

第 10 条　业主的接收（Employer's Taking Over）

～～～～～～～～～～～～～～～～～～～～～～

学习完这一条，应该了解：

- 业主接收工程和区段的前提条件以及承包商获得接收证书的程序；
- 业主接收部分工程的限制条件和处理方法；
- 业主阻碍承包商按时进行竣工检验的后果责任。

～～～～～～～～～～～～～～～～～～～～～～

　　在工程实施的过程中，当工程的实施到达验收阶段，对项目各方，尤其是业主与承包商双方来说，无疑是漫漫征程之后看到了胜利的曙光：业主方能够即将享用其投资成果；承包商即将卸去肩上的重担，带着智慧和汗水之果，遥途而归。虽然工程的验收不需要投入大量的工作，但由于责任重大，备受项目各方重视。因而，合同应当给出一个清晰的验收程序来使双方顺利完成这一工作。现在我们一起看本条的具体规定。

10.1　工程和区段的接收（Taking Over of the Works and Sections）

　　业主什么情况下才有义务接收工程和区段呢？接收证书签发的程序如何？请看本款的具体规定：

- 除一些不影响工程使用的扫尾工作之外，当工程按照合同已经完成，并通过了竣工检验，且接收证书已经签发或已经视为签发，业主应接收工程；
- 如果承包商认为在 14 天内工程将完成并能准备好供业主接收，他此时可以通知工程师，申请接收证书；
- 若工程分为若干区段，承包商同样可为每个区段提出申请；
- 工程师应在收到申请后的 28 天内给出答复；
- 如果同意承包商的申请，工程师应签发接收证书，注明工程完成的日期，同时列明在该日期仍没有完成但不影响工程使用的扫尾工作或缺陷，待此类工作和缺陷修复完成后予以注销；
- 如果拒绝承包商的申请，工程师应说明原因，并列出签发接收证书之前承包商应需完成的工作；

- 承包商完成上述工作后，可以根据本款再提出申请；
- 如果工程师在接到承包商申请的 28 天内，既不签发证书，也没有拒绝承包商的申请，并且此时工程或区段基本符合合同的规定，则可视为在上述 28 天的最后一天，接收证书已经签发。

阅读本款时，承包商应注意的是，他不必等到工程已经全部完成才提出申请接收证书的申请。只要是工程基本完成，即：剩下的扫尾工作或小缺陷并不影响工程的使用功能时，他就可以提出申请。

本款规定，如果工程师在承包商提出接收证书的申请后 28 天内不予答复，但如果此时工程或区段基本符合合同的规定，则应视为在第 28 天当天接收证书已经签发。这一规定不太完整，似乎存在这样一个问题，即：在这种情况下，工程竣工的日期，也就是说缺陷通知期开始日期从哪一日算起，并没有明确，因为签发证书的日期并不一定为工程竣工日期，竣工日期通常要比接收证书签发日期早一些。在正常情况下，工程的竣工日期是在工程师在签发的接收证书中注明的，本款前面也是这样规定的。

结合前一条与本条的规定，整个工程验收程序大致可描述为：

1. 准备好竣工检验；
2. 申请竣工检验；
3. 提交竣工资料；
4. 开始竣工检验；
5. 通过了竣工检验；
6. 申请接收证书；
7. 签发接收证书；
8. 业主接收工程。

10.2 部分工程的接收（Taking Over of Parts of the Works）

在工程执行过程中，业主出于某种目的，可能希望接收工程中某些完成的部分，他是否有此权利？执行程序如何？请看本款的规定：

- 工程师可以为永久工程的任何部分签发接收证书，但具体签发与否，完全取决于业主的决定；
- 只有在工程师为某部分工程签发接收证书之后，业主才可以使用该部分工程，但如果合同中有明确规定或双方同意的情况除外；
- 但如果业主在工程师签发接收证书之前使用了某工程部分，该部分应被视为在开始使用的日期已经被业主接收，承包商照管该部分的责任即转移给业主，并且如果承包商要求，工程师应为该部分签发一份接收证书；

- 在工程师为某部分工程签发接受证书后，应尽早给予承包商机会，使其进行该部分的竣工检验的准备，承包商在相应的缺陷通知期届满之前应尽快完成竣工检验；
- 如果因业主如此接收或使用工程的原因导致承包商发生一定的费用，承包商应通知工程师，并有权按第 20.1 款［承包商的索赔］提出费用和利润索赔，工程师应按程序确定该索赔；
- 如果为某部分工程签发了接收证书，剩余工程的拖期赔偿费应相应减少，这一规定适用于整个工程或工程区段中的任何部分；
- 拖期赔偿费减少的比例应等于签发证书的部分占整个工程或区段的比例，但此类减少只适用于每天拖期赔偿费的额度，并不适用于拖期赔偿费的最高限额。

本款的规定实际上是给予业主方一个随时可以接收承包商已经完成的任一部分工程的权利。由于此类接收大都是业主随时决定的，可能对承包商的施工部署有影响，因此在此类情况下，承包商有权提出索赔，包括利润。

本款还提出了业主在接收之前使用工程的情况。规定，出现这种情况，即认为业主接收了该部分工程，同时要求工程师给予承包商机会进行该部分的竣工检验，承包商应在该部分工程的缺陷通知期内完成该检验。请思考：如果竣工检验中，发现在该部分的工程不合格怎么办？（请参阅第 9.1 款和第 9.4 款）

10.3　对竣工检验的干扰（Interference with Tests on Completion）

如果承包商已经做好了工程竣工检验的准备，并相应地通知了工程师，但还是不能按时开始竣工检验怎么办？请看本款针对此情况的规定：

- 如果由于业主负责的原因，致使竣工检验在 14 天内仍不能进行，则，在本应该完成竣工检验的那一天，即认为业主已经接收了相应的工程或区段；
- 工程师随后应签发接收证书；
- 承包商也应在缺陷通知期内在条件允许下尽快完成竣工检验；
- 工程师应要求根据有关合同规定进行竣工检验，但须提前 14 天通知承包商；
- 如果因竣工检验延误导致承包商额外费用或延误工期，则他有权索赔工期，费用以及利润；
- 工程师收到索赔通知后应按第 3.5 款［决定］处理。

本款开头所提到的 14 天，并没有给出哪一天之后的 14 天，但从上下文看，应为承包商准备好开始进行竣工检验的前一天之后的 14 天，即：

如果承包商通知 8 月 1 日后他将准备好随时开始竣工检验，那么，竣工检验应在 8 月 15 日或以前进行，具体日期应由工程师给出指令，否则承包商可以索赔工期、费用和利润。（参阅第 9.1 款［承包商的义务］）

本款还规定，在本款的情况下，"承包商应在缺陷通知期内在条件允许下尽快完成竣工检验"。请思考：承包商在此情况下应遵循怎样的竣工检验程序？（参阅第 7.4［检验］）

10.4 地面需要复原（Surfaces Requiring Reinstatement）

在接收证书签发是否意味着承包商完成包括该工程中的地表面复原等扫尾工作呢？请看本款主要的规定：

- 如果对某区段或工程部分签发了接收证书，这并不证明要求复原的外表面或地表面的工作也已经完成；
- 但如果接收证书上注明了此类工作已经完成，则属于例外。

本款明确提出，一般情况下，工程师签发了接收证书，并不意味着地表复原工作也同时完成了，而要具体看接收证书是否标明完成，否则，该工作则属于扫尾工作，承包商应在缺陷通知期中完成。但在本款中，只是针对区段和工程部分的接收证书而做出此类规定，而并没有提到整个工程的接收证书的签发是否意味着承包商完成了地表复原工作，似乎本款中应将整个工程的接收证书情况也加入，因为无论是区段工程，部分工程，还是整个工程，所签发的接收证书一般仅仅证明工程"基本"竣工，而非全部工程竣工。本款只提到了区段工程和部分工程容易造成一种误解，即：如果颁发的是整个工程的接收证书，即使该证书上没有注明地表复原工作已经完成，也应认为已经完成。然而这种理解是不符合实际情况的。

本条到此讲完了，请检查一下自己是否达到了开始提出的要求，并思考下面的问题：

1. 请简述工程接收之前必须完成的各项工作。
2. 就干扰竣工检验这一问题，您能举例说出一些具体情况吗？

> 管理者言：
>
> 承包商移交的是沉重的工程，留下是轻松的心情；业主送走的是紧张的心理，接收的是沉甸甸的果实。

第 11 条　缺陷责任（Defects Liability）

～～～～～～～～～～～～～～～～～～～～～～～～～～～

学习完这一条，应该了解：

- 承包商在缺陷通知期的主要责任是什么；
- 修复缺陷的费用由何方承担；
- 在什么情况下延长缺陷通知期；
- 履约证书签发的条件以及由谁签发；
- 收到履约证书后承包商还应注意的事项。

～～～～～～～～～～～～～～～～～～～～～～～～～～～

　　随着业主接收了工程，工程实施进入"收官"阶段。建设工程虽然是一项特殊的产品，但与其他产品类似，它也有质量保证期，新版中被称为"缺陷通知期"❶。那么，承包商在缺陷通知期中有哪些责任呢？工程最终验收的标志是什么呢？现在我们一起看本条的具体规定。

11.1　完成扫尾工作和修复缺陷

（Completion of Outstanding Work and Remedying Defects）

　　工程被接受后，缺陷通知期就开始了。在该期间内，承包商还有哪些义务呢？请看本款的具体规定：

- 承包商应在工程师指示的合理时间内完成签发接受证书时还剩下的扫尾工作，并修复业主方在缺陷通知期期满之日或之前通知的缺陷，使工程达到合同要求；
- 如果发现了缺陷或发生了损害，业主应相应地通知承包商；
- 承包商承担前面所述的责任的目的是保证在缺陷通知期期满之日或之后尽可能快地保证工程和承包商的文件到达合同要求的状态，即：完成全部合同义务。

　　大家是否还记得缺陷通知期的开始之日是哪一天呢？对了，是接收

---

❶　在第三版和第四版 FIDIC 土木工程施工合同条件中使用的分别是"维修期（Maintenance Period）"和"缺陷责任期（Defects Liability Period）"。

证书上面注明工程基本完成的那一日期，其长度为 365 天❶。（参阅定义 1.1.3.7 ［缺陷通知期］以及投标函附录。）由于通常允许承包商在业主接收工程时剩下一些不影响工程功能的扫尾工作，因此，本款规定，除了承包商有义务在缺陷通知期内修复缺陷的责任外，他还必须在工程师通知的合理时间内完成此类扫尾工作。至于涉及的扫尾工作的范围以及修复缺陷达到的标准，都要以合同的规定为准，即：承包商承担完成扫尾工作以及修复缺陷的目的是"保证工程在缺陷通知期期满之时达到合同要求的状态"。同时还应注意，本款还赋予了业主方一项义务，即：他若发现了缺陷或工程受损，应及时通知承包商。这样规定的目的可能主要是防止损害进一步恶化。

11.2　修复缺陷的费用（Cost of Remedying Defects）

承包商在缺陷通知期内有义务对工程发生的问题进行修复，但这涉及一个问题，即：工程所发生的问题导致的原因可能多种多样，既有工程本身质量问题，又有自然原因或业主人员误操作或使用造成的问题，那么修复缺陷的费用是否都由承包商负担呢？请看本款的具体规定：

- 如果工程缺陷是由于：承包商负责的设计工作，设备材料和工艺不符合合同，承包商没有遵守其他合同义务三类原因中任一种情况造成的，那么，承包商应自负费用和风险来修复；
- 如果工程缺陷不是由上述原因造成的，业主方应立即通知承包商，同时将承包商修复缺陷的工作以变更方式处理（第 13.3 款［变更程序］）。

本款对修复缺陷的工作分为两类，一类是由于承包商负责的原因造成的；另一类是其他原因造成的。对于前一类情况，承包商当然自己负担发生的维修费用，并承担维修过程中的风险；对于后一种情况，则由业主方负担一切费用和风险。

本款规定，如果维修工作不是由于承包商负责的原因造成的，业主方应立即通知承包商，并将维修工作视为变更来处理。此项规定有些模糊，似乎不太可行。一般来说，在缺陷通知期内，承包商可能留有少量的项目"留守"人员，负责与业主方的联络和沟通。前面的条款规定，如果出现缺陷或发生损害，业主方应随即通知承包商，承包商有义务去完成。但由于涉及责任问题，承包商对发生的问题同样十分关心。那么

❶　注意，FIDIC 新版中规定的 365 天只是一个通常在国际工程中通行要求，在实践中，业主根据工程的具体特点，也可能给出不同要求，如对于机电工程项目，业主可以要求两年，甚至更长。

由哪一方来判断问题发生的原因呢？从本款的措辞来看，似乎是业主，因为本款规定"如果工程缺陷不是由承包商负责的原因造成的，业主方应立即通知承包商"，并且在后面的第 11.8 款［承包商调查］中也仅仅规定"承包商只有在业主方要求时，并在工程师指导下来调查事故原因"。由于众所周知的原因，在实践中，除非极个别原因特别清楚的事故，否则，业主不太会主动这样做，因为这样做就意味业主方要承担责任。工程发生了问题，原因常常比较复杂，本款只是要求业主在"得知"工程发生的问题不是由于承包商负责的原因引起时才通知承包商，如果这样的话，业主在任何时候都不会愿意去"调查得出"这样的原因的，因此，本款的规定可能将承包商置于不利的地位。比较切实可行的方法是，如果工程发生了问题，业主方立即通知承包商来查看问题并修复。在不影响修复的情况下，由业主方和承包商一方组成事故原因调查小组联合调查，并依据调查结果来判断事故原因是属于哪一方负责的。如果双方不能达成一致意见，可以按本合同中的争端解决程序来处理。笔者认为，好的合同规定应该"公平，可行，鼓励合作，从而降低'交易成本'"。

11.3 缺陷通知期的延长（Extension of Defects Notification Period）

如果在缺陷通知期内发生了质量问题，导致工程或区段无法按预期目的使用，那么在此情况下，工程的缺陷通知期是否应予以延长呢？请看本款针对此情况的规定：

- 如果在缺陷通知期内发生了质量问题，导致工程或区段无法按预期目的使用，业主有权根据第 2.5 款［业主的索赔］对缺陷通知期进行延长，但在任何情况下，延长的时间不得超过 2 年；
- 如果由于业主负责的原因导致暂停了材料和永久设备的交付或安装，在此类材料或设备原定的缺陷通知期届满 2 年后，承包商不再承担任何修复缺陷的义务。

本款只是给出了原则性的规定，即：如果缺陷是由于承包商负责的原因发生的，业主有权延长缺陷通知期，同时规定最多延长 2 年（即：缺陷通知期最多为 3 年），但并没有规定具体如何延长，例如：如果工程因维修暂停了 3 个月，是否意味着缺陷通知期也相应地延长 3 个月？❶

本款中第二项规定也比较模糊。此项内容涉及工程暂停情况下永久

---

❶ 在 1995 年 FIDIC 出版的"设计 – 建造及交钥匙合同条件"第 12.3 款明确规定，此情况下，"延长的长度相当于工程或任何区段或某些永久设备因某种缺陷或损害不能按预期目的投入使用的时间长度的总和"。

设备和材料推迟交付和/或安装的情况，本款中的具体措辞为"该永久设备和/或材料的缺陷通知期本应届满 2 年后"，承包商不再有任何修复义务。因而，此处出现一个"永久设备和/或材料的缺陷通知期"（the Defects Notification Period for the Plant and/or Materials）的措辞，因此，本项规定隐含着，此类因暂停而被推迟安装的永久设备和材料有独立的缺陷通知期，但事实是，通常情况下，此类永久设备和材料是没有独立的缺陷通知期的（大型相对独立的永久设备除外）。

11.4　未修复缺陷（Failure to Remedy Defects）

如果在缺陷通知期内，工程中出现了缺陷，而承包商又不去及时修复怎么办？请看本款主要的规定：

- 如果承包商没有在合理的时间内修复工程出现的问题（包括缺陷和损害，下同），业主方可以确定一个截止日期，要求承包商必须到该日期完成此类修复工作，但业主方应及时通知承包商该日期；
- 如果承包商在截止日期仍不修复出现的问题，并且此工作本应由承包商自费完成，那么业主可采用下列三种方式之一来处理；

1. 业主可以自行或委托他人完成修复工作，费用由承包商承担，但承包商对修复工作不再承担责任，承包商应支付业主由此造成的合理费用，但业主应按第 2.5 款［业主的索赔］来索取此类费用；

2. 要求工程师与双方商定或决定从合同价格中进行相应的价款减扣；

3. 如果出现的问题致使业主基本上不能获得工程和其主要部分预期使用价值，业主可终止全部合同或涉及该主要部分的合同，业主有权收回其支付的所有工程款或就该主要部分的合同款（视情况而定），加上业主的融资费和工程拆除清理等相关费用，同时保留合同或法律赋予业主的其他权利。

本款是针对承包商不履行在缺陷责任期的修复义务而规定的处理方法。注意，业主在采用三种处理方法之前，必须：一，提前通知承包商，告诉其完成修复工作的截止日期，并且该日期应是一合理日期（业主当然不能通知承包商在第二天就完成耗时若干天的修复工作）；二，造成缺陷或损害的原因必须是由承包商负责的。虽然在第 11.2 款［修复缺陷的费用］中规定，如果修复工作不是承包商原因造成的，承包商的修复工作可以按变更处理。但本款并没有规定，如果承包商不来修复非承包商原因造成的问题（比如有外界原因）如何处理，虽然从第 11.1 款［完成扫尾工作及修复缺陷）的规定中可以推定，即使发生的问题不是由承包商负责的原因造成的，承包商也有义务修复发生的问题，只不过他可以按变更得到补偿而已。可以肯定的是，如果业主通知承包商来修复非承包商负责的问题，而承包商不来修复，即使业主拿不出强有力的惩罚措施，承包商在申请履约证书时可能会遇到麻烦的。请思考：业主有哪些借口拖延签发履约证书？（参阅第 11.3 款和 11.9 款）。

11.5 移走有缺陷的工作（Removal of Defective Work）

某些工程缺陷可能在现场无法修复或维修代价比较大，如：工程中安装的一些大型设备。此情况下，也许将其拆下来运到设备制造厂去修理是比较好的方法。合同是否允许这样做呢？请看本款针对此情况的规定：

- 如果缺陷或损害的部分在现场无法及时修复，在业主的允许之下，承包商可以将相关永久设备移出现场进行修复；
- 业主允许这样做的同时，可以要求承包商增加履约保函的额度，增加的部分等同于移出的永久设备的全部重置成本；
- 如果不增加履约保函额度，也可以采用其他类似保证。

本款的规定主要是针对在现场不便修复而需要移出现场进行维修的永久设备等。由于将此类永久设备移出现场，造成业主无法控制承包商对该设备的处置，因此业主方可以在此情况下要求承包商追加担保额度或提供其他担保。请注意，本款只是规定业主"可以"这样做，原因是，这样做虽然对业主比较安全，但追加履约保函额度或提供其他担保会导致承包商的额外费用。如果业主对承包商比较信赖，业主也许对承包商不会提出此类要求。因此，承包商的信誉在此情况下会给承包商带来一定的"收益"，这也是商业社会"信用价值"的体现。

11.6 进一步的检验（Further Tests）

对于有缺陷的工程部分，尤其是缺陷涉及永久设备时，在修复之后如何才能保证其性能能够达到要求呢？显然这只能通过检验才能知道。请看本款针对此情况的规定：

- 如果对工程的修复影响到了工程的性能，工程师可以要求重复合同中规定的任何检验；
- 工程师应在维修工作结束后的 28 天内将此要求通知承包商；
- 进行检验的条件应与以前进行检验时一致，但风险和费用由承担维修费用的责任方负担，具体可见第 11.2 款［修复缺陷的费用］。

本款的规定内容本身十分明确。请思考这一问题：如果承包商不听工程师的进行检验的指令会有什么后果呢**❶**? 首先，根据本款，如果工程师通知，承包商有义务进行此类检验；若缺陷是由承包商负责的，显然，如果承包商不进行此类检验，就会导致业主借用第 9.2 款［拖延的检验］等相关条款来保护自己；如果缺陷不是由承包商负责，似乎业主方没有十分有力的约束手段，但业主可借助第 11.3 款［缺陷通知期的延长］来延长缺陷通知期，以保护自己。

11.7 进入权（Right of Access）

承包商在缺陷通知期内要进行修复或必要的检查工作，就必须进入工程现场，那么，承包商是否有自由出入工程的权利呢？请看本款的规定：

- 在签发履约证书之前，只要是为了履行本款规定的义务的合理需要，承包商有权进入工程；
- 但业主基于安保原因，可对承包商的进入权进行合理限制。

本款的规定比较灵活，既考虑了承包商维修工程的合理之需，又考虑了业主安保方面的原因，毕竟某些项目要求具有高度的保密性。

11.8 承包商调查（Contractor to Search）

由于承包商是工程的具体建造者，对工程比较清楚，如果工程出现了问题，业主常希望由他调查事故原因。请看本款针对此情况的规定：

- 如果工程师要求，承包商应在工程师的指导下调查工程缺陷的起因；
- 如果根据第 11.2 款［修复缺陷的费用］，由承包商负担维修费，此类调查费用也由承包商承担；
- 否则，应支付承包商调查费以及合理的利润，具体数额由双方商定或由工程师按第 3.5 款［决定］来确定。

根据本款的规定，只要工程师要求，承包商就有义务来调查质量事故的起因。由于调查的结果可能关系到双方的责任问题，因此，本款规定，承包商调查过程在工程师指导（当然在实践中也有监督）下进行，以保证过程的客观性。阅读本款请参阅 11.2 款［修复缺陷的费用］。

---

❶ 这一问题在实践中不太会发生，提出此问题的主要目的是希望读者将相关条款联系起来阅读，并希望借此问题培养从事工程合同管理的专业人员合同管理方面的思维能力。

11.9 履约证书（Performance Certificate）

如果说承包商获得了工程的接收证书只是标志着他基本上完成了工程，那么，履约证书则标志着他彻底履行了合同中的全部义务。履约证书签发的前提条件是什么呢？具体程序又如何呢？请看本款针对此情况的规定：

- 只有当工程师向承包商签发了履约证书之后，才能认为承包商的义务已经完成；
- 履约证书中应载明承包商完成其合同义务的日期；
- 工程师应在最后一个缺陷通知期届满后28天内签发履约证书；或之后，在承包商提交了全部承包商的文件，完成了工程，并进行了检验以及修复了全部缺陷条件下，尽快签发；
- 履约证书的副本应提交给业主。

本款规定了承包商获得履约证书的前提条件，可分两类情况：

一、如果在缺陷通知期内承包商完成了扫尾工作，没有发生工程缺陷，或发生了缺陷，但及时在该期间完成并得到认可，那么，工程师应在缺陷通知期届满后的28天内将履约证书签发给承包商；

二、如果缺陷通知期届满时，承包商还有些工作没有完成，如提交文件，修复缺陷等，那么，工程师应在此类工作完成之后尽快签发履约证书给承包商。

本款规定的问题是：在第二种情况下，没有给出工程师必须签发履约证书的时间限制，只是笼统的规定"尽快"，这容易导致合同双方理解上的分歧，似乎给出具体的时间（如7天或14天）更容易在实践中操作。但无论怎样，从上下文来看，这个时间决不会超过承包商完成所有剩余工作后"28"天。

与本款规定相关的另一个问题是：如果在条件达到后，工程师不签发履约证书，出现这样的问题如何处理，本款并没有给出明确的方法。在实践中，出于种种考虑，工程师总是希望尽可能拖延签发履约证书的时间。由于履约证书签发的问题涉及承包商的利益，如保留金和履约保函的退还等，因此，如果发生拖延签发的情况，承包商利益就会受损。尽管承包商可以根据第1.3款［通信联络］来保护自身的利益，但毕竟该款的约束力太"软"。因此，笔者认为，在涉及关键、重大的问题上，在可行的情况下，合同文件的规定尽可能具体、清晰、完整，以免双方打"擦边球"。就本款而言，就可增加上类似措辞："如果在整个工程达到上述履约证书签发的条件后，工程师无故拖延签发履约证书，则应视为在本应签发履约证书的截止日已经签发。"

11.10 未履行的义务（Unfulfilled Obligations）

虽然履约证书签发后，即认为业主方接受了工程，承包商的义务业已完成，但是否这意味着合同到此失效呢？请看本款针对此情况的规定：

- 在履约证书签发之后，各方对在签发履约证书时仍没有履行的义务仍有责任继续履行；
- 对于确定此类没有完成的义务的性质和范围，合同仍然有效。

一般说来，签发的履约证书，意味着承包商实施工程的义务已经全部完成，那么本款所说的"在签发履约证书时仍没有履行的义务"指的是哪些义务呢？

我们知道，一项工程的实施，除了实施工程本身之外，还要涉及一些在工程完成之后需要一定时间才能解决的问题，如：承包商申请最终支付证书和提交结清单，工程师签发最终支付证书，业主的支付义务，索赔争端解决，以及下面一款中关于现场的清理等。

另外，在 FIDIC 合同条件中，并没有规定合同的有效期，只是规定了"竣工时间"和"缺陷通知期"。本款的规定意味着只要有关本合同的任何事宜在双方之间还没有解决，仍应依据本合同的规定来处理。

11.11 现场清理（Clearance of Site）

在签发履约证书时，承包商可能没有来得及运走在现场留存的一些施工机具或清理一些剩余物品，这意味着占有了业主的现场空间。那么如何处置此类情况呢？请看本款针对此情况的规定：

- 在收到履约证书之时，承包商应随即将仍留存在现场的承包商的设备、剩余材料、垃圾和废墟等清理走；
- 如果承包商在收到履约证书 28 天内仍没有清理，业主可将此类物品出售或处理掉，进行现场整理；
- 业主为上述工作付出的费用应由承包商支付，从所售收入中扣取，多退少补。

由于缺陷通知期内可能要做些扫尾工作和修复工作，因此，承包商可能会在现场留存适当的设备或材料，由于在签发履约证书和缺陷通知期之间只有 28 天，因此，承包商在收到履约证书时也许还没有将自己的全部物品清理好。本款的规定实际上是要求承包商在收到履约证书后 28 天内清理好现场，防止其长期占用业主的场地，否则业主有权对其留存物品进行处理。请大家思考一下；如果承包商留存的物品不值钱，其所售收入还不及业主的处理费用大，那么，根据本款的规定，承包商应将不足部分支付给业主，如果承包商拒绝支付，此时业主还能够动用承包商的履约保证索取该笔款项吗？业主有其他方法控制承包商吗？（参阅第4.2，11.10，14.7，14.13。）

本条到此讲完了，请检查一下自己是否达到了开始提出的要求，并思考下面的问题：

1. 承包商在缺陷通知期的主要义务有哪些？
2. 如果承包商不及时修复缺陷怎么办？

管理者言：

　　"缺陷通知期"似乎也可以定义为这样一个时间段，在这一时间，承包商关心的不仅仅是"瑕不掩瑜"，而是"瑜能掩瑕"；业主最希望的是要看到"瑜"，却努力寻找"瑕"。

第 12 条　计量与估价（Measurement and Evaluation）

~~~~~~

学习完这一条，应该了解：

- 实际工程量的计量程序和计量方法；
- 对工程量的估价原则；
- 删减的工程量估价的处理方法。

~~~~~~

　　施工合同一般为单价合同，工程量表中的工程量只是估算工程量，因此投标价格只是一个名义价格，而最终的合同款额由承包商完成的实际工程量而定。在 FIDIC 施工合同条件下，实际工程量是如何计量与估价的呢？本条针对这一问题而给出了相应的规定。

12. 1　工程计量（Works to be Measured）

　　　　随着工程的进行，承包商每月完成的工程量都需要计量，因此需要一个工程计量的具体操作程序。请看本款这方面的规定：

- 工程的计量和为支付目的的估价都应根据第 12 条的规定；
- 工程师要求计量工程任何部分时，应向承包商的代表发出合理通知；
- 承包商的代表自行或派员协助进行工程计量以及提供工程师要求的详细资料；
- 如果承包商没有参加计量，工程师的计量结果应被视为准确无误，承包商应认可该结果；
- 如果永久工程要依据记录进行计量，此类记录应由工程师准备，合同另有规定除外；
- 工程师要求时，承包商应来审查此类记录，并在同意后签字，如果承包商不来审查，则工程师的记录应视为正确无误；
- 如果承包商审查记录后有不同意见，或者不按原商定好的内容签字，则他应通知工程师他认为不准确的方面；
- 工程师收到承包商通知后进行复查，随后可以决定维持原记录或对原记录加以改正；

- 如果承包商在工程师要求他审查记录后 14 天内没有提出意见，则应视为工程师准备的记录准确无误。

从本款的规定可以看出，在 FIDIC 施工合同条件下，任何的实际付款都应按照计量完成的实际工程量进行，因此，我们可以将该模式下的合同称为"重新计量的单价合同"。本款给出计量的两类方法，一是对工程量进行现场实测，由双方共同完成；另一方法是依据记录进行计量，这主要指的是施工图纸等技术文件。另外无论承包商还是工程师都应注意计量程序中的时间限制。

12.2 计量方法（Method of Measurement）

国际上不同的国家或地区的工程量计量方法并不完全一致，重新计量工程量必须有一定的具体方法。本款为此规定了两点内容：

- 对永久工程单项工程应以实际完成的净值计量；
- 计量方法应符合工程量表或其他适用的明细表中的规定。

在施工合同条件下，虽然工程量表中的工程量为招标阶段业主工程师估算的工程量，但本款规定，在测量实际工程量时，测量方法应与工程量表或其他明细表中的内容和编排方法相对应。这样能便利工作，并能避免各类文件编排方式的不一致。

12.3 估价（Evaluation）

在计算出工程量之后，又怎么进行估计呢？请看本款针对此情况的规定：

- 除合同另有规定外，工程师应对每项工作进行估价，具体方式是按前两款的规定，计量出工作量之后，再乘以每项工作适用的单价；
- 按此程序，工程师应即可累计计算出合同价格，但确定合同价格应符合第 3.5 款 [决定]；
- 每项工作适用的单价或价格应依据合同中的规定，如果合同没有明文规定，可采用合适的类似工作的单价；
- 但如果同时满足以下四个条件，即：
  1. 一项工作的数量变动超过工程量表或其他明细表中列明的 10% 以上；
  2. 并且变化数量乘以单价已经超过了中标合同款额的 0.01%；
  3. 而且数量变化对单位工作量费用的直接影响超过 1%；

4. 以及该项工作并没有在合同中被标明为"固定单价项"。

则对该项工作估价时，应再确定新的适宜单价或价格；

- 如果同时满足下列三个条件，即：

1. 该项工作是按第 13 条［变更与调整］指示承包商实施的；

2. 在合同中没有为此变更工作项规定单价或价格；

3. 由于该项工作的性质不同或者实施的条件不同，合同中没有适合的单价或价格，此时，也应使用新的单价来对该项工作进行估算；

- 确定新单价或价格时，应参照合同中其他相关单价或价格，同时根据上面所述情况做出适当调整；

- 如果没有可参照的相关单价或价格，新单价或价格应依据合理的工作费用，加上合理的利润，同时考虑相关情况予以确定；

- 在最终确定一个新单价或价格之前，为了支付进度款，工程师可以临时确定一单价或价格。

本款对估价规定比较详细。具体内容大致分三部分：一、正常情况下，估价依据测得的工程量和工程量表中的单价或价格得出；二、如果某项工作的数量与工程量表中的数量出入太大，其单价或价格应予以调整；三、如果是按变更命令实施的工作，在满足规定的条件下也应采用新单价或价格。

在本款中的规定中，作为调整单价的条件之一，就是工程量变动的幅度必须造成其实际的单位费用变动超过 1%，但在实际工作中，如何计算由工程量变动直接造成实际单位成本的变动，承包商可能与工程师有不同意见。合理的做法是，如果承包商认为应调高单价，则他应给出造成单价升高的具体依据；如果工程师认为应降低单价，也应给出相应的理由。本款的规定也考虑到了双方意见不一致的情况，即：如果工程师与承包商对新单价达不成一致意见，工程师可以临时决定一单价或价格，以免耽误进度款的计算和支付。如果双方不能最终商定新单价或价格，可按照争端程序解决，参阅后面的第 20 条［索赔，争端与仲裁］。另外，对于本款给出的数字只是一个比较合理的经验数字，业主也可以根据项目的具体情况，做适当的调整。

12.4 删减 (Omissions)

如果由于某种原因导致工程师删减了某项工作，那么它会对承包商产生什么潜在的影响呢？如何处理呢？请看本款主要的规定：

- 如果删减的任何工作构成了变更的一部分，而且双方对该删减的工作价值在删减前没有达成一致意见时，在符合三项条件情况下，承包商可发出通知，同时附证明材料，要求对因删减该工作而造成的影响予以费用补偿；

- 这三项条件是：
  1. 如果不发生删减的情况，承包商的某笔费用本可以从中标合同款额中的该部分的工程款中分摊掉；
  2. 由于删减了该工作，使得承包商的该笔费用无法在合同价格中消化掉；
  3. 在对任何替代工作估价时，也没有含该笔费用；
- 工程师收到通知后应按第 3.5 款［决定］去商定该费用补偿，并加到合同价格上。

本款实际上是解决的删减工作估价涉及的问题。大家知道，如果删减了工程中某项工作，承包商就会因此得不到这项工程款。但问题是，在减扣款中可能分摊有某些费用，如管理费等，因为国际工程中单价一般属于综合单价（all – inclusive rate），而承包商的某些工作，如总部和现场管理工作并不随着该项工作的删减而消除或减少，结果造成承包商的这类费用无法在剩余的中标合同款额中分摊掉。针对此问题，本款做出了相应的规定。在承包商索要这类费用时，根据本款的规定，他有举证的责任，即应符合规定的三项条件，并应通知工程师，由工程师根据程序进行处理。

本条到此讲完了，请检查一下自己是否达到了开始提出的要求，并思考下面的问题：

1. 工程量是如何计量和估价的？
2. 什么条件下需要确定新单价？采用新单价时应考虑哪些因素？

管理者言：

国际工程中，业主通常想的是承包商"多劳少得"；而承包商通常想的是自己要"少劳多得"，本条的规定是阻止这两种想法成为现实。

第 13 条　变更与调整（Variation and Adjustment）

学习完这一条，应该了解：

- 工程师变更工程的权力范围；
- 承包商提出变更建议的权利以及被采纳后应获得的收益；
- 暂定金额覆盖的工作范围以及计日工实施和支付方法；
- 因物价波动和立法变动原因导致的费用和工期的调整。

　　工程项目的复杂性决定业主在招标阶段所确定的方案往往存在某方面的不足。随着工程的进展和对工程本身认识的加深，以及其他外部因素的影响，业主常常在工程施工期间需要对工程的范围，技术要求等进行修改。如何恰当地处理这些修改对工程实施造成的影响，又是工程合同的另一个重要内容。本条的目的就是解决这一问题。

13.1　有权变更（Right to Vary）

　　由于种种原因，业主方/工程师可能在工程实施的过程中希望对合同中规定的工程进行改动，他有权这样做吗？请看本款在这方面的规定：

- 在签发接收证书之前，工程师有权签发工程变更指令，或要求承包商提交变更建议书；
- 承包商应按变更指令来实施变更；
- 但如果承包商在收到变更指令后立即通知工程师，说明无法立即得到变更工作需要的物品，并附有证明资料，则可以暂不去执行该变更指令，直到工程师再次确认，或对其修改；
- 工程师收到承包商的通知之后，可以考虑撤销、确认或修改原来的变更指令；
- 每项变更涉及的范围可以覆盖下列六项内容：
  1. 合同中单项工作的工程量的改变，但此类工程量的变化也不一定构成变更❶；

2. 合同中单项工作的质量或其他特性的改变；

3. 工程某部分的标高、位置或尺寸的改变；

4. 某项工作的删减，但此类删减的工作也不得由他人来做；

5. 对原永久工程增加任何必要的工作，永久设备、材料、包括各类检验、钻孔和勘探工作；

6. 工程实施的顺序和时间安排的变动；

• 如果没有得到工程师的变更指令，承包商不得对永久工程做任何改动。

本款的核心有两点：一是业主方（通过工程师）可以在施工期间对工程进行变更，并给出了变更的范围；二是承包商不得自行对工程进行变更。

本款有一个很有意思的规定，即：如果承包商收到变更指令后通知工程师无法随即获得变更需要的物品，并附有证明资料后，可以暂时不执行变更工作，但工程师在权衡承包商的通知和证明后，可以撤销变更，修改变更，也可以仍然要求按原指令变更。虽然规定到此为止，并没有做出进一步的规定，但我们可以推定，如果在这种情况工程师坚持变更，那么承包商这一通知和证据无疑为索赔工期和费用提供了比较可靠的证据，因为这项变更工作对承包商来说无疑是比较困难的（因为不能及时获得需要的物品），那么工程师在决定补偿费用和工期时应对这一工作的"难度"加以考虑。另外，本款只将"不能及时获得需要的物品"列为承包商不立即执行变更的原因，似乎也应加上"缺乏现成的劳工"，因为两者对承包商执行变更产生的影响是类似的。

阅读本款时，可同时参照第 8.4 款［竣工期限的延长］和第 12.3 款［估价］和第 12.4 款［删减］。

13.2 价值工程（Value Engineering）

由于承包商是工程的具体执行者，他比较了解工程实施中的实际情况，加上有的承包商经验丰富，因而可能会有一些降低成本，缩短工期的想法。为了鼓励承包商提出合理化建议，本款做出了以下规定：

• 如果承包商认为自己的建议能够使得工程缩短工期，降低工程实施，维护或运营之成本，提高项目竣工后的效率或价值，或者对

---

❶ 有的工程量的增加，如：工程师要求增加管线上的安全阀就属于变更；而对于地基开挖，开挖量超过了工程量表中的数量，则不能算变更的。

业主产生其他利益，那么他可以随时向工程师提出建议；

- 承包商应自费编制建议书，建议书中应包括第 13.3 款 [变更程序] 中要求的内容；
- 如果工程师批准的该建议书中包括设计内容，并且如果双方没有另外商定，承包商应进行该部分设计，并按第 4.1 [承包商的一般义务] 中的相关规定对该设计负责；
- 如果承包商的建议节省了工程费用，承包商应得到一定的报酬，其额度为节省的费用的一半；
- 节省的费用计算方式为：降低的合同额度减去因变更而引起在工程质量、寿命以及运营效率等方面为业主带来的潜在损失，具体由工程师按第 3.5 款 [决定] 来计算；
- 如果降低的合同额度小于潜在的损失，承包商则无任何报酬。

"价值工程"是工程经济学中的一个概念，研究的是如何使功能/费用比最优化，以便使投入的资金产生最大的价值，本款使用了这一术语。由于工程项目涉及的资金额度比较大，优化设计和施工方案可能会给项目带来很大的效益。因此在近年来的工程新合同版本中，常常有这类合同条款，来激励承包商提出合理化措施，使合同双方都获益。笔者认为，将这一内容引入工程合同，标志着现代管理思想已融入工程建设管理之中，也体现了 FIDIC 新版本编制在管理理念上的前瞻性。

13.3 变更程序（Variation Procedure）

为了谨慎起见，有时，在正式下达变更指令之前，工程师可能会征求承包商的意见，请看在这种情况下的变更执行程序：

- 若工程师在签发变更指令之前要求承包商提交建议书，承包商应尽快答复；
- 如果承包商无法提交建议书，他应说明原因；
- 如果提交建议书，则建议书应包括：变更工作的实施方法和计划；工程总体进度计划因变更必须进行调整的建议；承包商对变更的费用估算；
- 工程师收到承包商的建议书后应尽快答复，可以批准，否决或提出意见，但承包商在等待答复的过程中应正常工作；
- 任何变更指令都应由工程师签发给承包商，承包商在收到后应回函说明；
- 每项变更都应按第 12 条 [测量与估价] 来估价，除非工程师根据本条做出其他指示或批复。

本款主要规定了工程师在签发变更指令之前要求承包商提交建议书的处理程序。承包商应当注意的是，在工程师正式给出变更指令之前，应正常进行工作，不能停下来等待变更指令。

根据本款的要求，承包商在其建议书中都应明确提出变更对工期与费用影响，工程师首先审查承包商的建议书是否合理，然后决定是否进行变更。可能发生的情况是：工程师认为承包商的建议书提出的费用和工期影响不合理，他可以给出自己的意见，要求承包商修改；如果工程师认为承包商的建议书合理，但变更的代价太大，可能决定不变更；如果工程师认为承包商的建议书合理，而且变更的代价又可以被业主接受，则可以指示承包商进行变更工作。在这种情况下，工程师将根据承包商建议书来补偿承包商费用和工期。

本款规定，在承包商提出建议书后，工程师可以放弃变更。问题是：承包商编制建议书的费用是否可以得到补偿？本款前面明确规定，如果是承包商主动提交建议书，则他应自费编制。但如果承包商是应工程师要求编制建议书，如果不进行变更，业主是否应补偿承包商的建议书编制费呢？这一点，本款并没有说明。在不涉及设计内容的情况下，此类建议书也许不需要承包商太大的投入，也许可以忽略不计，但有时编制一个建议书却需要承包商投入一定的人力和物力。本款似乎应增加处理这一情况的规定。比较合理的规定是，业主应补偿承包商一定的建议书编制费。

13.4 以适用的货币支付 (Payment in Applicable Currencies)

对于国际工程，支付工程款一般分为外币和当地币两部分，对于正常的合同款，可以按照合同中规定的比例进行支付；对于变更调整的款额应使用哪种货币支付呢？请看本款主要的规定：

- 如果合同规定合同价格使用一种以上的货币支付时，那么在因变更而调整合同价格时应确定支付调整款额适用的货币；
- 在确定适用的货币时，应参照完成变更工作需要的货币比例以及合同规定的支付合同价格使用的各类货币的比例。

本款解决了变更款支付应使用何种货币的问题。首先，在确定变更款时，应同时确定支付变更款使用的货币；在确定使用何种货币时，应考虑两个因素：一是完成变更工作实际需要哪些货币；二是合同规定支付合同价格的货币比例。

本款没有明确提出由工程师来决定具体的变更款的货币比例，但从上下文看，货币比例确定的方法应与变更款数额确定的方法是一致的，即："商定、批准或确定"，也就是说，工程师与承包商先协商，或承包商提出货币比例，由工程师批准，或者当双方意见不一致时，则暂时由工程师确定❶。

13.5 暂定金额（Provisional Sums）

在前面的定义中，我们曾谈到暂定金额性质，那么，暂定金额具体如何使用呢？请看本款主要的规定：

- 只有按照工程师的指令才能全部动用或部分动用暂定金额，动用的部分成为合同价格的一部分；
- 用暂定金额支付给承包商的款项需要满足两个条件：一是工程师下达的指令，要承包商实施该工作，二是此类工作属于暂定金额下的工作；
- 工程师可以动用暂定金额来指示承包商实施某工作，并按第 13.3 款 [变更程序] 来估价；
- 工程师也可以动用暂定金额来指示承包商从指定分包商那里或其他渠道采购永久设备、材料或服务，这种情况下，承包商应得到两笔款项：一是承包商为此工作实际支付的费用；另一笔是承包商实施该项工作的管理费和利润；
- 上面所说的管理费和利润可以按有关明细表中规定的百分比收取，如果在明细表中没有规定此类百分比，则使用投标函附录中规定的百分比；
- 工程师有权要求承包商提交有关报价单、发票、凭证、账目、收据等来证明承包商完成该项工作的实际费用。

本款规定了暂定金额的使用程序。可以看出，暂定金额主要涉及某些变更工作和指定分包商的工作。对于暂定金额下的变更工作，这笔款项按变更估价支付给承包商；如果是暂定金额下的指定分包商工作，承包商可以收取一定的管理费和利润，具体计算方法按明细表（如工程量表或计日工表）规定的相关百分比或投标函附录中规定的百分比（即"暂定金额调整百分比"）乘以实际费用开支（即支付给指定分包商的费用）。

虽然在本合同条件中没有明确规定暂定金额是合同价格或中标合同款额，在实践中，通常暂定金额加入承包商的投标报价中，成为其整个报价的一部分。同时，应注意，凡指明由暂定金额下开支的费用（如：

---

❶ 对于支付货币比例问题，在实践中一般最终都会协商确定，如果不能确定，则可以按争端程序来解决，此情况下，工程师给出的决定应为暂时决定。

指定分包商的支付），不要再在报价中重复计算。

关于暂定金额的性质，大家可以再查阅一下前面在定义中对暂定金额（1.1.4.10）的讨论。

13.6 计日工（Daywork）

国际工程合同中，常出现"计日工"的概念，那么引入计日工的目的是什么呢？它有什么作用呢？请看本款主要的规定：

- 如果在工程执行过程中，出现了一些额外的零星工作，工程师可以下达变更指令，要求承包商按计日工方式来实施此类工作；
- 此类工作按合同中的计日工表和以下程序进行估价，若合同中没有计日工表，本款不适用；
- 若因此类计日工需要购买物品，购买前承包商要向工程师提交报价单，承包商为此类物品向业主申请付款时应出示有关发票、收据、凭证等；
- 除了某些计日工表中明确规定还不需要支付的工作内容外，承包商每天应将前一天为计日工所投入的资源清单提交给工程师，一式两份；
- 清单中的具体内容为：承包商人员的姓名，工种和工作时间；施工设备和临时工程的类别、型号和使用时间；永久设备和材料使用的数量和类别；
- 工程师在核实每份报表并签字后退还承包商一份；
- 承包商根据工程师核定的计日工报表进行计价，计价后再提交给工程师一份，之后就可将此类计价包括在第14.3款［期中支付证书］所述的每月报表之中，申请付款。

本款实际上规定的就是在什么情况下使用计日工方式来完成一些非合同范围的工作，以及如何支付以计日工方式完成的工作。在国际工程中，通常在招标文件中有一个计日工表，列出有关施工设备、常用材料和各类人员等，要求承包商报出单价，以备工程实施期间业主方/工程师要求承包商做一些附加的"零星工作"时的支付依据，这些费率一般是"一揽子"费率（all – in rate）。计日工通常由相关的暂定金额支付。

本款规定，承包商须每天将计日工作所耗资源报工程师，一式两份，工程师核定后签字退还承包商一份，但没有规定工程师签字退还一份的时间规定。我们知道，在实践中，如果承包商与工程师方关系良好时，工程师一般在这方面比较合作，承包商也就比较容易拿到工程师签字的核定计日工作量（其他类似的签证也是如此），但在施工过程中，承包商与工程师的工作关系通常并不都是融洽的❶，合同中若没有规定工程师签证核定的时间规定，承包商有时是不太顺利拿到工程师的签字的，这不利于项目的顺利执行。如果能根据项目的具体情况，规定一适当的时间范围，既能使工程师有足够的时间去审阅核实，也有利于承包商顺利获得其应得的款项，这无疑更有利于项目的执行。

13.7 因立法变动而调整（Adjustments for Changes in Legislation）

工程建设的时间跨度一般比较长，承包商投标时所考虑的影响标价的因素可能会因建设期间相关立法变动（如税法的变动）而受到影响，从而影响到工程的实际费用，出现这种情况如何处理呢？请看本款主要的规定：

- 在基准日期之后，如果工程所在国的法律发生变动，引入了新法律，或废止修改了原有法律，或者对原法律的司法解释或政府官方解释发生变动，从而影响了承包商履行合同义务，则应根据此类变动引起工程费用增加或减少的具体情况，对合同价格进行相应的调整；
- 如果因立法变动致使承包商延误了工程进度/招致了额外费用，他可以根据第 20.1 款［承包商的索赔］索赔工期和费用；
- 工程师收到承包商的索赔通知后，应按第 3.5 款［决定］处理索赔事宜。

我们知道，承包商编制投标报价的依据之一就是工程所在国的各项法律，如税法、劳动法❷、保险法、海关法、环境保护法等，如果这些法律发生变动，其工程费用当然会受到影响，因为这常常是承包商无法预见的，因此根据影响的程度对合同价格以及工期做出调整是公平合理的。立法变更对工程的影响早已被工程管理界所关注，并在合同中对该问题加以"处理"，本款的规定体现了国际工程合同中处理这一问题的基本原则。

但本款的规定中出现一个有趣问题。按本款的总体基调，无论立法的变动导致工程费用增加还是减少了，合同价格都作相应调整。问题是，

---

❶ 多年来，国际工程建设中，业主/工程师与承包商形成的敌对关系已经对项目的执行产生了很大的负面影响，并被工程管理学术界所重视。近年来在美国、英国、澳大利亚等国的工程管理学术界所倡导的项目伙伴关系理论（project partnering）目的就在于减少和消除这一敌对关系，提高项目执行的绩效（project performance）。

❷ 我国的涉外工程小浪底水利枢纽工程因工程实施过程中我国劳动法的变动（工作日由 5 天半缩短到 5 天），导致承包商提出了巨大的经济索赔。

具体到如何操作，本款仅仅规定，如果工程费用增大了，工期拖延了，承包商按照索赔程序进行索赔，却没有规定，如果立法变动导致工程费用降低了，怎样减扣合同价格。可以设想，如果要减扣，业主方也应遵守业主索赔的程序，即第 2.5 款［业主的索赔］的规定，由于是业主主张权利，因此，举证的责任在业主，由他来证明某项法律的变动降低了承包商的工程费用以及降低了多少。

注意，本款的规定仅仅适用于工程所在国的法律的变动。

13.8 因费用波动而调整（Adjustments for Changes in Cost）

市场经济下，物价的波动是一种正常现象，而业主方在招标时如何看待这一问题呢？承包商投标时又如何来处理物价波动这一问题呢？这些实际上是一个风险分担问题。FIDIC 施工合同条件中又是如何处理这一问题的呢？请看本款主要的规定：

- 本款中提到的"数据调整表"指的是投标函附录中所附的、并且已经填写了数据的列表，但如果投标函附录中没有此类数据调整表，本款的规定不适用；
- 如果实施工程的费用，包括劳工、物品以及其他投入，在施工期间有波动，则支付给承包商的工程款应按本款中的公式进行调整，可以上调，也可以下调；
- 对于没有调整到的部分，应认为在中标合同款中已经包含了那部分物价波动的风险费；
- 调价范围是针对那些按照有关明细表（工程量表）估价，并在支付证书中证明的工程款，同时适用于每种合同价格的支付货币，具体按调价公式来确定；
- 根据实际费用开支或现行价格估价的工程款一律不作调整；
- 调价公式为：

$$Pn = a + bLn/Lo + cEn/Eo + dMn/Mo + ...$$

说明：

(1) "Pn" 为适用于第 n 月的调价系数，用该系数乘以第 n 期间（一般为"月"，以下简称"月"）的估算工程进度款，即可得出调价后的该月工程款，该系数适用于各种支付货币；

(2) "a" 为固定系数，表示不调整的那部分合同款，"b"，"c"，"d"... 为工程费用构成的调整比例，如：劳工、材料、施工设备等，这些系数值的大小在数据调整表中规定；

(3) "Ln"，"En"，"Mn" 为用于第 n 月支付的现行费用指数
或参照价格，其指数值取该月最后一天以前第 49 天当天
适用的指数值，不同的支付货币，不同的费用构成取相
应的指数值；

(4) "Lo"，"Eo"，"Mo" ... 为基本费用指数或参照价格，其
指数取基准日期当天适用的指数值，每种支付货币所对
应的费用构成，应取相应的指数值。

• 应使用数据调整表中规定的费用指数或参照价格，如果指数来源
不清楚，由工程师决定，为此，工程师应参照投标函附录中相应
的数据调整表中在第 5 栏中的日期所对应的第 4 栏的指数值；此类
日期和指数值不一定与基准费用指数一致；

• 倘若数据调整表中的某指数的货币不是支付货币，该指数应转换
为相应支付货币，兑换率采用施工所在国中央银行确定的该支付
货币在上述要求该指数适用的那一天的卖出价；

• 在现行费用指数暂时不能得到时，为了签发期中支付证书，工程
师可以暂时确定一临时指数，等现行指数出来后，再重新计算和
调整；

• 如果承包商没有在竣工时间内竣工，调价的指数值既可以是竣工
时间期满之前第 49 天适用的指数值或价格，或者是现行指数或价
格，以对业主有利的指数值为准；

• 明细表中的权重（即系数）只有当工程变更太大导致这些权重不
合适时才予以调整。

本款可能是整个合同条件中最长的一个子款了，主要规定了因物价
波动而带来的调价问题。可以看出，如果物价是上涨的，则"Pn"就大
于 1，反之，就小于 1。从本款规定看出，调价公式并不适用于所有工程
款，而只适用于调价公式中列明的各项，一般为劳工、材料、施工设备
等，从 "a" 的大小可以看出工程款中不调价的部分所占的比重❶。应当
注意的一点是，由于物价指数颁布滞后的原因，对每个月需要调整的工
程款来说，适用的指数值也不可能就是该月的现行指数值，本款规定，
每个月适用的指数值取的是该月最后一天之前第 49 天当天的有效指数值，
每个月用的基本上是其上个月上旬、中旬的物价指数。阅读本款，可以
参照投标函附录中与本款相应的数据调整表。

❶ 国际工程中 a 的取值一般为 0.1 ~ 0.2。

与前面立法变动而调整的原理一样，本款规定如果在基准日期后，某些材料、设备、劳工等的价格出现波动，应根据本款给出的调价公式予以调整中标合同款额。这两个条款的规定体现了国际上合同条件起草者在业主与承包商之间分摊风险的原则。虽然本款规定，根据具体情况，调价可以上调，也可以下调，但由于在当今国际市场上，物价基本上是上涨趋势，因此，可以狭隘地认为，加入调价条款总体上是对承包商有利的。但从深层次讲，合同条款这样规定并无对合同一方有利无利可言，因为在公开竞争性招标的条件下，合同中的规定对所有投标人都一样，如果合同条件中要求承包商承担的风险多，承包商当然应在报价中增加相应的风险费，增加额度取决于自己的管理水平，风险费增加的太多，导致标价太高，会影响自己中标；增加的太少，可能覆盖不了风险。因此，一个承包商能否在国际工程市场上有竞争力，归根结底是靠自己的管理水平和技术实力。而体现管理水平高低标志之一就是能否在投标前准确快速地看清楚招标文件的规定，包括工程范围大小，项目的技术要求和实施环境，合同规定的各项权利和义务，以及风险分担，结合自己公司的能力和经营战略和国际市场价格，做出正确的投标决策。

本条到此讲完了，请检查一下自己是否达到了开始提出的要求，并思考下面的问题：

1. 变更条款在整个工程管理中的作用是什么？
2. 请根据本款的基本规定，为一个项目编制一个完整的执行变更工作程序。

管理者言：

工程建设过程中一个永恒不变的现象就是"变"：工作范围变，工作性质变，工作环境变。因此，变更条款在整个合同条件中的地位举足轻重。

第 14 条　合同价格与支付
（Contract Price and Payment）

〜〜〜〜〜〜〜〜〜〜〜〜〜〜〜〜〜〜〜〜〜〜〜〜〜〜

学习完这一条，应该了解：

- 本合同条件下的合同价格的性质；
- 工程预付款的支付与扣还；
- 期中支付证书和最终支付证书的申请和签发；
- 材料和永久设备款的支付方法；
- 支付时间以及延误支付的处理方法；
- 保留金的退还；
- 关于各支付货币之间的兑换率规定。

〜〜〜〜〜〜〜〜〜〜〜〜〜〜〜〜〜〜〜〜〜〜〜〜〜〜

工程项目的特点决定工程款的支付方式也与一般的商业付款方式不同，这主要表现在工程完成之前合同价格的不确定性与支付程序的复杂性。因此，合理的支付规定，清晰而完整的支付程序，是合同条件高水平的体现，也是承包商顺利获得工程款的一项重要保证。可以说，支付条款是工程合同中的核心条款。我们现在来看本条在这方面是如何规定的。

14.1　合同价格 （The Contract Price）

作为一个专门术语，"合同价格"虽然在前面的定义中出现，但定义本身并没有赋予其多少内涵，只是说明它具有第14.1款［合同价格］赋予给它的含义，那么，我们来看本款具体是怎样规定合同价格的：

- 合同价格应按第12.3款［估价］通过用单价乘以实际完成工程量来确定，加上包干项，并要按照合同规定进行调整；
- 承包商应支付合同下要求其支付的一切税费，合同价格已经包含了此类税费，只有因相关立法变更导致税费变化的情况下才予以调整合同价格（第13.7款）；
- 工程量表或其他数据表中列出的工程量只是估算工程量，不能被认为就是要求承包商实际完成的工程量，也不能作为估价使用的正

119

确的工程量；

- 承包商在开工后 28 天内要向工程师提交明细表（工程量表）中的每一包干项的价格分解表，供工程师签发支付证书时参考，但不受其约束；
- 如果在专用条件中另有规定，则以专用条件中的规定为准。

在新版中，出现两个描述工程款的专门术语：中标合同款额（Accepted Contract Amount）和合同价格（Contract Price），前者指承包商投标报价，经过评标和合同谈判之后而确定下来的一个暂时虚拟工程价格，而后者指的是实际的应付给承包商的最终工程款。可以说，这种做法标志着工程合同在描述工程款方面措辞的进步，避免了以前版本在使用"合同价格"一词时的不确定性以及由此带来概念上的不清晰❶。

本款重点强调了两点：一是，承包商的合同价格中是含各类税费的；二是，工程量表中的工程量是估算工程量，而实际支付采用的工程量应是按第 12 条 [测量与估价] 实际测得的工程量。在支付进度款时，包干项目通常不是一次性支付，而是根据承包商完成包干项目下相关工作量。因此，工程师需要这些包干项目的构成，以便确定在某个月应将这项包干价中的哪些部分支付给承包商，本款要求承包商在开工后 28 天内要向工程师提交一份数据（支付）表中的包干项的分解表，就是为了方便工程师判断每月报表中的包干项的支付申请是否合理。本款可以与前面的定义 1.1.4.1 "中标合同款额"、1.1.4.2 "合同价格"、第 12 条 [测量与估算] 以及第 13.7 款 [因立法变动而调整] 串起来一起阅读。

14.2 预付款（Advance Payment）

由于工程耗资大，即使在项目启动阶段，承包商就需要大笔投入，为了改善承包商前期的现金流，帮助承包商顺利地开工，国际工程合同中，一般都有预付款的规定，形成了国际工程中一种支付制度。请看本款关于预付款的具体规定：

- 业主应向承包商支付一笔无息预付款，用于承包商启动项目，但承包商在得到预付款之前应提交一份预付款担保；
- 应在投标函附录中规定清楚预付款的额度，分期支付的次数、支

---

❶ 在 FIDIC 土木工程施工合同条件第四版中，对"合同价格"的定义比较模糊，因为根据其定义，它是"中标函中写明的 ... 的那一金额"，根据指南中的解释，它不一定是承包商收到那一金额，这实际上就是承包商的中标合同款额，而并非真正的"合同价格"，新版使用两个术语，则在概念上就比较清楚完整了。

付时间、以及支付货币和货币比例；
- 工程师为第一笔预付款签发支付证书的前提条件为：

1. 他收到承包商按第 14.3 款［申请期中支付证书］的规定递交的报表；

2. 业主收到承包商按第 4.2 款［履约保证］提交的履约保证；

3. 业主收到一份金额与货币类型等同的预付款保函；

- 预付款保函应由业主批准的国际（或地区）机构开具，并符合专用条件中所附的或业主认可的格式；
- 承包商应保证，在其归还全部预付款之前，该保函一直有效并能够被执行兑现，担保额度可以随预付款逐步归还而相应递减；
- 如果预付款保函有明确的有效期，并且在该有效期届满之前 28 天预付款仍没有全部归还，承包商应延长保函的有效期，直到预付款全部归还为止；
- 预付款归还的方式是按每次付款的百分比在支付证书中减扣，如果减扣百分比没有在投标函附录中写明，则按下面的方法减扣；
- 当期中支付证书的累计款额（不包括预付款以及保留金的减扣与退还）超过中标合同款额与暂定金额之差的 10% 时，开始从期中支付证书中抵扣预付款，每次扣发的数额为该支付证书的 25%（不包括预付款以及保留金的减扣与退还），扣发的货币比例与支付预付款的货币比例相同，直到预付款全部归还为止；
- 如果在整个工程的接收证书签发之前，或者在发生终止合同或发生不可抗力（第 15 条、16 条、19 条）之前，预付款还没有偿还完，此类事件发生后，承包商应立即偿还剩余的部分。

本款是一个比较完整和清晰的预付款条款，它说明，预付款的额度在投标函附录中相应的条款下给出，同时规定了预付款支付和偿还的程序。

应注意，本款特别注明，在计算归还预付款的起始界限 10% 时，不要包括预付款本身以及保留金的扣发与支付。同样，偿还预付款时，扣除每个支付证书的 25% 的计算方式同样也不包括预付款本身以及保留金扣发与支付涉及的款额。

对于承包商开始归还的时间和偿还的速度，应有一个适中的规定，如果要求承包商归还的太早，预付款也就没有起到帮助承包商改善现金流的作用，开始归还的太迟，到工程竣工时仍收不回来，这将给业主造成被动。本款规定的数字都是经验数字。在一般情况下应该认为是比较合理的。表面来看，似乎开始偿还的时间比较早，但仔细思考一下，由于在计算开始还款的界限额 10% 时，是不包括预付款本身和保留金的扣发与偿还的款额，也就是说，如果预付款为中标合同款额的 10% 的话，承包商在偿还预付款之前实际上已经拿到差不多 20% 中标合同款额了。

对于每次的扣还速度，本款规定为每个期中支付证书上额度的 25%，虽然也不包括预付款和保留金的扣发与偿还，但笔者认为这一扣减比例还是比较高的，这一规定对预付款额度比较大的情况比较合适，如预付款为 20% 左右；但在一般情况下，国际工程中的预付款额度通常为中标合同额的 10%，若按本款的规定，当合同额完成一半左右时，业主就可以收回全部预付款，这样快速地收回预付款与预付款的本质作用是不相符的，因此，对具体项目而言，笔者认为，在决定扣还预付款比率时，既要考虑业主在项目结束前应收回全部预付款的情况，又要考虑承包商的项目的现金流的具体状况，同时还应考虑预付款的额度，以便使预付款能实际起到帮助承包商实现良性的资金周转，又不影响业主的利益。

笔者根据工程实践，总结出了一个公式，可以来计算预付款的归还：

$$R = \frac{A\ (C - aS)}{(b - a)\ S}$$

其中：

R 表示在每个期中支付证书中累计扣还的预付款总数；

A 表示预付款的总额度；

S 表示中标合同金额；

C 表示截至每个期中支付证书中累计签证的应付工程款总数，该款额的具体计算方法取决于合同的具体规定。如：是在扣除保留金之前或之后的（一般不包括保留金）？是调价之前还是之后的（一般为调价之前）？C 的取值范围为：

$$aS < C < bS$$

a 表示期中支付额度累计达到整个中标合同金额开始扣还预付款的那个百分数；

b 表示当期中支付款累计额度（同样该款额的具体计算方法取决于合同的具体规定）等于中标合同金额的一个百分数，到此百分数，预付款必须扣还完毕。

此公式的最大优点就是在确定了归还的条件后，准确地将每次应归还的预付款计算出，具有很大的操作性和实用价值[1]。

---

[1] 关于预付款的进一步讨论，请大家参阅何伯森主编的"国际工程合同与合同管理"（P123 – 124），中国建筑工业出版社，1999

14.3　申请期中支付证书

（Application for Interim Payment Certificate）

期中付款在我们国内通常称为进度款，其性质为工程执行过程中根据承包商完成的工程量给予的临时付款，承包商如何申请此类进度款呢？请看本款的规定：

- 在每个月末之后，承包商应按工程师批准的格式向工程师提交月报表，一式六份，详细列出承包商认为自己有权获得的款额，并附有证明文件，包括第 4.21 款［进度报告］中规定的该月进度报告；
- 月报表包括下列内容，并按所列顺序给出，但可视情况增减有关内容，涉及的款额用应支付的各类相应货币表示；
- 月报表的内容有：
  1. 截止该月底完成的工程价值以及编制的承包商文件的价值，包括变更款，但下面各项内容包括的则在本项中不再列出；
  2. 第 13.7 款和第 13.8 款涉及的立法变更和费用调整的各类款项，根据情况，可以上调，也可以是减扣；
  3. 保留金的扣除，额度为投标函附录中的百分率乘以前两项款额之和，直扣到投标函附录规定的保留金限额为止；
  4. 按第 14.2 款［预付款］规定支付的预付款或扣还的预付款；
  5. 按第 14.5 款［拟用于工程的永久设备和材料］规定的材料设备预支款或减扣款；
  6. 其他应追加或减扣的款项，如索赔款等；
  7. 对以前支付证书中款额的扣除。

本款主要规定了三大内容：提交月报表的时间；随报表提交的证明资料；报表的具体内容。

本款对提交月报表并没有规定严格的时间限制，只是规定在每月末之后（为什么不说在每月末呢？），因为对承包商来说，提交的越早，承包商收到进度款就越快，即使不规定限制时间，承包商也会尽快提交的。

在新红皮书单价合同模式下，计算每月完成工作的价值相对比较容易，所依据的是工程量表中的单价以及按照第 12 条测得的当月完成的工程量。

本款还规定，月报表要按工程师批准的格式提交。在实践中，为了避免承包商提交报表之后因格式不被工程师接受而退还，一般在第一次提交报表之前，可以提前与工程师一起商定报表的格式，在提交报表前将格式确定下来。

14.4 支付计划表（Schedule of Payments）

对于一些技术和工种相对简单，进度相对稳定的工程，按计划表支付工程款则是比较简单的支付方式，这种支付计划表规定分期付款次数和时间。请看本款主要的规定：

- 如果合同中包含有一支付计划表，里面详细地规定了合同价格分期支付方法，则本合同的支付如下操作：
- 按 14.3 款［申请期中支付证书］申请期中支付证书时，支付计划表中规定的分期付款额即为该月完成的工程价值以及编制的承包商文件的价值；
- 不再按第 14.5 款［拟用于工程的永久设备和材料］计算和加入材料设备费；
- 如果支付计划表编制时所依据的计划进度与实际进度不符，并且实际进度低于计划进度，工程师可根据具体情况相应调整支付计划表；
- 如果合同中没有支付计划表，承包商应提交工程季度用款估算书，但不具有约束力；
- 第一份估算书应在开工日期后 42 天内提交，之后每季度提交一次修改的季度估算书。

如果项目进度稳定，按支付计划表支付进度款比较简单，但实际工程的进度往往偏离计划，因此支付计划也得随之改动，这种方法也并不一定行之有效。按本款规定，如果实际进度比支付计划表依据的计划进度慢，工程师可对支付计划表进行相应调整，但没有规定，如果承包商的实际进度快于计划进度时也应相应调整支付计划表。可以理解，对业主来说，如果承包商能按原计划进度实施工程，就已经对其项目目标没有影响了，他并不一定鼓励承包商的进度高于计划进度。我们知道，进度太快对工程质量造成负面影响的可能性会大些。但如果是私营投资的商业项目（如 BOT 项目），在保证质量的情况下，一般业主是希望承包商提前完成工程的，如果这样的话，本款的规定则应做出相应修改。从实践来看，重新计量的单价施工合同是不大采用这种支付方式的，使用这种支付方式的合同多为固定总价合同。

一项工程耗资巨大，业主需要有自己的每一时间段（如：季度）预算，以便准备项目支付款项，因此，支付计划表有助于规划其项目款的准备。所以，本款规定，如果合同中没有此类支付计划表，承包商需要提交每个季度的用款计划，实际也就是承包商的季度现金流量计划，供业主方准备项目款参考，没有约束力。

14.5 拟用于工程的永久设备和材料

（Plant and Materials Intended for the Works）

前面谈到的期中支付申请书中，材料设备款❶ 作为单独一项列了出来，那么材料设备款是如何计算和支付的呢？请看本款主要的规定：

- 期中支付证书中应包括一笔金额，用于预支已经送往现场的永久设备和材料的部分合同价值，并且当这些材料设备已经构成永久工程的一部分时，再将预支款项从中扣除；
- 工程师决定预支材料设备款以下列条件为前提：
  1. 承包商已经准备好了材料设备的一切记录，包括订单、收据、金额、用途等，随时供工程师检查；
  2. 承包商提交了采购材料设备和运往现场的费用报表，并附有充分证据；
  3. 此类材料设备属于投标函附录中所列的起运后支付预支款的材料设备；
  4. 此类材料设备已经运到工程施工所在国，并在运往现场的途中；
  5. 此类设备材料有装船的清洁提单或其他船运证明，这些单证，连同运费、保险费支付证明，以及其他合理要求的证据，已经全部提交给工程师，另外，承包商还应按与预付款类似之银行保函的格式，以等额和相应货币开具材料设备款保函，提交工程师，该保函一直有效到此类材料设备运至现场并妥善存放，并采取防护措施；
- 如果不能同时满足前第3、4、5项条件，则必须同时满足以下第6、7项：
  6. 此类材料设备属于投标函附录中所列的运至现场后支付预支款的材料设备；
  7. 此类材料设备运至现场并妥善存放，并采取了防护措施；
- 材料设备预支额度为它们实际费用的80%，它们的实际费用（包括运输费）由工程师根据承包商所提供的上述各类凭证以及合同价值予以确定；
- 材料设备预支款的支付货币与它们构成工程一部分后应获得的支

---

❶ 为了行文方便，凡在本条提到"材料设备（款）"一词，其中的"设备"系指"永久设备"。

付货币相同；

- 但如果投标函附录中没有列出预支的材料设备清单，则本款的规定不适用。

对于工程建设项目，材料和永久设备所占合同价格的比例很大，因而采购这些物品要给承包商带来一定的资金压力。在国际贸易市场上，货物的采购一般采用信用证支付方式，承包商下订单时，一般需开出采购合同等额银行信用证，一般情况下，承包商只有在银行账户有足够的存款银行才能开出信用证。承包商采购材料设备需要大量流动资金，因此在国际工程中，逐渐形成了提前支付材料设备款的惯例。

本款规定了本合同条件下材料设备的支付机制。从本款中我们可以知道，在投标函附录的相应条款（即 14.5 款）中，列有两类材料设备清单，列入清单的材料设备，均可以按本款的规定在使用到工程上之前，可以获得 80% 的预支款。待这些材料和设备安装或使用到工程上后，支付相关的工程价值时，将预支的款额从中扣除。这表明，在本施工合同条件下，材料设备款实际上是分两次支付的。

其实，在国际工程实际中，有更灵活的材料设备款预先支付方式。如果是大型机电安装项目，永久设备采购费用高昂，在此情况下，为了减轻承包商的资金压力，合同可能规定，该材料设备采购的费用分若干次支付，如：承包商下订单后，业主凭供应合同或形式发票支付采购款的一百分数，货物装船后支付一个百分数，到达现场后再支付一百分数，余额在安装、调试完毕后支付。

本款规定，如果在货物没有到达现场的情况下想得到预支款项，其中的一个条件就是要开具银行保函。笔者认为，这是一种过于谨慎的方法，虽然有利于业主的资金安全，但总的来说弊大于利。原因如下：这样做大大提高了国际工程承包业中的"交易成本"，因为要开具银行保函，除承包商需要交付银行一定的费用外，有时还需在银行有相应的存款被冻结，理性地讲，所有投标人都会将这一要求增加的支出考虑在投标价格中，从而加大工程的造价；提交保函主要是防止承包商利用采购货物来骗取业主的工程款，但我们知道，作为经过资格预审等一系列程序挑选过的承包商，一般不会做出此类故意欺诈行为，即使有，业主方可以通过要求承包商提供全面的证明文件并可派员进行实地检查❶ 来防

---

❶ 有些业主也许认为，这样做自己太麻烦，但我们可以这样思考一下，如果在合同中这样规定，在公平的市场竞争条件下，承包商就会在报价中将开此类银行保函的费用删除，这就可能降低报价，最终得益的还是业主。

止这种情况的发生。退一步讲，即使发生了这类欺诈行为，业主完全有补救措施：他此时掌握着承包商的履约保证，还有一定的保留金，同时，承包商在现场有很多施工设备，加上仍没有支付给承包商的工程进度款，所有这些一般不会低于一批材料设备预支款的。

从另一角度来看，FIDIC 这样规定反映出国际工程承包市场上的业主和承包商之间的"信用危机"，反映出国际承包业一种不良的行业文化，表现为恶性价格竞争，承包商履约不佳，业主拖延付款，最终导致工程质量降低，业主项目投资收益难以保证，承包也无利可图，经营陷于困境。因此，无论是从事国际工程管理研究的理论工作者，还是国际工程的具体实践者，有必要对这一现象进行反思。从长远来看，如果业主方想从承包市场上获得"物有所值"高质量产品，而承包商想从这个行业获得合理的利润，项目参与各方必须致力于提高自己的信誉，建立良好的商业信用，这是市场经济下任何企业生存的一项基本条件❶。其他行业先进的管理思想，良好的企业文化是非常值得我们这一行业借鉴的。

14.6 期中支付证书的签发（Issue of Interim Payment Certificates）

在承包商递交了期中支付申请书之后，工程师签发此类支付证书的程序是什么呢？工程师在签发的过程中应遵循哪些原则呢？请看本款主要的规定：

- 业主收到承包商提交的履约保证之前，不得开具任何支付证书和支付承包商任何款额；
- 工程师在收到承包商的付款申请报表和证明文件后的 28 天内，向业主发出期中支付证书，说明支付金额，并附详细说明；
- 在接受证书签发以前，如果一期中支付证书的数额在扣除保留金等应扣款项之后，其净值小于投标函附录中的期中支付证书最低限额，则工程师可以不开具该期中支付证书，该款额转至下月支付，同时相应通知承包商；
- 如果承包商实施的某项工作或提供的货物不符合合同要求，则工程师可暂时将相应的修复或重置费用从支付证书中扣除，直到修复工作完成；
- 同样，如果承包商没有或不去按合同规定履行某工作或义务，相应款额亦可暂时扣发，直至承包商履约该工作或义务；

❶ 这一观点虽然带有一些理想主义色彩，但笔者笃信这一理念，最终正确与否，还需要接受实践和时间的检验。

- 尽管在上述两种情况下可以扣发某些款项，但不得以任何其他理由扣发期中支付证书；
- 如果在以前的期中支付证书中出现错误，工程师可在后面任何期中支付证书中加以修正；
- 签发一份支付证书并不表明工程师对相关工作的接受，批准或同意等。

本款实际上规定了开具第一份期中支付证书的前提条件；工程师签发支付证书的时间限制；期中支付证书最小额度的限制；扣发某些款项的条件；工程师修正期中支付证书中款额的权力。

现在我们讨论一下本款的某些规定。

本款规定，只有当承包商的工作不符合合同规定或不去按合同去履行其某项义务时（以下称"两种情况"），工程师有权暂时扣发相关期中支付款项，如：某浇筑的混凝土块出现质量问题，工程师有权扣发该工作的进度款，但这并不意味因为这件质量事故，工程师就有权扣发该月的支付证书，而指的是工程师可以从相关期中支付证书中扣除相应款项。

本款最后规定，"签发一份支付证书并不表明工程师的接受、批准或同意等。"我们怎样理解这项规定呢？虽然本款中也没有说明，不表示工程师对什么具体内容的接受或批准等，但可以认为，这实际指的是对"该月报表中涉及的工作"而言。工程师签发的支付证书只表明，工程师同意支付临时款项的数额，并不表示他完全认可了承包商完成的工作质量。这样规定的主要目的是为了避免承包商的投机行为。

另外，本款没有规定，工程师在向业主开具支付证书时，需要拷贝一份给承包商。根据惯例以及为保证承包商在这方面的知情权，似乎同时拷贝给承包商一份更为合理。否则，承包商无法行使合同赋予他的权利（请大家参阅第16.1款［承包商暂停工作的权利]）。

请思考：如果说工程师的支付证书不表示工程师对工程质量的认可，那么什么才能证明工程师认可了工程的质量？（请参阅前面第11.9款［履约证书]。）

14.7 支付（Payment）

在本合同条件中，工程师只负责开具支付证书，业主才是最终的付款人，那么对工程各类款项支付有什么限制条件呢？具体程序如何？请看本款的规定：

- 业主应在签发中标函后的42天内，或者在承包商提交了履约保证和预付款保函以及提交了预付款报表后的21天内，向承包商支付第一笔预付款，这两个时间以较晚者为准；

- 业主应在工程师收到承包商的报表和证明文件后 56 天内，将期中支付证书中证明的款额支付承包商；
- 业主应在从工程师那里收到最终支付证书后 56 天内，将该支付证书中证明的款额支付承包商；
- 每种货币的到期支付金额应汇入承包商指定的银行账户，该账户应设在合同规定的支付国。

本款规定的主要是支付的时间。进度款为工程师收到承包商的报表后 56 天支付承包商；最终结算款为业主收到最终支付证书后的 56 天内支付。

以前的版本中进度款的支付是两个 28 天，即工程师收到报表后的 28 天内开具支付证书，业主在收到支付证书后的 28 天内支付承包商。新的规定使业主在支付时间上有了更大的灵活性，因为即使工程师在收到报表中很快开具了支付证书，业主仍可以等到第 56 天才予以支付。

另一方面，虽然在红皮书第四版中规定工程师应在 28 天内签发支付证书，但没有明确规定如果不在 28 天内签发，承包商享有的权利。新版中明确规定（第 16 条），工程师不按时签发，将构成业主违约。从这个意义来看，新红皮书的规定，又对业主方（包括工程师）在支付过程中的责任进行了更加严恪的限制。

本款的规定似乎有一矛盾：按照本款规定，第一，业主应在签发中标函后的 42 天内，或者在承包商提交了履约保证和预付款保函以及提交了预付款报表后的 21 天内，向承包商支付第一笔预付款；第二，业主应在工程师收到承包商报表后的 56 天内，将期中支付证书中证明的款额支付承包商。

问题是，由于承包商申请预付款后，工程师以类似程序为预付款签发期中支付证书（见第 14.2 款［预付款］），因此，业主在支付预付款时，同样可以按照支付期中款项的方法支付预付款，即：业主应在工程师收到承包商的报表后 56 天内，将期中支付证书中证明的款额支付承包商，这显然与关于支付第一笔预付款的规定不一致。从合同解释的原则看，业主更应该按照直接的规定（第一种规定）来支付预付款。但为了避免歧义，最好应在第二种规定中说明"第一笔预付款除外"。

14.8　延误的付款（Delayed Payment）

合同规定了业主必须支付承包商款项的时间限制，那么，如果业主不在规定的时间付款怎么办？承包商有哪些权利呢？请看本款主要的规定：

- 如果承包商不能按时收到业主的付款，承包商有权就没有收到的款额收取融资费，按月复利计，从上款规定的应支付日期开始计算收取融资费；
- 计算融资费的利率按支付货币国家中央银行的贴现率再加上 3 个百分点，支付融资费的货币也与应支付货币相同；
- 承包商不需要正式通知和证明，就有权获得上述付款，同时还可获得其他补救权利。

支付工程款是业主的最根本的义务，而承包商实施工程也希望工程款按时支付，资金的断流对项目执行造成的负面影响无疑 是巨大的。本款规定，业主对迟付工程款，向承包商支付的融资费（即承包商自己须筹措资金所担负的费用）按月复利计算，年利率采用支付货币国中央银行颁布的贴现率再加 3 个百分点，这样规定，带有一定的惩罚性质。

最后一项的规定意味着承包商将从开始欠付日自动获得相应融资费，而不需发出正式通知。而且如果业主延误支付，有权获融资费仅仅是其权利之一，他还可以同时获得其他权利，如暂停工作，甚至终止合同。见第 16 条 ［承包商的暂停与终止］。

在实践中承包商切记，在合同中不但要规定业主延误支付时要负担利息，同时还要规定，承包商还有暂停、甚至终止合同的权利，否则就可能会在工作中极为被动。因为虽然业主支付你利息，但工程实施需要资金不断注入，如果资金一时无法筹集到，这极可能会影响到设备材料采购，进而延误工期。如果只规定承包商享有利息的权利，此外没有其他权利，那么延误工期的后果只能由承包商来承担，因为承包商索赔工期时，找不到合同条款可依据。承包商需要注意此类貌似公平的合同陷阱。

14.9 保留金的支付（Payment of Retention Money）

在第 14.3 款 ［申请期中支付证书］ 中，其中一项就是扣除保留金，那么暂时扣发的保留金在什么时间才归还承包商呢？请看本款的规定：

- 当整个工程接收证书签发之后，保留金的一半应由工程师开具证书，并支付给承包商；
- 如果签发的接收证书只是某一工程区段/部分，则支付的保留金应等于保留金总额的 40% 乘以该区段/部分工程估算合同价值占整个工程合同估算价值的比重；
- 在最迟的工程缺陷通知期到期之后，保留金余额应立即支付承包商；

- 如果涉及的是工程区段/部分的缺陷通知期到期，则应再支付承包商相应区段/部分的保留金的 40%，计算方法与前面相同；
- 如果根据第 11 条［缺陷责任］，承包商仍有某工作没有完成，此情况下，工程师有权扣发相应的费用；
- 计算上述保留金退还比例时，不考虑法律变更以及费用波动导致的调价。

本款规定了退还承包商保留金的程序。如果工程没有进行区段划分，则所有保留金分两次退还，签发接收证书后先退还一半，另一半在缺陷通知期结束后退还。如果涉及的工程区段/部分，则分三次退还：区段接收证书签发之后返回 40%，该区段缺陷通知期到期之后返回 40%，剩余 20% 待最后的缺陷通知期结束后退还。但如果某区段的缺陷通知期是最迟的一个，那么该区段保留金归还应为：接收证书签发后返回 40%，缺陷通知期结束之后返回剩余的 60%。

本款中的倒数第二项规定："如果根据第 11 条［缺陷责任］，承包商仍有某工作没有完成，此情况下，工程师有权扣发相应的费用。"此处的工作主要指颁发接收证书后发现的工程缺陷，由于相关的那部分的工程款已经支付，因此，工程师可以从本应返回的保留金中，将该维修工作所需要的费用额度暂时扣发。

本款并没有规定退还保留金严格的时间限制，只是使用了"在接收证书签发后"和"在缺陷通知期结束后，立即"等定性措辞，这可能不利于实践中的具体操作。

请注意：保留金的限额指的是中标合同款额的百分比，并不是最终合同价格的百分比。

关于保留金的作用和性质，参阅对定义 1.1.4.11 保留金的解释。

14.10 竣工报表（Statement of Completion）

在工程进行期间，承包商每月提交报表，申请工程进度款。在工程基本竣工，接收证书签发之后的工程款怎么支付呢？请看本款主要的规定：

- 承包商在收到工程接收证书后的 84 天内，根据第 14.3 款［申请期中支付证书］向工程师提交工程竣工报表，一式六份，并附证明文件；
- 竣工报表中列明三项内容：

1. 截至接收证书上书明的日期，按照合同已完成的工程的价值；

2. 承包商认为到期应支付的其他金额；

3. 承包商认为根据合同将到期支付给他所有款项的估算额，这类
款项在竣工报表中单独列出；

• 工程师应按签发期中支付证书的程序开具支付证明。

本款的主要目的是给出基本完工时业主支付承包商剩余工程款的一
个基本程序。为了能够使业主方掌握仍需要支付的工程款数额，本款规
定了承包商在竣工报表中不但要总结一下已经完成的工程价值，还应向
业主提出业主到期需要支付给他的款额，同时还要求承包商提出今后业
主还需多少工程款的估算额，以便业主做出资金准备。

14.11 申请最终支付证书

（Application for Final Payment Certificates）

在工程全部完成，缺陷通知期结束后，合同双方需要工程款的最终
结算，即将合同价格剩余的款额全部支付给承包商。那么如何进行此类
最终结算？请看本款规定的程序：

• 收到履约证书后的 56 天内，承包商应按工程师批准的格式，向其
提交最终报表草案，一式六份，同时附有证明文件；

• 最终报表草案详细列明两项内容，一是承包商完成的全部工作的
价值，二是承包商认为业主仍需要支付给他的余额；

• 如果工程师对最终报表草案有异议，承包商应提交给工程师合理
要求的补充资料，来进一步证明；

• 如果双方商定了最终报表草案，承包商按商定的内容重新提交该
报表，本款称为"最终报表"；

• 如果双方对最终报表草案有争议，则工程师应先就最终报表草案
中无争议的部分向业主开具一份期中支付证书；

• 争议部分按第 20 条［索赔、争端与仲裁］解决，根据解决的结
果，承包商编制最终报表，提交给业主，同时抄报工程师。

本款规定承包商应在收到履约证书后 56 天内向工程师提交最终报表
草案，作为结算申请书。事实上，即使不规定时间限制，承包商也应该
尽早提交草案，以便及时回收余额工程款。（请思考：如果承包商没有
在 56 天内提交最终报表草案，会出现什么结局呢？参阅 14.13 款［最终
支付证书的签发］。）

仔细阅读本款，会发现一个有意思的问题❶：如果工程师就最终报表草案中无争议的部分开具支付证书，业主应在多长时间内支付该款项呢？此时，该支付证书为期中支付证书，属于临时性质，因此应按照期中支付的规定处理。根据第 14.7 款［支付］，业主应在工程师收到"报表和证明文件"后 56 天内支付此类款项。问题是：在此类情况下，哪一天被认为是工程师收到"报表和证明文件"的日期呢？这一点本款并没有规定清楚。由于工程师是根据承包商提交的最终报表草案和证明文件中无争议的部分开具期中（临时）支付证书，似乎工程师收到承包商提交该草案的日期应被看做是这一日期。但如果确定无争议的款额花费的时间很长（当然包括与承包商就报表草案磋商的时间），比如说 50 天（当然这是比较极端的例子），等到业主收到工程师开出的该支付证书时，他必须在 6 天内支付该款项，这显然有点不太合理。但这样做的好处是能促使工程师尽快就无争议的金额开具支付证书给业主，以便业主有充分时间来支付承包商。似乎从工程师收到承包商提交的能够证明无争议款额的证明文件的日期来计算支付期限，也许更符合第 14.7 款［支付］的精神，但这可能导致工程师以磋商为名，有意拖延开具证书的时间，尤其当业主方的资金紧张时，此情况更容易发生。无论如何，本款应给出明晰的规定。

另外本款规定，如果双方对最终报表有异议，并按第 20.4 款用 DAB 方式或按第 20.5 款以友好方式来解决争议，则承包商应编制并向业主提交最终报表，同时抄送工程师一副本，这一规定不太容易理解，因为在一般情况下，都是由工程师根据最终报表，开具支付证书（参阅第 14.13 款［最终支付证书的签发］），业主只根据工程师支付证书来支付承包商。此处这样规定，大概考虑到工程合同争端的主体是业主与承包商，因此才规定，承包商将最终报表直接提交给业主，同时拷贝给工程师。

从承包商的立场来说，应争取与工程师尽快确定无争议的那一部分款项，以尽早收回，减少风险。对于剩下的问题，可逐一谈判，如果涉及的争议金额较大，有可能需要仲裁裁决。

14.12 结清单（Discharge）

由于工程支付十分复杂，作为惯例，在申请最终支付款项时，承包

---

❶ 这虽然不是实质性问题，但通过这一问题，笔者希望在分析和理解合同条款方面对读者有所帮助。

商不但提交最终报表，而且还应提交一份结清单，作为一种附加确认。请看本款具体规定：

- 承包商提交最终报表时，同时还应提交一份结清单；
- 结清单上应确认，最终报表中的总额即为应支付给承包商的全部和最终的合同结算款额；
- 结清单上还可说明，只有当承包商收到履约保证和合同款余额时，结清单才生效，此情况下，结清单于该日期生效❶。

实际上，结清单就是承包商对最终工程款数额的一个确认声明，即：业主在支付承包商余额后，工程款支付到此完结，业主不再承担支付责任。但承包商可以在结清单上声明只有收到履约保证和余额才生效。至于生效日的规定，似乎不太清晰，只说明"在该日期"（原文见下面脚注❶）。单从语言上讲，"该日期"应为"承包商收到履约保证和合同款余额的那一天"，实际应理解为"承包商收到合同款余额的那一天"。大家知道，业主应在收到工程师拷贝给他的履约证书后 21 天内将履约保证退还给承包商，业主支付最终结算款余额有可能在签发履约证书后（56 + 28 + 56）天内支付，如果有争议，甚至更晚。因此，一般情况下，履约保证退还的日期会比支付最终结算款余额的日期早，但理论上讲，两者也可能同一日期发生，甚至支付最终结算款余额的日期会比履约保证退还的日期早（请思考：为什么？）。因此，本款语言上显得简单，虽不是大问题，但作为合同条件，读起来总感到不太严密。

本款也没有明确说明结清单提交给业主或工程师，但下面第 14.3 款来看，可以推定为工程师❷。在实践中，无论合同规定承包商提交给业主或工程师，他应同时拷贝一份给另一方。

14.13 最终支付证书的签发（Issue of Final Payment Certificate）

承包商在提交了最终报表和结清单之后，工程师何时签发最终支付证书呢？该证书包括哪些内容呢？请看本款主要的规定：

- 收到最终报表和结清单后 28 天内，工程师应向业主发出最终支付证书；
- 最终支付证书中应包括：一、最终到期应支付的金额；二、在扣

---

❶ 本句原文为：This discharge may state that it becomes effective when the Contractor has received the Performance Security and the outstanding balance of this total, in which event the discharge shall be effective on such date.

❷ 1987 年红皮书第四版明确规定，承包商将结清单提交给业主。

除业主以前已经支付的款额后，还应支付承包商的余额，但如果业主已经多支付了承包商，承包商应退回差额；

- 如果承包商不按期申请最终支付证书，工程师应通知要求其提交，通知后 28 天内仍不提交，工程师可自行合理决定最终支付金额，并相应签发最终支付证书。

本款规定了工程师签发最终支付证书的期限，证书包含的内容。

与第 14.6 款［期中支付证书的签发］一样，本款没有规定，工程师在向业主发出最终支付证书时，同时拷贝给一份给承包商。笔者认为，同时拷贝给承包商一份最终支付证书是有益无害的。

同时，本款还提出了一个有趣的现象，即：承包商不在规定的期限内（即第 14.11 款［申请最终支付证书］中规定的 56 天）提交最终报表草案的情况。因为任何承包商都希望尽早拿到工程款，承包商不去主动申请，似乎不太可能。但也许最终支付证书中提到的一种情况，能够解释这种现象：截止到最终支付证书之前，业主实际支付的款额累计已经超过承包商应得的合同总款额，承包商也许已经意识到了这种情况，因而不去主动申请最终支付证书（您遇到这种现象吗？）。

14.14 业主责任的终止（Cessation of Employer's Liability）

承包商的合同义务结束的实质性标志是获得履约证书[1]，那么，在什么情况下，业主的合同义务结束呢？其实质性标志是什么呢？请看本款主要的规定：

- 除最终报表和竣工报表同时都包含有相应款额的事宜之外（竣工报表中可以不包括接收证书签发后发生的事宜），业主不再对合同中其他任何事宜承担责任；
- 但本款的规定并不影响业主在保障承包商方面的责任；
- 同样，本款也不影响因业主欺诈，故意违约或严重不轨之行为应承担的责任。

本款明确规定，除接收证书签发后发生的工作可以不包括在竣工报表之外，对于没有同时包含在竣工报表和最终报表的工作，业主一律不再承担任何支付责任。因此本款同时隐含以下结论：

一、如果工程师与承包商商定了最终报表中的款额，那么在支付其工程师签发的最终支付证书中的款额后，业主在合同中的支付责任即告结束；

---

[1] 这儿说的是一般情况，在特殊情况下，可能仍需一些义务，见第 11.10 款［未履行的义务］。

二、如果双方对最终报表中的款额没有达成一致意见，那么在业主支付了工程师临时决定的其中无争议的款额，以及争端裁定的款额之后（见第 20 条［索赔、争端、及仲裁］），业主的在合同中的支付责任即告结束。

请注意，承包商一定要在竣工报表中列出他认为所有业主应支付的款项，包括到期的款项、未到期款项的估算以及索赔款。竣工报表一定不能漏项，因为一旦漏项，即使在最终报表补上，工程师也不一定认可（接收证书签发后增加的工作除外）。

本款同时规定了其他例外：承包商享有受保障的权益（见第 17.1 款［保障］）；在业主欺诈等不轨情况下，承包商获得赔偿的权利。由于各国法律都有诉讼时效（Limitation Period）问题，承包商在得知自己的损失之后，应在该时效内提出赔偿请求。

14.15 支付货币（Currencies of Payment）

由于国际工程的参与方来自不同国家，有时不可能全部用当地货币支付，尤其当地货币不能自由兑换时，更是如此。那么，国际工程中对支付货币是怎么规定的呢？请看本款主要的规定：

- 合同价格应以投标函附录中指定的一种或多种货币支付；
- 以下规定适用于用一种以上的货币支付的情况；
- 若中标合同款额全部是以当地币表示的：
    1. 当地币和各外币的支付数额或比例，计算支付款时使用的固定汇率，应按投标函附录中的规定，或双方另外商定执行；
    2. 暂定金额下的支付以及因立法变动调价应按适当的货币和比例支付；
    3. 支付进度款时，除因立法变更调价之外，凡属于第 14.3 款［申请期中支付证书］中报表前四项所列的各项内容，应按上面 1 中的规定执行；
- 投标函附录中规定的（拖期）赔偿费应以投标函附录规定的货币以及比例支付；
- 承包商应支付业主的其他费用应以业主开支的货币来支付，或者双方商定亦可；
- 如果承包商以某币种应支付业主的金额超过了业主按该币种支付承包商的款额，则余额可从业主以其他币种支付承包商的款额中扣除；
- 如果投标函附录中没有规定兑换率，则使用的兑换率应为由工程施工所在国中央银行确定的在基准日期当天的兑换率。

本款详细规定了合同价格中各类支付款额的支付应使用的货币。国际工程中，国际金融机构贷款项目一般是以多种货币支付，原因是这些机构一般不是全额贷款，而是要求东道国政府提供相应比例的配套资金，对于此类项目，有时允许承包商在投标时选择自己需要的外币币种和数额。为了便于评标，业主在招标文件中往往要求投标价格由一种货币表示，通常为当地币，只是在投标书文件提出自己的外币需求。因此，在工程实际支付时就涉及当地币兑换外币的问题。根据本款的规定，兑换率在投标函附录中规定，如果在投标函附录中没有规定，就按"工程施工所在国中央银行确定的在基准日期当天的兑换率"计算。

从本款规定的内容看，FIDIC 提倡使用固定汇率，这样有助于避免风险投机。

本条到此讲完了，请检查一下自己是否达到了开始提出的要求，并思考下面的问题：

1. 您认为，在投标报价时，应特别注意哪些支付方面的规定？
2. 您以前从事的国际工程中的支付方式与本款的规定有何异同？本款的规定能解决您碰到的实际问题吗？

管理者言：

　　承包商只将建设工程作为手段，他的目的是获得合同价格的支付，而业主则相反。手段与目的的置换，很大程度上影响了双方的立场、观点和方法，而从多角度看问题是优秀管理人员的一个特征。

本条附录：

14-1 缺陷通知期开始后有关证书、报表提交及付款的典型顺序图

DNP 开始

缺陷通知期 (DNP)

DNP 结束

竣工检验完成

- 14 天：承包商申请接收证书
- 28 天：工程师颁发接收证书或承包商补救后再发
- 84 天：承包商提交竣工报表
- 28 天：工程师颁发履约证书
- 21 天：归还履约保证 (4.2)
- 56 天：承包商提交最终报表(草案)及证明文件(4.11)

承包商与工程师对最终报表(草案)讨论达成一致或通过 DAB 调解或等待提出仲裁结论。(14.11)

- 28 天：工程师向业主提交最终支付证书 (14.13)
- 56 天：业主向承包商支付 (14.7)

承包商向业主提交结清单

第 15 条　业主提出终止（Termination by Employer）

～～～～～～～～～～～～～～～～～～～～～～～～～～～

学习完这一条，应该了解：

- 承包商哪些违约情况导致业主有权终止合同；
- 业主终止合同的程序；
- 终止后如何对承包商已经完成的工作进行估价和支付；
- 业主出于自身原因终止合同的权利。

～～～～～～～～～～～～～～～～～～～～～～～～～～～

工程是一种特殊的"产品"。市场经济下，工程的建设也就是工程各方的一个履约过程。对业主而言，虽然一般采用资格预审来排除不合格的承包商，但合同履行过程仍有可能发生承包商严重违约之情形，如果任其发展下去，将给业主带来极大的损失，为了保护业主的利益，工程合同通常编制一终止条款，规定业主在什么条件下有权终止合同。本条就是针对此类情况的。

15.1　通知改正（Notice to Correct）

在工程的执行过程中，如果承包商没有履行其应该履行的某项合同义务，工程师如何处理这种情况呢？请看本款的规定：

- 如果承包商没有履行某一合同义务，工程师可以通知其改正，并在规定的合理时间内，完成该义务。

工程各方本来为了实现自身的目的而签订合同，如果发生终止合同情况，都会极大影响自身目标，因此本款给出了一个缓冲规定，即：若承包商违反合同义务，工程师可以先发出一个警告，要求其限期改正。本款体现的"弹性"，正是一个优秀合同条件应具有的特点之一。

15.2　业主提出终止（Termination by Employer）

那么，业主在哪些情况下有权提出终止合同呢？终止的程序如何？

- 若承包商有下列行为，业主有权终止合同：

1. 不按规定提交履约保证（第 4.2 款），或在接到工程师的改正通知后仍不改正（15.1 款）；

2．放弃工程或公然表示不再继续履行其合同义务；

3．没有正当理由，拖延开工（第8条），或者在收到工程师关于质量问题方面的通知后，没有在28天内整改（第7.5款和第7.6款）；

4．没有征得同意，擅自将整个工程分包出去，或将整个合同转让出去（第1.7款，第4.4款）；

5．承包商已经破产、清算，或承包商已经无法再控制其财产的类似问题等等；

6．直接或间接向工程有关人员行贿，引诱其做出不轨之行为或言不实之词，包括承包商雇员的类似行为，但承包商支付其雇员的合法奖励则不在之列；

• 上述情况发生后，业主可提前14天通知承包商，终止合同，并将承包商驱逐出现场；

• 倘若属于上面最后两种情况（破产或行贿），业主可通知承包商，立即终止合同，不需要提前14天通知；

• 业主终止合同不影响业主合同中的其他权益；

• 承包商应撤离现场，并按工程师要求将有关物品、承包商的文件，以及其他设计文件提交工程师；

• 但承包商仍按业主的通知，尽最大努力，立即协助业主进行分包合同转让以及保护人员和财产的安全，以及工程本身的安全；

• 终止后，业主可自行或安排他人完成该工程，并可使用原承包商提交的上述物品和资料；

• 待工程完工后，业主应将通知承包商，将承包商的设备和临时工程在现场或附近退回承包商，承包商应立即自费将此类物品运走，风险自负；

• 在工程完工时，若承包商仍欠业主一笔款项，则业主可将承包商上述物品变卖，但在扣除欠款后，应将余额返给承包商。

本款给出了完整和清晰规定，即：在何种情况下，业主有权终止合同，同时业主还享有其他权利。

终止原因可分两类：一是承包商在工程上表现出的违约情况；另一类是承包商整个公司出现破产等危机。在六种终止原因中，最后两种可以导致业主立即终止合同，另外四种，业主需要提前14天发出通知。

由于是承包商的原因导致的终止，因此，业主有权暂时扣押承包商的一切物品，并可在继续实施工程时使用，甚至可以变卖掉用以冲抵承包商的欠款。

15.3 终止日的估价

（Valuation at Date of Termination）

在终止之后，承包商完成的工作怎样处理？承包商提交的物品，包括各类文件，又怎样处理呢？

- 终止通知生效后，工程师应立即按第 3.5 款［决定］去商定或决定工程、物品、承包商的文件的价值，以及承包商根据合同完成的其他工作的价值。

本款比较简单，它要求工程师对承包商完成的全部工作进行一个估价，其中主要的是承包商完成的工程的价值；其次是承包商为工程购买的永久设备、材料、施工设备以及其他临时工程；再次就是承包商为工程编制的有关文件和设计图纸等。

请思考：此时业主如何处理承包商的履约保证？（见第 4.2 款［履约保证］）

15.4 终止后的支付（Payment after Termination）

第 15.3 款规定，工程师应在终止后立即对承包商的所有工作进行估价，那么，如何处理此类承包商应得的工程款项呢？请看本款的规定：

- 在终止通知生效后，业主方可以采取以下各类措施；
- 就合同终止导致业主方遭受的损失，业主可以按第 2.5 款［业主的索赔］规定的程序着手向承包商提出索赔；
- 在整个工程完成的费用确定之前，扣发本应向承包商支付的一切款项；
- 在计算出完成工程的全部费用之后，从承包商处收回业主因合同终止遭受的一切损失，其中包括业主为完成剩余工程多支出的费用，工程没有按原计划完工导致业主遭受完工延误损失等；
- 在从终止合同后工程师估价的工程款中扣除上述款项后，业主应将余额支付给承包商。

终止合同后，业主需要雇用其他承包商继续工程的施工。由于工程实施的连续性被打断，完成整个工程的费用，一般会超过原承包商的投标价格，新承包商完成工程的工期也会迟于原定的竣工时间，这些无疑会给业主带来意外损失。本款规定的措施就是保护业主利益的。在工程完成后，业主应计算出终止原工程合同导致自己遭受的损失，从扣发的原承包商工程款中扣除，用以弥补自己的损失。

除了扣发合同终止时的结算款之外，业主手中仍扣押着承包商的履约保证和已经扣发的部分保留金，业主当然也可以按履约保证的规定向担保银行提出赔偿请求。

在终止合同后，因完成后续工程的费用以及业主遭受的其他相应损失的计算不太容易有客观和可靠的计算方法，因此，虽然按本款规定，承包商仍有获得扣款后"余额"的情况，但在实践中，一旦因承包商的原因导致业主终止合同，不但意味着承包商不能从业主处拿不到任何款额，而且履约保证也被没收。

15.5 业主终止合同的权利

（Employer's Entitlement to Termination）

前面谈到的是由于承包商的严重违约导致业主终止合同。但在某些情况下，如业主出现大的财务危机，项目在某些方面的不可行，导致业主无力继续工程的建设，或认为继续实施只能导致更大的损失。此情况下，业主有选择终止合同的权利吗？如果有，双方在此情况下又有哪些相应的义务和权利呢？请看本款主要的规定：

- 出于自身利益，业主随时可以通知承包商，终止合同；
- 终止通知在承包商收到后第 28 天生效，或者，在业主退还履约保证后第 28 天生效，以较晚的那一日期为准；
- 如果业主终止合同的目的是企图自行实施工程或雇用其他承包商实施工程，则业主不能依据本款终止合同；
- 终止合同后，承包商应执行第 16.3 款［停止工作并运走承包商的设备］的规定，业主应按第 19.6 款［选择终止，支付与解约］的规定支付承包商。

本款规定了业主有权出于自身利益随时终止合同，并规定了此类终止的具体程序，包括终止通知，通知生效以及对业主实施此类终止的限制条件。

由于此类终止属于业主原因造成的，因此，其后果也基本由业主承担，主要是支付承包商因终止而造成的有关损失，具体按第 19.6 款［选择终止，支付与解约］执行。但同时承包商也应履行停止工作并撤离现场的义务，具体按第 16.3 款［停止工作并运走承包商的设备］的规定执行。请大家同时参照这两个条款。

讨论：在 15 条［业主提出的终止］、第 16 条［承包商的暂停与终止］、第 19 条［不可抗力］都谈到终止合同问题，除了因承包商的原因终止合同时由承包商负责后果外，其他终止均由业主负责，但负责的程度又不一样：如果因业主违约导致合同终止，承包商除得到第 19 条［不可抗力] 规定的赔偿之外，还可以得到利润补偿，而在第 15.5 款 [业主终止合同的权利] 中，规定承包商只能得到与不可抗力发生后终止合同时得到补偿一样，即：不能得到利润补偿。

笔者认为，由于第 15.5 款 [业主终止合同的权利] 中规定的终止完全是业主一方造成的，既不是承包商造成的，也不是外部客观条件造成的，其性质基本上等同于业主违约情况下的终止，因此，承包商在此情况下似乎理应得到利润补偿。但此类规定反映出风险分担的一些原则，也应综合来看。例如：也有人认为，如果在不可抗力条件下终止合同，本款中规定的业主的补偿责任太大，不利于业主。实际上，核心问题不在于风险分担的轻重与否，而是将各方承担的风险责任明晰地规定在合同中，使得承包商在投标时能够有一清楚的认识，以便在报价中合理考虑，这才是问题的关键。如果业主在招标文件中对有关问题故意模糊规定，借以打"擦边球"，引诱投标者报低价，这样就会引起在履约期间争端增多，不利于项目的执行，业主的意图最终可能适得其反。

本条到此讲完了，请检查一下自己是否达到了开始提出的要求，并思考下面的问题：

1. 如果您是承包商，本款中关于业主终止合同的规定对您有何启示？如果您是业主呢？
2. 本条规定，如果由于承包商的原因导致业主终止合同，业主有权扣发本应支付承包商的一切工程款。您能解释一下这样规定的道理吗？

管理者言：
　　如果合同没有终止条款，这将对双方都是一个极大风险；但如果真地到了非得动用终止条款的地步，那便是双方两败俱伤的时候。

第16条 承包商提出暂停与终止

（Suspension and Termination by Contractor）

学习完这一条，应该了解：

- 业主的哪些行为会导致承包商有权暂停工作；
- 业主的哪些行为将导致承包商有权终止合同；
- 终止合同后的承包商的义务；
- 终止后，承包商可以获得哪些赔偿；何时赔偿。

　　国际工程承包商投标决策应考虑的内容之一就是业主的支付能力。由于业主自身资金出现危机，造成其拖延工程款的支付，从而给承包商带来极大的财务困难，影响项目的执行计划。那么，在国际工程中，发生此类问题后，合同是如何保护承包商利益的呢？我们来看本条的规定。

16.1 承包商暂停工作的权利

（Contractor's Entitlement to Suspend Work）

　　如果工程师/业主拖延付款，承包商首先可以采取什么措施来保护自己呢？请看本款的规定：

- 如果工程师没有按规定时间签发支付证书，或者业主没有按规定时间提供资金证明或没有按时支付工程款，承包商在提前给业主21天的通知后，有权放慢工作速度或暂停工程进展（见第14.6，2.4，14.7各款）；
- 承包商有权将工程一直放慢工作速度或暂停到收到支付证书、业主资金证明或支付；
- 即使承包商暂停了工程，他仍有权得到对迟付款享有融资费以及终止合同的权利（见第14.8和16.2两款）；
- 如果在承包商发出终止合同通知之前，他已经收到了前面所提到的各类证书、证明或付款，则他应尽快合理地复工；
- 如果承包商因放慢工作速度或暂停工作，致使工期和费用受到影响，则他有权提出索赔，索赔费用时还可以加入利润，但应符合第 20.1 款规定的程序；

• 收到索赔通知后，工程师按程序予以决定。

可以说，就工程合同而言，业主最大的合同义务莫过于向承包商支付工程款了，因此，如果其在支付方面违反合同，也就违反了其核心义务，理应受到严格惩罚。因此本款规定，在此情况下，承包商享有四种权利：

1. 放慢工作速度或暂停工程；

2. 享有延误工程款的融资费（利息等）；

3. 索赔工期以及有关额外开支，加上相应利润；

4. 根据第 16.2 款的规定，终止合同。

另外，本款的规定隐含着工程师应将期中支付证书签发或拷贝给承包商，但在第 14.6 款［签发期中支付证书］中，只规定工程师在收到承包商的报表后 28 天内向业主签发期中支付证书，并没有规定同时将支付证书拷贝给承包商❶。见该款内容以及评讲。

16.2 承包商提出终止 (Termination by Contractor)

如果业主对承包商的暂停工作抗议长时间没有反应，承包商又该采取哪些进一步的措施呢？请看本款的具体规定。

• 承包商在下列任一条件下有权终止合同：

1. 如果就业主不提供资金证明之问题，承包商发出暂停工作的通知，而通知发出后 42 天内，仍没有收到任何合理证据；

2. 工程师在收到报表和证明文件后 56 天内没有签发有关支付证书；

3. 承包商在期中支付款到期后的 42 天内仍没有收到该笔款项（第 14.7 款［支付］）；

4. 业主严重不履行其合同义务；

5. 业主不按合同规定签署合同协议书，或违反合同转让的规定（第 1.6 款和 1.7 款）；

6. 如果工程师暂停工程的时间超过 84 天，而在承包商的要求下在 28 天内又没有同意复工，则如果暂停的工作影响到整个工程时，承包商有权终止合同；

---

❶ 工程师在向业主签发期中支付证书时，同时拷贝一份给承包商是国际惯例，因此，笔者认为，在第 14.6 款中，漏掉了"同时抄报一份给承包商（with a copy to the Contractor）"之内容。

　　7. 业主已经破产、被清算、或已经无法再控制其财产等等；

- 在上面前五种情况下，承包商可以提前 14 天通知业主，终止合同，对于最后两种情况，承包商可以在发出通知后，立即终止合同；
- 承包商选择终止合同，并不影响其在合同权利或其他权利。

　　本款详细地规定了承包商有权提出终止合同的条件和程序，同时还规定了其应享有的权利。

　　请大家思考这样一个问题：

　　如果由于承包商违约导致业主终止合同，业主可以扣押承包商所有在现场的物品，可以扣发本应支付的工程款，可以没收履约保函。这些手段可以使业主的利益得到保护。

　　如果由于业主违约导致承包商终止合同，尤其当其破产时，承包商可以采取哪些措施保证其损失得以补偿呢？可以说，本款规定承包商享有的权利很多，但实现这些权利的保证措施却不足。

　　在本合同条件原版后，附有一业主支付保函标准格式。但有意思的是，在涉及支付等条款中（如：第 14 条）并没有出现要求业主向承包商提交支付保函的规定，仅仅在专有条件第 14 条后有关"承包商融资范例条款"中提到，当承包商负责融资时，业主方应按后附的支付保函格式向承包商提供支付保函。即使业主提供了支付保函，如果业主破产，保函是否能兑现还得看支付保函的适用法律的具体规定。

　　因此，业主的项目资金来源是否可靠是承包商投标时应考虑的重要因素之一。

16.3　停止工作以及撤离承包商的设备

（Cessation of Work and Removal of Contractor's Equipment）

　　由于业主的原因终止合同后，承包商除享有一定的权利外，是否同时也有一定的义务呢？请看本款的规定：

- 在终止通知（第 15.5 款，第 16.2 款，第 19.6 款）生效后，承包商应立即采取下列三项行动：
  1. 停止进一步的工作，但为保护生命财产或工程的安全，工程师指示承包商继续进行的工作除外；
  2. 凡承包商已经得到付款的承包商的文件、永久设备、材料或其他工作，都应移交给业主方；
  3. 除了安全所需之外，将其他物品运离现场。

　　本款规定了在有关终止合同通知生效后，承包商应采取的行动，虽然表面上看来属于承包商的义务，但其中含有承包商的权利。本款规定的目的是，在合同终止后，双方都应努力去减少进一步的损失。

16.4 终止时的支付（Payment on Termination）

如果因为第 16.2 款所述的原因终止合同，承包商可以得到哪些权益？请看本款的规定：

- 当第 16.2 款下的终止通知生效后，业主应立即：

  1. 将履约保函退还给承包商；
  2. 根据第 19.6 款支付承包商；
  3. 同时还要支付此类终止导致承包商损失的利润和其他损失。

可以看出，在终止合同的情况中，因业主违约终止合同，承包商受到的补偿最为充分。除了其他费用之外，本款还规定了承包商可以要求业主补偿利润损失。

作为承包商，在签订合同时，一定要注意，合同是否规定了业主支付违约时，他应享有的权益。此类权益不单单只是延误付款的利息（融资费），而且还应有暂停工作的权利，终止合同的权利，有了这样的合同规定，才能有助于从业主那里顺利得到工程款项。

本条到此讲完了，请检查一下自己是否达到了开始提出的要求，并思考下面的问题.

1. 如果您是承包商，如果发生了本款所述业主违约事件，您处理此问题时应注意哪些事项呢？
2. 您是否认为合同中的"终止条款"很重要？为什么？

> 管理者言：
>
> 因此，终止条款仅仅是一种最后的保障机制，"有而不用"才是此类条款的最大用处。

第 17 条　风险与责任（Risks and Responsibility）

～～～～～～～～～～～～～～～～～～～～～～～～

学习完这一条，应该了解：

- 业主与承包商互为保障的内容；
- 工程照管责任问题；
- 业主的风险以及如何处理此类风险发生后的后果；
- 工程所涉及的知识产权和工业产权的保护；
- 合同双方的赔偿责任限度。

～～～～～～～～～～～～～～～～～～～～～～～～

工程建设时间跨度长，技术难度大，外部环境不稳定，因此，工程实施过程中充满了"变数"，因而也就产生了风险。风险分担是合同中一项十分重要的内容，对承包商的投标报价和工程实施都会产生很大影响。清晰的风险分担条款是优秀合同范本特点的一个具体体现。我们看看在新版红皮书中合同双方是怎样进行风险分担的。

17.1　保障（Indemnities）

工程建设过程中，无论业主方还是承包商方，都可能出现人身伤亡与财产损失，出现了此类情况如何处理呢？在什么情况下一方要为另一方的损失承担责任呢？请看本款的规定：

- 在承包商的设计和施工过程中，如果出现了任何人员伤亡或疾病，承包商应保证，不让业主及其一切相关人员承担这类事件导致的索赔，损失以及相关开支，但如果此类事件是业主及其人员的渎职、恶意行为或违约行为造成的，则承包商对他们不予保障；
- 在承包商的设计和施工过程中，若由于承包商及其人员的渎职、恶意行为或违约行为致使任何不动产和私人财产（工程本身除外）遭受损害，则承包商应保证，不让业主及其一切相关人员承担这类事件导致的索赔、损失以及相关开支；
- 相应地，若业主及其人员的渎职、恶意行为或违约行为导致了人员伤亡和发生疾病，以及发生了第 18.3 款［人身伤亡和财产损害

148

保险] 中规定的例外责任事件，则业主应保证，不让承包商及其一切相关人员承担这类事件导致的索赔、损失以及相关开支。

本款的规定很明确，如果属于承包商方的错误，承包商负责一切责任，并保证业主方不会遭到任何损失；反之依然。

本款实际上是一个责任划分问题，上面提到的大部分风险都属于合同要求承包商投保的（见后面的第 18 条 [保险]），因此，此类事件发生后，一般可以从保险公司获得赔偿。但对于保险没有覆盖或覆盖不足的，则由责任方自行负担。

17.2 承包商对工程的照管（Contractor's Care for the Works）

工程项目建设中，需要对工程进行照管，以防工程及其附属物品发生损失，包括人为破坏、偷盗等。由于承包商是工程的具体执行者，因此在工程实施过程中，由承包商照管工程是比较合理和经济的。请看本款的具体规定：

- 从开工到接收证书的签发，承包商应对工程的照管负全部责任；
- 接收证书签发后，照管责任转移给业主方，但承包商仍需负责扫尾工作的照管；
- 承包商照管工程期间，若工程、物品以及承包商的文件发生了损失，除业主风险导致的原因外，一律由承包商自行承担；
- 若在签发接收证书之后，承包商的行为导致了损失，承包商应为该损失负责；
- 对于签发了接收证书后发生的损失，若该损失是接收证书签发之前承包商负责的原因所致，则承包商仍须对该损失负责。

本款规定了承包商与业主照管工程的责任划分，以及各自应负责的损失。

应注意的是，即使签发了接收证书，照管责任已经转移给了业主，但业主负责照管期间发生损失是承包商负责照管工程时的问题所造成的，该损失仍由承包商承担。这一规定，防止了承包商在这方面投机取巧行为的发生，保护了业主的权益。

17.3 业主的风险（Employer's Risks）

在新版的施工合同条件下，业主承担哪些风险呢？本款规定如下：

- 业主的风险包括下列各项：
  1. 战争以及敌对行为等；
  2. 工程所在国内部起义、恐怖活动、革命等内部战争或动乱；
  3. 非承包商（包括其分包商）人员造成的骚乱和混乱等；

4. 军火和其他爆炸性材料，放射性造成的离子辐射或污染等造成的威胁，但承包商使用此类物质导致的情况除外；

5. 飞机以及其他飞行器造成的压力波；

6. 业主占有或使用部分永久工程（合同明文规定的除外）；

7. 业主方负责的工程设计；

8. 一个有经验的承包商也无法合理预见并采取措施来防范的自然力的作用。

本款规定了8项业主的风险，可以大致分为：

1. 政治风险（1，2）；

2. 社会风险（3）；

3. 污染及外力风险（4，5，8）；

4. 业主行为风险（6，7）。

按照习惯方式，我们还可以从其他条款中概括出业主负担的"经济风险"（如：第13.8款［费用变更的调整］、第14.15款［支付货币］等）、法律风险（如：第13.7款［立法变更的调整］）等。

严格地说，业主与承包商各自承担的风险划分贯穿在整个合同的规定之中，本款只是集中列出了业主负责的基本风险。

17.4 业主风险的后果 (Consequences of Employer's Risks)

发生了业主负责的风险后怎么处理？合同双方在此情况下有哪些权利和义务呢？请看本款的规定：

• 如果发生业主的风险，导致工程、物品或承包商的文件受到损害，承包商应立即通知工程师，并按工程师的要求予以修复和补救；

• 若承包商因此遭受损失，可以按索赔条款提出费用和工期索赔；

• 若是由于业主的行为风险（上款第6和7项）造成的，承包商还可以索赔利润。

从本款规定可以看出，虽然业主的风险发生的后果主要由业主承担，这并不意味着承包商不负担任何相关义务。相反，他得知风险发生后，有义务立即通知工程师，并按工程师的指令实施补救。与这些义务相应的，是他获得索赔工期和费用的权利。但如果仅仅是由于业主行为引出的风险，则承包商索赔时可以增加利润一项。

17.5 知识产权和工业产权

(Intellectual and Industrial Property Rights)

在工程建设中，可能出现涉及工程建设的侵权问题，如果这样的话，由业主和承包商哪一方负责赔偿侵权索赔呢？请看本款的规定：

- 凡本款提到"侵权"，指的是对与工程有关的任何专利、注册设计方案、版权、商标、商号、商业秘密等知识产权或工业产权的侵犯；

- 如果一方在收到他人的侵权索赔后 28 天内没有向另一方发出通知，该方（第一方）即放弃了本款下的保障；

- 业主对承包商的侵权保障分三个方面：

  1. 如果承包商的侵权是履行合同不可避免的，由此引起的侵权索赔，承包商不承担责任，由业主负责赔偿；

  2. 如果业主不按合同规定的目的使用工程而导致的侵权索赔，承包商不承担责任，由业主负责赔偿；

  3. 如果没有在合同中规定，或没有在基准日期前向承包商说明，而业主使用工程时，同时配套使用了非承包商供应的物品，从而导致侵权索赔，此情况下，承包商不承担侵权责任，侵权赔偿由业主负责。

- 承包商对业主的保障分两个方面：

  1. 工程使用的任何物品导致了侵权索赔，则业主对此不负责任，由承包商负责赔偿；

  2. 承包商负责的工程设计导致了侵权索赔。

- 负责侵权赔偿的责任方（业主或承包商）应自费去与提出侵权索赔的权利人进行谈判、诉讼或仲裁；

- 处理过程中，另一方应责任方要求并在其负担费用条件下，协助责任方对侵权索赔进行答辩；

- 答辩过程中，这一"另一方"不得做出对责任方不利的承诺，除非责任方在"另一方"要求下仍不去谈判、诉讼或仲裁。

现代社会对知识产权和工业产权的保护越来重视。本款规定了在工程建设期间，承包商与业主各自负责的侵权责任。

本款涉及到三方，除业主和承包商外，还有第三方，即：提出侵权索赔的人。有时，由于承包商是直接行为人，也许索赔者直接向承包商提出索赔，但如果引起索赔的原因属于业主负责，那么业主应替承包商去进行赔偿谈判等，同时，业主可以要求承包商协助。如果业主在此情况下不去替承包商谈判，则承包商可以答应对索赔方的赔偿，但由业主支付给赔偿金。反之亦然。

17.6 责任限度（Limit of Liability）

如果合同双方的一方违约或其行为给另一方造成了损失，该方对另一方的赔偿责任是有限的还是无限的？请看本款的规定：

- 无论在工程使用功能方面的损失、利润损失、合同损失或是一切其他间接或后果损失，合同双方中的责任方对另一受害方的赔偿责任仅仅限于第 16.4 款［终止时的支付］以及第 17.1 款［保障］中规定的限度；
- 除第 4.19 款［电、水、燃气］，第 4.20 款［业主的设备和免费供应的材料］，第 17.1 款［保障］以及第 17.5 款［知识产权和工业产权］各款规定之外，承包商对业主的总责任不超过专用条件中规定的限额，若专用条件中没有规定，则不得超过中标合同款额；
- 如果属于违约一方欺诈，故意违约或不轨行为的情况，则本款不限制责任方在此情况下的一切责任。

本款规定的是合同一方在执行合同过程中的最大赔偿责任。

第一项规定虽然适用于合同双方，但主要适用业主对承包商的最大赔偿责任。也就是说，即使业主违约，承包商最多获得相当于因业主违约导致终止合同时的赔偿，加上业主对承包商的保障等经济责任（第17.1 款）。

第二项明确了承包商的总责任限度，即：除承包商应支付业主提供的水电和燃气费，业主的设备使用费，给予业主保障的经济责任，知识产权等方面的保障之外，承包商最大的责任应按专用条件中的规定，若无规定，该责任限额为中标合同价。

本款最后又提出一例外，如果出于欺诈等恶意行为，责任方应按实际赔偿，本款的规定不限制这方面的责任。

应注意，如果在赔偿限额方面，合同的规定与适用法律相违背，则合同的规定是不具有约束力的。因此，在起草具体合同时，需要根据适用法律做出相应规定或适当修改。但国际上大多数国家的法律实行的实际赔偿原则，即：违约方应赔偿对方实际发生的损失，一般认可合同双方对赔偿责任额度的约定。如我国的合同法，在第 7 章"违约责任"中，虽然没有规定明确的责任限额，但允许合同双方对违约责任进行约定，尤其当发生质量方面的问题时。

请思考：如果承包商完工后，工程基本不能使用，业主从承包商处得到的赔偿是否可以超过履约保函的额度？如果可以，如何实现该赔偿呢？（同时参考第 11.4 款［未能修复缺陷］、第 2.5 款［业主的索赔］、第

20 条 ［索赔，争端与仲裁］的规定以及评析）。

本条到此讲完了，请检查一下自己是否达到了开始提出的要求，并思考下面的问题：

1. 如果您是承包商，投保报价时您是怎么考虑风险费的？

2. 您认为本条规定的风险分担合理吗？为什么？

> 管理者言：
>
> 　　在投标阶段，承包商的预期风险与预期利润成正比；在施工阶段，实际风险与实际利润则成反比。

第 18 条 保险（Insurance）

~~~~~~

学习完这一条，应该了解：

- 合同对保险有哪些总体要求；
- 工程、永久设备以及承包商的设备的保险要求；
- 对第三方人员以及财产的保险要求；
- 对承包商的人员的保险要求。

~~~~~~

　　风险贯穿在工程实施的整个过程之中，因此，风险管理也是整个工程管理的一个重要组成部分，而工程保险则是风险管理的一项重要措施。在一个工程合同中，对工程保险通常是如何规定的呢？本条将回答这一问题。其涉及的内容包括保险的总体要求、财产保险、人员保险等方面。现在我们一起来看这方面的具体规定。

18.1　保险的总体要求（General Requirements for Insurances）

　　　　工程保险由何方投保呢？投保遵循什么原则呢？合同双方对保险有那些知情权？投保方失职又怎样处理呢？请看本款的主要规定：
- 投保方指的是办理并保持合同要求的各类保险的一方；
- 如果承包商为投保方，办理保险时他应遵循业主批准的条件，这些条件应与双方在承包商中标前谈判中商定的投保条件相一致，若商定的投保条件与本款规定不一致，以双方商定为准。
- 如果业主为投保方，他应按专有条件中列出的具体条件投保；
- 若保险单中被保险人同时为业主和承包商双方，那么，任一方在发生与自己有关的投保事件时，均可单独运用该保险单，提出保险索赔。若保险单还包括其他被保险人（这通常为"分包商"，"工程师"等其他工程参与方或相关人），除业主替他的人员去进行保险索赔外，其他情况由承包商负责处理，这些"其他被保险人"无权直接与保险公司处理索赔事宜；
- 投保方应要求保险单中的其他被保险人遵守保险单的规定。在涉及财产损失赔付时，保险单应规定赔付的货币应与修复损失所需的相同，保险理赔款应专款专用；

- 投保方应按投标函附录中的时间规定，向另一方提供办理保险的证据以及保险单的复印件，同时通知工程师。当支付保险费后，投保方也应通知另一方；
- 双方都应遵守保险单的规定。一旦工程实施过程中情况发生变化，与投保时提供给保险公司的不一样，投保方应通知保险公司，做出相应安排，以便保险单持续有效。合同双方都不得单方面对保险单做出大的修改，若保险公司提出修改，先得到通知的一方应立即通知另一方；
- 若投保方没有办理保险或使之持续有效，或者没有按规定向另一方提供有关情况，则另一方可以去办理相关保险，支付保险费，并有权从投保方收回该费用，合同价格相应调整；
- 即使办理了保险，合同双方的义务和责任仍应认真履行，并不因保险而减少；
- 若发生未能从保险公司得到赔付的情况，则双方根据合同的义务和责任来承担该损失。若由于一方的过失，发生不能从保险公司得到赔偿的情况，则损失由该方承担。若由于投保方没有办理本应办理的保险，则本应能从保险公司办理获得的赔偿，应由投保方赔付；
- 凡发生有关保险方面一方向另一方的支付，都应遵守本合同条件中相应的索赔规定。

本款规定的是有关保险的总体要求，无论承包商或业主作为投保方，都应遵守。

本款的规定总体可分为办理保险时的投保条件；保险单的性质；非投保方的知情权；双方遵守保险单的义务；投保方没有按规定投保的补救方法等。本款规定，保险可以由业主来办理，也可以由承包商来办理，这需要根据项目具体情况确定，可以在专用条件或投标函附录中规定清楚。

办理保险的一方特别应注意，当工程的情况发生变化，与投保时提供给保险公司的工程信息不一致时，应及时通知保险公司，并对原保险做出相应修改。如果需要追加保险事项，则可提出附加申请，作为原整体保险的一部分，并由保险公司以批单（endorsement）的形式确认。另外，若发生保险索赔情况，应按保险单的规定，及时通知保险公司，同时保护好事故现场和记录，以便保险公司的理赔估算师（adjuster）评定损

155

失。

在国际工程中，通常承包商为投保方，但也有由业主和承包商分别负责保险一定范围的情况。目前，国际上一些大型工程，当承包商较多时，业主方更愿意去统一办理涉及工程的某些险别，如：工程一切险，承包商只需为其人员和施工设备办理保险即可。对业主来说，这样做不但降低保险费，而且还可以便于统一管理。至于具体由何方负责投保，这取决于业主在招标时的总体策略和项目的实际情况。本款没有明确规定哪一方为投保方，因此具体的投保方应在专用条件相应条款中明确。

本款出现的相关保险术语，现解释如下：

保险单（insurance policy）：保险单是保险人（公司）根据投保人的投保申请和两方的协商所签发的保险凭证，是保险合同的核心部分，包括的内容有：被保险人名称、保险标的、责任范围、保险金额、保险期限、保险费以及缴付方法等。

投保人（insurance applicant）：指向保险公司申请保险的那一方，一般为被保险人。

被保险人（insured）：指发生保险覆盖的事件后，其损失可以从保险公司索偿的那一方，也就是保险受益人。

联合被保险人（joint insured）：指一个保险单中的共同的受益人。在保险业中，保险公司允许在同一个保险单中加入两个甚至多个受益人。在国际工程保险中，通常一个保险单中的受益人包括承包商和业主，有时也包括分包商和工程师。他们统称联合被保险人。

18.2 工程和承包商的设备保险

（Insurance for Works and Contractor's Equipment）

工程建设过程中面临的高风险导致工程保险成为风险防范的重要手段之一。而在国际工程中，为了避免某些风险可能带来的巨大损失对项目造成不利影响，工程合同一般要求对工程以及相关事项进行保险。工程本身、相关永久设备、材料以及承包商的施工设备则为保险的核心内容。请看本款对这些内容的保险是如何规定的：

- 投保方应为工程本身、永久设备、材料以及承包商的文件办理保险，投保金额不低于全部重置成本、拆迁费加上相应利润额；
- 投保方应将保险的有效期一直保持到签发履约证书的日期为止；
- 保险覆盖的范围为：承包商负责的、发生在签发接收证书之前的原因导致的损失，以及从签发接收证书日期起到签发履约证书为止的这一段时间由承包商在其他工作中导致的损失，以及在这一段时间内其工作导致的损失，办理保险；

- 如果专用条件中无相反规定，
  1. 本款规定的保险由承包商以合同双方的名义办理；
  2. 双方共同从保险公司接收理赔款，并作为专款，专用于修复损害的内容；
  3. 应覆盖第 17.3 款［业主的风险］以外的全部风险造成的损失，
  4. 应覆盖由于业主使用一部分工程而对另一部分工程造成的损失，以及业主风险中的第 3、7 和 8❶项风险导致的损失，但不包括不能按合理商业条件覆盖的风险，对此类业主的风险的保险，每次的免赔额不得大于投标函附录中规定的数额，若无规定，则不对此类业主的风险保险；

- 保险可以不包括下列情况的损失、损害和修复：
  1. 由于设计、材料、工艺原因导致处于缺陷状态的工程部分，但对于缺陷状态直接导致其他工程部分受到的损失或损害，除下面第 2 项的情况外，仍需要保险；
  2. 因修复处于缺陷状态的工程部分而导致其他部分工程的损失或损害；
  3. 业主已经接收的部分工程，除非该部分工程的损害责任应由承包商承担；
  4. 仍没有运到工程所在国的物品，但不得违背第 14.5 款［拟用于工程的永久设备和材料］的规定；

- 若在基准日期 1 年以后，上述第 4 项的保险内容不能再按合理的商业条件继续投保，如果承包商是投保方，则他应通知业主，并附证据；

- 业主收到此类证据后，应：
  1. 按规定的索赔程序，将承包商本来办理此类保险应支付的保险费，按合理商业条件计算出来的金额，从承包商处收回；
  2. 如果业主自己也不能按合理商业条件办理此类保险，则应认为业主已经批准了删减该保险内容。

就工程本身、永久设备、材料以及承包商的设备各项的保险，本款详细地规定了：此类保险的投保额度；保险应保持的有效期；规定了若专用条件中没有其他规定，承包商应为投保方，投保时以承包商与业主联合名义；"业主的风险"以外的风险，保险都应覆盖；其中，"业主的

---

❶ 见第 17.3 款［业主的风险］。

风险"中的部分风险也可能根据实际情况进行保险；同时提出了一些可以不保险的内容。

　　本款的最后两点内容很有意思。在合同要求为"业主的风险"中的部分风险办理保险，而承包商在基准日期1年以后不能再按合理的商业条件（即：合理保险费率）去续保时，承包商应将此情况通知业主，业主应自行去办理该保险，或者批准删减该保险内容，但可以按索赔程序索要承包商本来要办理该保险而支付的保险费，这是为什么呢？因为如果合同中要求承包商为"业主的风险"中的某些内容投保，则承包商在投标报价中应考虑按合理商业费率计算出的保险费，实际上也就是承包商从保险公司那里询价得知的保险费率，而且这一保险费率应被认为是合理可行的，否则，本款不要求对此类业主的风险进行保险。如果合同工期为3年，而从第2年开始，保险费率升高，使得承包商不能再按原来费率续保，如果此情况下业主批准删减，就意味着，承包商在其投标报价中考虑的3年的保险费，实际也仅仅支付了1年，其合同额中仍剩下2年的保险费，因此，在业主批准删减该保险内容后，当然应有权要求承包商返还剩下的2年的保费额度，并从合同额中扣除。

　　请大家仔细思考一下，这样的规定主要是保护哪一方的？是业主，还是承包商？

　　在国际工程保险市场上，有几类基本的保险险别：施工一切险（Construction All Risks）、安装一切险（Erection All Risks）、雇主责任险（Employer's Liability Insurance）、第三方责任险（Third Party Liability Insurance）等。大保险公司一般有这些险别的标准保险单和保险条件，但一般他们都愿意按投保者的要求做出灵活的修改。本款规定的内容，在实践中，除有时对承包商的设备单独办理"施工机具险"之外，都可以包括在"施工一切险"的保险单中❶。

18.3 人员伤亡及财产损害保险

（Insurance against Injury to Persons and Damage to Property）

　　除前一款保险的内容之外，在工程实施过程中，还极有可能损害项目以外的财产和造成人员的伤亡，工程合同通常要求办理相关保险，作

---

❶　关于工程保险进一步的论述，请参阅：

　　1．"国际工程风险管理与保险"，雷胜强主编，中国建筑工业出版社，1997

　　2．"国际工程保险以及应注意的问题"一文，港工技术1999年第3期，作者：张水波，陈勇强。

为防范此类风险的手段。请看本款规定：

- 对承包商可能在履约过程中造成的物质财产损害和人员伤亡，投保方应为此类情况保险，以免合同双方对此承担责任，此处的物质财产不包括前一款保险的内容，此处的人员不包括承包商的人员；
- 此类保险对于每发生一次事件的投保额应不低于投标函附录中规定的数额，而且不限次数；
- 若附录中没有规定，则本款不适用；
- 如果专用条件中无相反规定，
  1. 本款规定的保险由承包商以合同双方的名义办理；
  2. 此处的物质财产保险应包括前一款未包括的其他业主的财产因承包商的履约可能造成的损失；
  3. 此类保险可以不包括下列事项导致的赔偿责任：（1）业主在任何土地上建设工程的权利和占有工程用地的权利；（2）承包商实施工程和修复缺陷必然导致的损害；（3）"业主的风险"中列出的事项，但可以按合理商业条件投保的事项除外。

本款实际上是第三方责任险的内容，只不过此处的"第三方财产"中包含前一款中没有包括的其他业主财产。在实践中，第三方责任险保险单就可覆盖本款要求的内容，只不过在定义"第三方"时，除包括非项目人员和非项目财产外，还应包括"业主的其他财产"，这是工程第三方责任险的一种习惯做法。

在各国的法律中，第三方责任险往往是法律强制要求办理的保险，目的在于保护因行为人对他人造成危害时，可使受害人的权益得到保障。就工程第三方责任险而言，主要是保障可能因施工作业影响到的公众的权益。

由于对第三方造成的损失可能是巨大的，因此第三方责任险一般都规定一个每发生一次此类风险事件的最低保险限额，而且不限次数。如：一个管道项目在管沟开挖爆破时，对附近的另一并行管道造成的影响，此情况下，就属于第三方责任险的范围，无论该管线是业主的还是其他第三方的。

18.4 承包商人员的保险（Insurance for Contractor's Personnel）

前两款规定的保险范围覆盖了一切"财产"（工程本身、永久设备和材料、施工设备、第三方财产）和第三方人员（非项目人员）。项目人员同样面临伤亡和疾病的风险，那么这类人员的保险是怎么规定的呢？请看本款主要内容：
- 承包商应为其雇用的任何人员的伤亡和疾病导致的赔偿责任办理保险；
- 承包商的人员的保险单应保障业主和工程师，但该保险可不包括由业主或其人员的行为或渎职造成的损失和赔偿；
- 该类保险应在雇员从事项目工作的全部时间内保持有效；
- 分包商的人员的保险可由分包商办理，但承包商应保证分包商遵守本条的规定。

从本款规定了承包商应为其人员办理人身事故和疾病方面的保险，这类保险习惯上被称为"雇主责任险❶"。同时，要求承包商办理的此类保险单同时将业主的人员也包括进去，这种规定主要是为了操作上的方便。

到本款为止，本条规定了办理保险的总体要求，工程、永久设备、材料等的保险，项目人员的保险，项目外的人员和财产的保险，覆盖了工程建设过程中的全部"物"与"人"。

本条到此讲完了，请检查一下自己是否达到了开始提出的要求，并思考下面的问题：

1. 本条规定的保险要求能相应地分别包括在哪些工程险别中？
2. 设想，如果您负责一个项目的工程保险，在本条规定的框架下，请列出您办理保险采用的程序和注意事项。

管理者言：

　　投保者只愿意为"不保险的"东西办理保险；保险公司想法则相反。

---

❶ "雇主责任险"是一个专门的保险术语，这里的"雇主"指的是"资方"，相对于"雇员"而言的，并不是指的本合同中所说的"业主"，虽然英文为同一个单词 Employer。

第 19 条 不可抗力 （Force Majeure）

〰〰〰〰〰〰〰〰〰〰〰〰〰〰〰〰

学习完这一条，应该了解：

• 不可抗力在本合同条件中被赋予的含义；

• 不可抗力发生后双方各自的责任；

• 双方对不可抗力造成的后果各自承担的责任；

• 不可抗力导致终止合同时的处理方法；

• 由于法律的规定导致解除履约时的处理方法。

〰〰〰〰〰〰〰〰〰〰〰〰〰〰〰〰

在我们的社会中，有时会出现一些极端的"天灾人祸"，这类情况在法律上被称为"不可抗力"。由于工程的建设周期比较长，发生了此类情况的可能性相对大些，不可抗力事件的发生也对工程的实施产生严重影响。那么，倘若发生了不可抗力，合同双方应如何处理这种情况呢？本条将回答这一问题。

19.1 不可抗力的定义 （Definition of Force Majeure）

由于国际上对"不可抗力"的理解并不完全一致，因此，只有在合同严格界定其含义，才能在处理其后果时避免导致争执。请看本款的主要规定：

• 凡满足全部下列条件的特殊事件或情况可以认为构成不可抗力：

1. 一方无法控制；

2. 在签订合同之前，该方无法合理防范；

3. 事件发生后，该方不能合理避免或克服；

4. 该事件本质上不是合同另一方引起的；

• 在满足上述全部条件下，下列事件或情况可包括（但不仅限于）在不可抗力范围之内：

1. 战争、敌对行动、外敌入侵；

2. 起义、恐怖、革命、军事政变或内战；

3. 非承包商人员引起的骚乱、秩序混乱、罢工、封锁等；

4. 非承包商使用或造成的军火、炸药、辐射、污染等；

5.诸如地震、飓风、台风、火山爆发等自然灾害。

本款用四个条件来限定不可抗力的内涵，并用例举法，列出了常见的不可抗力事件。本款规定基本上与国际上通行的规定是一致的❶，但更完整，更清晰。

"不可抗力"这一术语来源于大陆法系（the Civil Law System），与普通法系（the Common Law System）的中的"履约落空（Frustration）"以及"履约不能（Impossibility of Performance）"接近，但由于"不可抗力"这术语被广泛地应用在国际商务合同中，因此，FIDIC在新版中也采用了这一术语❷。虽然"不可抗力"这一术语在当今国际上使用越来越广泛，其含义并不完全统一。FIDIC在此的定义具有广泛的代表性，但倘若与合同适用法律不一致，则应在具体合同中加以修改。

我国的法律中也有"不可抗力"这一术语，但并没有明确规定其含义❸。

19.2　不可抗力通知（Notice of Force Majeure）

如果一方在遇到不可抗力后，是否有义务通知另一方呢？请看本款的具体规定：

- 如果一方遇到或将会遇到不可抗力事件，导致其无法履行合同义务，则该方应将此类事件通知另一方，并说明哪些合同义务受阻不能履行；
- 该方应在得知不可抗力事件后，或本应该了解该事件后的14天内，通知另一方；
- 在通知发出后，受害方在不可抗力阻止其履行义务的时间段内，应被豁免履行该义务；
- 但本条的任何规定，均不适用于合同一方向另一方支付款项的合同义务。

本款规定了受到不可抗力影响的一方应通知对方的义务，并要求在14天内给出通知。在现今，虽然信息技术迅速发展，使得通信交流更加

---

❶ 如：国际统一私法协会编写的"国际商事合同通则"（第7.1.7条）。

❷ 在FIDIC1987年出版的红皮书 - "土木工程施工合同条件"（第四版）中，没有采用这一术语，使用的类似词语为"特殊风险（第65.2款 – 特殊风险）"，"除非法律上或实际上不可能，.... （第13.1款 – 按照合同工作）"以及"解除履约（第66.1款 – 解除履约）"，但在1987年出版的黄皮书"电气与机械工程合同条件"（第三版）以及1995年出版的橘皮书"设计 – 建造与交钥匙合同条件"中却使用了"不可抗力"这一术语。

❸ 见中华人民共和国合同法第94条。

迅速、便捷，因此，看来起来 14 天的时间似乎比较长，但考虑到不可抗力事件的后果影响特别大，出现后有可能造成信息沟通受到影响，甚至暂时中断，不能轻易因为程序上的问题而损害一方的实际权益。规定这种通知的时间应适当长一些应该说是利大于弊。

本款最后一点规定很重要。这意味着，合同一方（主要是业主），不能以不可抗力为借口，不向另一方支付按合同应支付的款项，也就是说，如果因不可抗力导致业主支付工程款困难，虽然他可以延缓支付，但应按其他合同条款支付利息等，也不影响承包商按照合同行使其他权益。

请思考：本款规定合同一方（Party）向另一方发通知，但如果承包商碰到不可抗力，他向业主发通知呢，还是向工程师发通知呢？（参阅定义 1.1.2.1 - 1.1.2.6 以及第 19.4 款 [不可抗力的后果] 和注释。）

19.3 有责任将延误降低到最小限度 (Duty to Minimise Delay)

在发生不可抗力事件后，合同是否要求各方采取适当的行为来尽量减少该事件的影响呢？本款规定如下：

- 若发生不可抗力，各方应尽最大的努力，将该事件造成的延误降低到最小限度；
- 若不可抗力的影响停止了，一方应向对方发出通知。

好的合同条件应能限制合同一方的投机行为，特别是在现今国际承包市场上不良的氛围下，更应如此。本款的规定目的就是限制不可抗力下的投机行为。在实践中，合同一方有可能出于某种意图，消极地处理该事件，企图从中获得某种利益，从而造成本不应扩大了的损失。

但本款的规定，仅限于双方将造成的延误"降低到最小限度"，而没有规定采取一切合理措施将"费用损失"降低到最小限度。但似乎加上这一限制更为合理，因为不可抗力导致的费用损失，在大多数情况下都由业主方承担（见下款），如果不对费用方面加以限制，可能有助于承包商在处理某些问题上产生消极甚至是投机行为。

19.4 不可抗力的后果 (Consequences of Force Majeure)

若发生的不可抗力影响了承包商的施工工期和费用，那么，这种后果影响最终由合同哪一方承担呢？请看本款的规定：

- 若承包商受到不可抗力的影响，且按照规定向业主方发出通知，承包商可以按照索赔程序索赔工期；
- 倘若费用影响是由于第 19.1 款 [不可抗力的定义] 种列举的第 1、2、3、4 类不可抗力引起的，并且 2、3、4 类的情况发生在工程所在国，则承包商还可以索赔费用；

•工程师收到索赔通知后，按第3.5款［决定］处理。

从本款规定可以看出,在发生不可抗力事件之后,风险基本上是由业主方承担。但同时,本款也反映出一个国际惯例,即:若发生的不可抗力事件属于第19.1款中规定的第5类"自然灾害"(天灾),承包商仅仅有权索赔工期,而无权索赔费用,也就是说,发生此类非人为"天然事件",业主和承包商各承担一部分损失。即使这样,本款反映出新版红皮书在风险分摊方面,总体上仍是"有利于承包商一方的"(pro – contractor)。

从前面第19.2款［不可抗力的通知］可以推知,如果发生了影响承包商的不可抗力,承包商应直接将此情况通知另一方，即业主,而不是工程师(工程师虽然属于"业主的人员",但不是严格意义上的"业主",见定义)。但按本款,承包商关于不可抗力的索赔同其他情况下的索赔一样，仍需要向工程师提出。这从沟通方面来讲,不太合理,因为工程师是直接负责管理工程的,因此,在发生不可抗力时,承包商应直接通知工程师(可同时抄送业主,或在通知业主时同时抄送工程师),才有利于及时处理对工程的影响。

19.5　不可抗力影响到分包商（Force Majeure Affecting Subcontractor）

如果在承包商与分包商签订的分包合同中,若规定的不可抗力的外延比主合同大,从而导致承包商对分包商的责任超过了业主方按主合同对承包商的责任,超过的部分能从业主处得到补偿吗? 请看本款的规定:

•倘若承包商与分包商签订的分包合同规定,在发生同样不可抗力的情况下,分包商从承包商获得的补偿大于承包商根据主合同从业主处获得的补偿,则对于超出部分,应由承包商承担,业主不予补偿。

本款的规定实际上是一种谨慎的做法。在实践中,分包合同中的规定只能比主合同的规定更苛刻。大多数情况下,分包合同的相应规定往往与主合同是一致的。

此规定也许可以避免这样一种情况:承包商在分包商合同中多承担风险,从而使分包商降低报价,在风险发生后,再通过主合同的规定漏洞或不足,以分包商向其索赔为由,再向业主提出索赔,使自己最终获益。

19.6　可选择的终止,支付以及解除履约（Optional Termination, Payment and Release）

发生了不可抗力,承包商可以索赔工期,有些情况下，还可以索赔费用。但如果不可抗力持续时间很长，使得双方中某一方认为再等待对自己不利，那么该方是否有权终止合同呢？请看本款的规定：

- 如果工程被某不可抗力事件连续耽搁 84 天或间断累计耽搁 140 天，双方中的任一方均可发出终止通知，7 天后合同终止生效；
- 承包商按第 16.3 款，停止工作，并将施工设备等撤离现场；
- 终止合同后，工程师应随即确定承包商完成的工作价值，并签发支付证书；
- 该支付证书中包括的款项有：
  1. 合同中标明了价格的任何完成的工作；
  2. 为工程定购的永久设备和材料，并已经交付给承包商，或承包商按采购合同已经不能退货，但业主付款后，此类物品应为业主的财产，承包商应交付给业主；
  3. 承包商在不可抗力情况下为完成工程而招致的任何合理开支；
  4. 承包商将临时工程或施工设备运回自己本国的存放场的遣散费；
  5. 合同终止时承包商在工程上的专职雇员的遣散费。

合同条款的功能之一就是提供一个处理工程执行过程中发生问题的一个机制，本款的作用就在于此。

由于不可抗力造成的后果往往十分严重，如果影响工程的时间很长的话，有可能造成继续该工程对业主已经没有意义，甚至会招致更大损失，或者承包商如果持续等待会失去其他项目机会。本款提出了一个灵活解决此问题的机制。

从本款中的责任分担来看，仍然是对承包商有利的。但此时，由于不可抗力的影响，业主可能会出现财务危机，因此，对承包商的支付往往得不到保证。那么新版红皮书对终止情况下何时支付承包商有没有具体的规定的呢？即：此类付款应在工程师签发支付证书后多长时间支付？由于付款问题说是合同中最至关重要的问题，现总结和分析红皮书中关于支付方面的规定如下：

一、总的说来，支付分两大类，一类是期中付款（根据定义，包括预付款，见定义 1.1.4.4，1.1.4.7，1.1.4.9），另一类是最终支付。第一类是业主应在工程师收到承包商的报表后 56 天内支付承包商；第二类是业主应在从工程师那里收到最终支付证书后 56 天内支付承包商。

二、本合同条件下规定了终止合同的情况如下：

1. 承包商违约，业主终止合同（第 15.2 款）；
2. 业主可以自由终止合同（第 15.5 款）；
3. 业主违约，承包商终止合同（第 16.2 款）；

4. 不可抗力超过一定的天数，双方任一方都可提出终止合同（第19.6）；

5. 根据适用的法律，出现不能再继续履约的情况下，双方任一方可以通知终止合同（第19.7款）。

对于第一种终止合同，业主只有在业主自行或雇用他人完成剩余工程，经过工程费用总决算之后，如果经过核算，业主仍欠承包商款项的话，才支付原承包商的最终的款项（见15.4）。对于其他四种终止合同的情况，其支付均按照第19.6款（即本款）的规定执行（见15.5，16.4，19.7）。但阅读本款，除支付款项的内容有规定外，并没有关于业主何时支付此类款项的规定。本款虽然要求工程师在合同终止后随即开出一份支付证书，但并没有明确此类支付证书的性质，即是否属于最终支付证书。因此，我们只能从上下文来看，此类终止合同下的付款是属于哪一类付款。从直感上讲，此类付款应该属于最终付款，但似乎有不符合最终付款的条件（见14.10－14.13）。这似乎是新版中的一个不足。实际上，如果在本款中加入类似"本款中的支付证书应被认为是最终支付证书"的措辞，则可解决这一问题。

另外，关于终止合同情况下，履约保函何时退还也没有明确的规定（见15.2，15.4，16.2，19.6，19.7，同时参阅4.2）。笔者认为，除前面第一种终止情况外，业主应在其他终止情况下立即退还（如7天之内）。

19.7 根据法律解除履约（Release from Performance under Law）

如果发生了特殊情况，即：该事件一发生，就已经决定不可能再继续履行该义务，如何处理这种情况呢？请看本款的规定：

• 如果发生的事件，包括属于不可抗力的事件，双方无法控制，使得双方或一方履约已经不可能或已经违法，或者合同适用的法律赋予合同方有权放弃进一步履约的权利，则在一方随即通知另一方后，合同双方被解除进一步的履约义务，但不影响履约解除前违约情况赋予一方的权利；

• 业主向承包商支付的款额依据第19.6款的规定执行。

本款的规定实际上是针对一类特别的不可抗力，即：该情况发生后，不可能再继续履行义务，也没有复工的希望，因此，若按照一般的不可抗力事件来处理（见前面几款的规定），再等待很多天才可以终止合同的话，则双方只能招致更大的损失。

在实践中，正如本款中提到的，出现这类问题，主要是发生了两类情况：一、继续履约不可能或非法；二、按合同适用法律合同方有权不再履约。

本条到此讲完了,请检查一下自己是否达到了开始提出的要求,并思考下面的问题:

1. 如果您是承包商,在遇到不可抗力事件后,你必须立即采取哪些措施?
2. 如何理解第 19.7 款〔根据法律解除履约〕与前面关于不可抗力规定的关系?

> 管理者言:
>
> 　　如果今后国际工程中"不可抗力条款"动用的次数越少,则表明这个世界变得越美好;反之则反。

第 20 条　索赔、争端与仲裁
（Claim，Disputes and Arbitration）

〜〜〜〜〜〜〜〜〜〜〜〜〜〜〜〜〜〜〜〜〜〜〜〜〜〜〜〜〜〜〜〜〜

学习完这一条，应该了解：

- 承包商索赔的程序，包括通知以及时间方面的限制；
- 争端裁定委员会的构成，性质和运作机制；
- 仲裁的前提条件以及仲裁的规则和程序。

〜〜〜〜〜〜〜〜〜〜〜〜〜〜〜〜〜〜〜〜〜〜〜〜〜〜〜〜〜〜〜〜〜

　　合同中对风险进行了分担，意味着承包商在报价以及工期安排时应将自己一方承担的风险已经考虑进去，而对于业主承担的风险，则一般不会考虑。如果这些风险发生，承包商可以向业主索赔。在前面的很多条款中，都明确规定或隐含了承包商索赔的权利❶。在第 2.5 款［业主的索赔］中规定了业主向承包商的索赔程序。那么，如果发生了承包商有权索赔的情况，承包商如何进行索赔呢？如果双方对索赔的费用和工期意见不一致，出现争端，又如何处理呢？本条给出了系统完整的规定。

20.1　承包商的索赔（Contractor's Claims）

　　贯穿整个合同条件，很多条款都规定了承包商可以索赔，那么承包商怎样实现自己的此类权利呢？他应遵循什么样的程序和原则呢？请看本款的规定：

- 若承包商认为按照合同有权索赔工期和额外款项，他应尽快向工程师发出通知，说明导致索赔的事件；
- 该通知由承包商应在知道或本应知道该事件发生后的 28 天内发出，否则，承包商失去一切索赔权利，下面的规定一概不再适用；
- 承包商还应提供合同要求的其他通知以及支持索赔的证据；
- 承包商还应在现场或工程师接受的其他地点保持用来证明索赔的

---

❶　关于新版红皮书中涉及的索赔条款，请参阅本书附录二"新红皮书下的承包商的明示和隐含索赔条款"。

必要同期记录，工程师在收到承包商的通知后，可以监管承包商同期记录情况，并可指示承包商进行进一步的记录；

- 承包商应允许工程师查阅此类记录，并在要求时提供拷贝件；
- 在承包商得知（或本应意识到）索赔事件发生后的 42 天内，或承包商建议并经过工程师同意的其他时间内，向工程师提供完整的索赔报告，包括索赔依据，索赔的工期和款额；
- 若索赔事件是持续性的，该索赔报告可视为是临时的，之后，承包商每月提出进一步的临时索赔报告，给出累计索赔工期和款额，以及工程师可能要求的其他资料；
- 最终的索赔报告在索赔事件结束后的 28 天内或工程师同意的其他时间内提交；
- 收到每项索赔报告后的 42 天内或工程师提出并经承包商同意的其他时间内，工程师应给予答复，予以批准。若不批准承包商的索赔，则说明详细原因，工程师可以要求承包商提交进一步的证据，但此情况下，也应将原则性的答复在上述时间内给出；
- 每一支付证书中只包括已经被合理证明并到期应付的款额，当承包商提供的证据不能证明全部索赔款额时，承包商仅仅有权获得他已经证明的那一部分；
- 工程师根据第 3.5 款［决定］以及第 8.4 款［竣工时间的延长］来处理索赔；
- 本款的规定是与合同中其他与索赔有关的规定相互补充的，根据承包商违反的程度，承包商即失去相应的索赔权。

本款内容比较多，归纳起来主要有：对承包商提交索赔通知的时间限制；对承包商按工程师指示保持同期记录的要求；对承包商提出索赔报告的内容要求以及时间限制；对工程师批复的时间限制以及他批复应准守的规定。

从本款的规定来看，对承包商提交索赔的程序要求比较严格，凡索赔超过时间限制，则承包商就失去索赔权[1]。本款的规定提醒承包商，在索赔时一定注意时间限制，虽然在实践中，有的业主/工程师对此要求也许相对宽松，不太计较索赔的时效。但作为承包商，还是谨慎为好。如果一时编制不出完整的索赔报告，可以先提交临时报告，其他资料随后

---

[1] 原红皮书第四版（1987）规定，如果承包商不遵守提交程序，并不完全失去索赔权，而只是索赔的额度由工程师根据实际情况决定。从这个意义上来讲，新版的规定对承包商要求更加严格，实质上是对承包商的合同管理提出了更高的要求。（见原该合同条件第 53.4 款）

再提交，以免违反程序方面的规定。

虽然本款也规定了工程师答复索赔的时间限制❶，但有意思的是，合同并没有规定，如果工程师没有在规定的时间内给出答复，则如何处理。按照等价原则，既然承包商违反时间规定就失去索赔权，因此工程师不在规定时间答复，也应认为他已经批准了索赔。虽然在实践中有时做法比较有弹性，但若出现争端等问题时，也许时间方面的问题就会构成实质问题。这一点，无论业主/工程师还是承包商，都应注意。

本款规定，"工程师可以要求承包商提交进一步的证据，但此情况下，也应将原则性的答复在上述时间内给出"。笔者认为，这一规定对承包商来说颇为有利。因为在实践中，出于种种原因，工程师一方面对一些合理的索赔不愿意批准，但同时又害怕影响承包商实施工程的积极性，往往以承包商证据不充分为理由，拖延批准索赔，待承包商基本完成工程之后，承包商无法"控制"项目后，再拒绝索赔。这一规定，避免了工程师这种行为❷。

20.2　任命争端裁定委员会（Appointment of the Dispute Adjudication Board）

在本合同条件下，反复提到，在涉及工程量、支付、索赔处理等方面，由工程师根据合同规定，并在与双方磋商后予以决定。如果承包商不同意工程师的决定，产生争端，则应如何处理呢？请看本款的规定：

- 争端由争端裁定委员会按下面第 20.4 款［获得争端裁定委员会的决定］裁定，双方应在投标函附录中规定的日期前任命该委员会；
- 争端裁定委员会可以由一人组成，也可以由三人组成，如果数量没有在投标函附录中规定或双方没有一致意见，则为三人；
- 若为三人委员会，则每方提名一位，供对方批准，双方与两为成员磋商后商定第三位，作为主席，若合同附有委员会成员候选人名单，则应从该名单中选取愿意承担此任何的人员；
- 合同双方与各个成员签订的协议应包含本合同条件中所附的争端裁定协议书通用条件，该条件可各方做出合理修改；
- 争端裁定委员会成员以及该委员会聘请的咨询专家的报酬条件应在商定任命条件时由各方共同商定，合同双方各支付此类报酬的一半；

❶　原红皮书第四版甚至没有规定工程师答复索赔的时间限制。

❷　这只是笔者自己了解到的一种现象，并没有经过大量统计和实证，希望读者不要产生误解。事实上，在笔者参与的国际工程中，有些业主/工程师还是比较公正的。

- 若双方同意，他们可以随时就某事宜提交该委员会，征求其意见，不经过一方同意，另一方不得单独向委员会咨询；
- 若双方同意，他们可随时任命合适人员取代委员会的任何成员，除非另有商定，否则，新成员的任命在原成员拒绝或不能履行其职责时即时生效；
- 在原成员拒绝或不能履行其职责，而又没有现成的替代人选，则应按原成员选择程序来选择新成员；
- 只要合同双方都同意，可以随时解聘委员会任何成员；
- 若合同双方无另外商定，当第 14.12 款［结清单］规定的结清单生效后，委员会的任期届满。

从本款的规定可以看出，新版红皮书引进了一种新的争端解决机制，即：争端裁定委员会。本款规定了任命争端裁定委员会的程序，包括成员的选择方法，委员会组成人数，委员会成员与合同双方协议的签订，成员的报酬以及支付分担，成员的撤换，以及委员会的终止。

20.3 未能就争端裁定委员会达成协议
（Failure to Agree Dispute Adjudication Board）

前一款要求合同在任命争端裁定委员会成员的问题上，双方应予以商定。那么，如果双方商定不成，则最终将如何处理呢？情况本款的规定：

- 在任命仲裁裁定委员会成员的过程中可能发生下列情况：
  1. 合同双方没有在规定的时间任命争端裁定委员会成员（如果委员会仅有一位成员的情况）；
  2. 合同一方没有在规定的时间向对方提出一名人选，供其批准（如果委员会为三成员的情况）；
  3. 合同双方对第三位成员的任命没有在规定的时间达成一致意见；
  4. 在原成员拒绝或无法履行职责后的 42 天内，双方对替代人选没有达成一致意见；
- 若发生上述情况之一，在合同双方或任一方的要求之下，投标书附录中的机构在与双方磋商之后，将负责任命委员会成员，此类任命是终局的；
- 合同双方向任命机构各支付一半该任命工作的报酬。

本款说明了当合同双方不能就任命仲裁裁定委员会成员时的解决方法。在投标函附录中规定一机构（官员），在双方意见不一致时，该机构应邀可以任命委员会成员，并且该任命是终局的，合同双方不能再改变。

在新版红皮书，指定者为 FIDIC 的主席或其委托的人员。也就是说，当双方不一致时，FIDIC 的主席或其委托人可以为他们指定委员会成员，并收取报酬，合同双方各支付一半。

20.4 获得争端裁定委员会的决定

（Obtaining Dispute Adjudication Board's Decision）

前面规定了，合同双方之间的争端由争端裁定委员会裁定，那么该委员会如何裁定争端呢？请看本款的规定：

- 如果工程实施过程中合同双方出现争端，任一方都可将争端书面提交争端裁定委员会裁定，并说明是按本款的规定提交的；
- 若争端裁定委员会由三人组成，当委员会主席收到申请后，即认为争端裁定委员会收到了申请；
- 合同双方应为争端裁定委员会提供裁定所需的附加信息，现场进入，有关设施等；
- 争端裁定委员会不应被认为是仲裁员；
- 收到申请后 84 天内，委员会应做出决定，并给出支持决定的理由；
- 除非随后的友好解决或仲裁修改了委员会的决定，否则该决定是有约束力的，双方应立即执行该决定；
- 如果某一方对此决定不满，可在收到决定后 28 天内，将其不满的意见通知另一方；
- 若委员会在收到申请 84 天内没有给出决定，在 84 天届满后的 28 天内，合同任一方可向另一方发出不满的通知；
- 上述两类不满通知都应说明争端的事宜和不满的原因，不发出本款规定的不满通知，任一方都无权申请仲裁，但第 20.7 款和 20.8 款中的情况除外；
- 若委员会给出了决定，并且合同双方在收到决定的 28 天内没有发出不满通知，则该决定为最终决定，并具有约束力；
- 在由 DAB 调解争端的过程中，承包商应继续按合同施工。

本款规定了委员会处理双方争端的程序：双方提供给委员会便利；委员会收到申请 84 天内决定；不满决定的一方 28 天内向对方发出不满通知，否则，决定生效并不得改变。关于 DAB 处理争端的过程，请参阅本书附录六（五）："FIDIC 1999 年版合同条件中的争端解决方式"。

20.5 **友好解决**（Amicable Settlement）

由于仲裁解决争端花费大量的时间和费用❶，因此，应鼓励合同双方以友好的方式解决争端。请看本款在这方面的规定：

- 如果不满意争端裁定委员会的决定的通知已经发出，则双方在开始仲裁之前，应努力友好解决争端；
- 但除非双方另有商定，仲裁可以在不满意通知发出后 56 天当天或之后开始，而不管双方是否已经做出友好解决争端的努力。

一个良好的合同版本应有助于合同双方以最小的代价解决争端的问题。本款规定"不经过友好解决阶段不能开始仲裁"，这实际上就是鼓励双方友好解决，但同时又给予合同任一方在一定的时间后开始仲裁的权利，从而避免争端久拖不决的情况。

20.6 **仲裁**（Arbitration）

由于人们的立场以及看问题的方法不同，在国际工程中，仍有不少争端无法友好解决，需要以仲裁途径来最终解决，因此，工程合同中必须给出仲裁的相关规定。请看本款的内容：

- 若争端裁定委员会的决定没有成为终局决定，且双方也没有友好解决对该决定的争端，该争端应最终按仲裁方式解决；
- 仲裁规则应采用国际商会仲裁规则，除非双方另有商定；
- 争端应由三位仲裁员仲裁，除非双方另有商定；
- 仲裁的语言应为第 1.4 款［法律与语言］中规定的语言，除非双方另有商定；
- 仲裁员有权查阅与该争端有关的一切文档，包括工程师签发的任何证书、给出的任何决定、指令、意见以及争端裁定委员会的决定等；
- 就争端涉及的问题，工程师有权被唤作证人，并在仲裁员面前作证；
- 除以前提出的证据和观点外，合同双方都有权在仲裁过程中再提出进一步证据和理由，争端裁定委员会的决定在仲裁中应可以作为证据；
- 在工程完成前后都可以开始仲裁，若在工程进行中开始仲裁，合

---

❶ 这里仅仅是相对调解、友好解决等方式来解决争端而言，与向法院诉讼相比，仲裁仍有很大的优越性，这就是为什么近年来，仲裁通常作为最终解决工程争端的方法。

同双方，工程师以及争端裁定委员会应继续履行其合同义务，不应受正在进行的仲裁的影响。

在世界经济和贸易全球化的今天，仲裁越来越作为解决国际经济交往中的争端常用方法，越来越多的国际性公约签订，为国际仲裁裁决的执行提供了操作上的可行性。在国际工程中，绝大多数合同都包含有仲裁条款，将仲裁作为最终解决争端的方法。1958 年在美国纽约签订的《承认及执行国外仲裁裁决公约》（简称"纽约公约"）为成员国之间的执行国外裁决提供了法律上的保障。我国于 1987 年加入了该公约。

一般来说，仲裁条款涉及三项主要内容：仲裁机构；仲裁规则；仲裁地。实践中，这三者一般在合同中（如专用条件中）规定。仲裁机构都有自己的仲裁规则，本款推荐了国际商会仲裁规则❶，该规则也是国际上应用最广泛的规则之一。但即使合同指定的仲裁机构为国际商会国际仲裁院（ICC International Court of Arbitration），合同双方也可以商定用其他仲裁规则，如联合国国际贸易法委员会仲裁规则（UNCITRAL Arbitration Rules）。

国际上还有很多仲裁机构，比较知名和被国际工程合同指定为仲裁机构的有：
- 国际商会国际仲裁院（巴黎）
（The ICC International Court of Arbitration）；
- 英国伦敦国际仲裁院
（London Court of International Arbitration）；
- 瑞典斯德哥尔摩商会仲裁院
（Arbitration Institute of the Stockholm Chamber of Commerce）；
- 中国国际经济贸易仲裁委员会
（China International Economic and Trade Arbitration Commission）；
- 香港国际仲裁中心
（Hong Kong International Arbitration Centre）

20.7 未能遵守争端裁定委员会的决定
（Failure to Comply with Dispute Adjudication Board's Decision）

按照第 20.4 款中规定，争端裁定委员会的决定成为终局决定，并具有约束力。那么，在此情况下，如果合同某一方不执行该决定怎么办？请看本款的规定：

---

❶ 关于国际商会仲裁规则全文，请参阅附录一。

- 倘若双方在规定的 28 天时间内，对争端裁定委员会的决定没有向对方发出不满意的通知，从而该决定为终局决定，并具有约束力，而在此情况下，如果合同某一方不执行该决定，则另一方可将此不执行该决定事件本身提交仲裁；
- 第 20.4 款［获得争端裁定委员会的决定］和 20.5 款［友好解决］的规定不适用于该情况；
- 同时，另一方还享有合同规定的其他权利。

本款的规定实际上是第 20.4 款［获得争端裁定委员会的决定］的后续规定，也就是说，在争端裁定委员会的决定已经成为最终决定，并有约束力的情况下，合同一方仍不执行该决定，如：争端裁定委员会认定，承包商的索赔是合理的，业主应支付承包商某笔索赔款，而业主就是不执行该规定，则承包商可以将业主不执行决定作为违约事件提交仲裁，承包商同时还享有其他权利，如：从本应支付该索赔款开始之日，有权获得利息，若影响了工程进度，还可以索赔工期等。

20.8 争端裁定委员会的任期届满

（Expiry of Dispute Adjudication Board's Appointment）

如果在没有争端裁定委员会的情况下，业主与承包商之间发生了争端，此情况下，该争端如何处理呢？

- 如果在争端裁定委员会的任期结束或其他原因，致使争端发生时没有争端裁定委员会在工作，则此时双方可直接将该争端提交仲裁，第 20.4 款［获得争端裁定委员会的决定］和 20.5 款［友好解决］两条款不再适用。

对于本合同，没有争端裁定委员会工作（No DAB in place）的情况有两种：一种是争端裁定委员会的任期届满；另一种是在争端发生后双方还没有能够任命全部委员会成员，由于委员会在工程付款"结清单"生效后任期才届满（见第 20.2［争端裁定委员会的任命］），而"结清单"在承包商缺陷通知期结束且业主支付完所有工程款后才生效（见第 14.2 款［结清］），此时，缺陷通知期早已经结束，因此，合同双方之间再发生争端的情况可能性不大。这实际上主要指发生争端时，委员会仍没有开始工作或未补充新委员的情况。本款的规定，避免了合同规定仲裁之前需要先过争端裁定委员会这一关，而当时又没有委员会这一矛盾现象。

一个没有规定争端解决机制的合同肯定不是一个完善的合同；但一个总是频繁动用争端条款的项目则肯定不是一个执行的顺利的项目。

本条到此讲完了，请检查一下自己是否达到了开始提出的要求，并思考下面的问题：

1. 承包商提交索赔时必须注意哪些问题？
2. 争端裁定委员会的决定有法律上的约束力吗？

管理者言：

　　承包商不是慈善家，他必须敢于索赔；业主亦不是慈善家，因此，承包商还必须善于索赔；但君子虽爱财，取之须有道。

新红皮书的讲解到此结束，在学习黄皮书之前，请再回忆一下，新红皮书中规定的主要内容，包括合同文件、各方义务和权利、质量、工期、支付以及风险分担等。如果基本掌握了，那就接着阅读新黄皮书吧。

FIDIC 新黄皮书

永久设备与设计-建造合同条件

Conditions of Contract
for
Plant and Design-Build

新黄皮书下的合同与组织关系示意图：

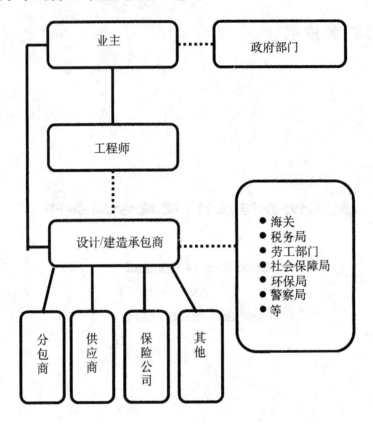

注：1.实线表示合同关系和管理（或协调）关系；虚线只表示管理或协调关系；

2.设计工作由承包商承担，一般承包商雇用一个设计分包商；

3.图中的"工程师"相当于我国的监理工程师（单位）；

4.工程保险一般由承包商办理。

说明：

由于 FIDIC 新版合同条件，除"简明合同格式"外，新红皮书，新黄皮书以及银皮书三个版本的编排方式基本相同，合同条款的编号也基本对应。因此，在讲解新黄皮书的内容时，对与新红皮书中内容基本相同的条款不再讲解，也不在列出，读者可以参阅新红皮书的对应条款。

第 1 条　一般规定（General Provisions）

〜〜〜〜〜〜〜〜〜〜〜〜〜〜〜〜〜〜〜〜〜〜〜〜〜〜〜〜〜〜〜

学习完这一条，应该了解：

- 新黄皮书合同各个组成部分；
- 业主的要求的性质；
- 承包商的建议书的性质；
- 业主的要求中出现错误时的处理方法。

〜〜〜〜〜〜〜〜〜〜〜〜〜〜〜〜〜〜〜〜〜〜〜〜〜〜〜〜〜〜〜

1.1　定义（Definitions）

1.1.1　合同（Contract）

1.1.1.1　合同（Contract）

这里的合同实际是全部合同文件的总称，它包括全部的合同文件，这些文件是：

- 合同协议书
- 中标函
- 投标函
- 合同条件
- 业主的要求
- 明细表
- 承包商的建议书
- 合同协议书或中标函中列出的其他文件。

与新红皮书相比，上面的合同文件没有包括"规范"和"图纸"，而增加了"业主的要求"和"承包商的建议书"。由于在新黄皮书模式下，承包商的工作范围包括设计，因此，业主在招标文件中，也就不可能给出详细的"规范"和"图纸"等文件，因为这些文件只有设计工作做到一定程度才能

179

编出❶。这种工作范围包括设计的总承包合同只在"业主的要求"中给出轮廓性规定，并要求承包商在投标时，以该轮廓为基础，给出"承包商的建议书"。这两个术语的含义，在下面的定义中给出。

1.1.1.5 业主的要求（Employer's Requirements）

这一文件包括的主要内容有工程的目的；工程范围；工程设计的技术标准等。其地位与新红皮书下的"规范"、"图纸"、"工程量表"等文件类似，但内容属于粗线条，主要说明的是工程的技术要求以及范围。具体地讲，本文件中一般要说明下列内容：

- 现场的位置；
- 工程的界定以及目的；
- 质量和性能标准；

与"业主的要求"相关的条款包括：

- 1.8（承包商需要提交文件的份数）
- 1.13（业主将获取哪些许可）
- 2.1（业主向承包商移交现场以及相关附属物的方法）
- 4.1（工程的目的）
- 4.6（现场是否有其他承包商作业）
- 4.7（向承包商提供放线的数据有哪些）
- 4.14（承包商需要采取哪些措施来保护第三方不受施工的影响）
- 4.18（对承包商提出的环保要求）
- 4.19（业主将向承包商提供的水电等设施）
- 4.20（业主将向承包商提供的施工设备和免费材料）
- 5.1（承包商的设计人员应达到的标准）
- 5.2（哪些承包商的文件在施工期间需要经过工程师批复）
- 5.4（承包商在施工过程中应遵守的技术标准以及有关法律，如环保法）
- 5.5（是否需要承包商为业主的人员提供培训服务）
- 5.6（承包商需要提交哪些竣工文件，以及编制标准）
- 5.7（承包商编制操作维护手册的标准以及其他要求）

---

❶ 事实上，在国际工程实践中，"业主的要求"往往包括"规范"或类似技术性文件。

- 6.6（承包商需要向其他人员提供的便利条件）
- 7.2（承包商需要向工程师提供哪些样品）
- 7.4（承包商应进行哪些检验，以及为此类检验提供哪些设备，仪器和人员）
- 9.1（承包商如何进行竣工检验）
- 9.4（通不过竣工检验的处罚方法）
- 12.1（进行竣工后检验的具体方法）
- 12.4（通不过竣工后检验的处罚方法）
- 13.5（属于暂定金额的工作项）

从以上可以看出，"业主的要求"是一份十分重要的文件。因此，对业主方来说，在编制时应注意保持各内容间的一致性，特别是针对质量方面的规定时，要注意，既不宜采用过分"具体"方法，也不宜采用过分"概括"的方法。"太具体"容易漏掉某些内容，导致覆盖面不全；"太概括"则导致承包商在投标时无法计算投标价格，在执行过程中双方在某些具体做法上产生争端❶。

1.1.1.6 明细表（Schedules）

虽然新黄皮书下，本术语的定义与新红皮书下的定义类似，但新红皮书下的明细表主要包括工程量表和计日工表；而新黄皮书中的明细表则主要是要求投标人提供业主评标需要关于投标人的资料，它可能包括问答栏和一些其他列表，用来要求投标人提供信息，如：关于投标人的施工设备，技术人员，尤其是设计人员等反映投标人实力的数据。

1.1.1.7 承包商的建议书（Contractor's Proposal）

本术语实际上指的是承包商编写的投标技术方案，包括设计，施工，以及采购等工作安排计划。这份投标文件是反映承包商技术力量的主要标志。

在国际工程总承包合同的投标中，对于承包商的建议书的编制应详细到什么程度，一般并没有详细的规定。如，设计部分需要达到什么深度，但有时要求承包商在承包商的建议书中包括工程的初步设计（preliminary design）。根据项目的具体情况，业主可以在招标文件提出，承包商的建议书到达什么

---

❶ 关于"业主的要求"的编写方法进一步的说明，请参看亚洲开发银行编写的 SAMPLE BIDDING DOCUMENTS: DESIGN – BUILD AND TURNKEY CONTRACTS, 1996, pp175 ~ 178。

深度，其投标文件才被认为是"响应标"。

理论上讲，承包商的建议书编制的越详细，越有利于减少合同双方在工程实施阶段就工程的设计等问题产生的矛盾。但由于承包商编制详细的建议书，尤其是设计部分，需要一定的费用和时间，因此，承包商可能不太愿意为投标花费太大的代价，尤其是当投标人数目较多时。要求承包商编制十分详细的建议书有时不太实际。

在国际工程实践中，我们常常使用"商务建议书（商务标）"和"技术建议书（技术标）"等类似术语。本定义中的"承包商的建议书"实际上是"承包商的技术建议书"，本合同条中所提到的"投标函"、"投标函附录"，以及其他有关价格和支付方面的文件，则通常被归在"承包商的商务建议书"中。

1.9 业主的要求中的错误（Errors in the Employer's Requirements）

如果承包商在工程进行当中，发现业主的要求中出现错误，而这些错误又影响到了承包商的工作，则如何处理呢？请看本款规定的内容：

- 如果业主的要求中出现的错误导致承包商的工期和费用受到影响，则承包商在满足下列条件下可以提出索赔工期以及费用和合理的利润；
- 工程师在收到承包商的索赔报告后，应按第3.5款［决定］予以审定；
- 但如果业主的要求中的错误是一个有经验的承包商在第5.1款中规定的审核期中，经过仔细审核本应能发现的错误，则承包商失去此类索赔权。

承包商有两个时间需要对"业主的要求"进行研究，一个是承包商投标期间，目的为了编制投标文件和计算报价；另一是在工程开工后，目的是在开始设计以前保证"业主的要求"中的问题能及时发现（见第5.1款［一般设计义务］）。在特定的条件下，如果"业主的要求"中的错误影响了承包商的工作，本款允许承包商提出索赔。

承包商一定要注意，虽然根据本款，如果"业主的要求"中出现问题，就可以索赔，但必须满足一个条件，即："业主的要求"中出现的错误必须是一个有经验的承包商经过认真核查也无法发现的，因此，如果承包商要索赔，他必须证明，他按要求在上述两个时间段都进行了合理的审核，而未能发现错误，并应能提供证据。同时参阅第5.1款［一般设计义务］。

本条到此讲完了，请检查一下自己是否达到了开始提出的要求，并思考下面的问题：

1. 新黄皮书与新红皮书模式下，其组成合同文件有哪些异同？

2. 投标人在编制"承包商的建议书"时应注意什么问题？

第 5 条　一般设计义务（General Design Obligations）

～～～～～～～～～～～～～～～～～～～～～～～

学习完这一条，应该了解：

- 承包商的一般设计义务；
- 业主对承包商的文件的编制要求；
- 承包商设计过程中应遵守的基本规则；
- 承包商在移交工程之前必须提交的文件。

～～～～～～～～～～～～～～～～～～～～～～～

与新红皮书相比，新黄皮书的最大不同就是工作范围，即在新黄皮书模式下，承包商的工作不但包括施工，同时也包括设计。从国际惯例来看，工程设计大致可划分三个阶段：概念设计阶段；基础（初步）设计阶段；详细设计阶段。概念设计通常由业主在项目可行性研究阶段进行，并将设计出的图纸与文件编入业主的要求中，作为招标文件的一部分；初步设计也称为基础设计，由承包商在投标时依据业主的要求来做或提出详细的设计计划❶，并在中标后具体实施；详细设计是在承包商完成初步设计后，于工程实施过程中逐步完成。新版黄皮书对设计工作是怎样规定的呢？现在我们一起看具体内容。

5.1　一般设计义务（General Design Obligations）

设计的好坏直接关系到工程的质量，那么承包商在设计方面有哪些义务？业主方是怎样控制承包商的设计工作的？请看本款的主要规定：

- 承包商应执行工程的设计并为之负责；
- 从事设计的人员必须是合格的工程师或其他专业人员，如果业主的要求中规定了相关标准，则设计人员应达到该标准；
- 除合同另有规定，设计人员和设计分包商应报经工程师同意；
- 承包商应保证其设计人员和设计分包商具备设计所必需的经验和能

---

❶　在实践中，对于包括设计的总承包工程，对于设计工作阶段的划分并不完全一致，一般取决于业主方的总的工程招标策略。有时业主在招标前除概念设计外，还完成部分初步设计，因此所包括的技术资料比较详细；有时，业主并不要求必须在承包商的建议书中进行完整的初步设计，而只要求承包商提出进行工程设计的详细计划。在新黄皮书中，对此也没有明确规定。

力，并保证在缺陷责任通知期届满之前他们随时能够参加与工程师的讨论；

- 开工通知颁发之前，承包商应仔细审核业主的要求中的设计标准和计算书以及任何放线参照数据，并在投标函附录规定的时间内，将发现的错误通知工程师；
- 工程师收到通知后，应决定是否变更，并通知承包商；
- 如果该错误是一个有经验的承包商在提交投标文件前经过仔细审查招标文件和现场可以预见的，则合同费用和竣工时间不予调整。

与第 4 条［承包商］的编排方法类似，本条第一款一开始使用比较笼统的语言规定了承包商的总体设计义务。这也是合同文件编制的一个特点，即：先采用概括的方法来对有关义务做出总体规定，然后，再在后面的各个条款中针对具体内容再做出进一步的规定，使文件的编排有"面"有"点"，既不至于漏项，也不至于规定的太烦琐，从便于阅读使用。

从内容来看，本款对承包商的设计人员的要求比较严格，这些人员必须具备设计经验和能力，并经过工程师的许可。有时，在业主的要求中，可能对设计人员的标准有具体规定，如设计人员必须有一定年限的设计经验；主要设计人员必须能流利地使用合同规定的沟通语言与业主、工程师进行交流等，此类情况下，承包商的设计人员应符合该具体规定。请思考：如果工程师对承包商的设计人员不同意，承包商应如何处理这类情况呢？（请参阅第 1.3 款［通信联络］）。

由于设计工作比较专业，很多承包商本身不具备设计能力，因此需要进行设计分包。设计工作是总承包工作中的核心工作之一，设计工作执行的好坏直接关系到后续施工是否能够顺利进行。可以这样认为，好的设计是总承包项目成功的一半[1]。

本款规定，承包商应在规定的时间内将发现的业主的要求中的错误通知业主，这项规定实际上给承包商提供了一个索赔机会，但承包商本身至少要做到：

1. 他必须证明他在投标期间仔细审阅了招标文件的各项规定，尤其是业主的要求中的各类规定；
2. 他必须在投标期间仔细踏勘了现场；
3. 他在整个投标期间的做法属于一个有经验的承包商的通常做法；
4. 由于业主的要求中的错误的隐蔽性，他仍不能够发现该类错误。

---

[1] 关于总承包中的设计管理，可以参阅"工程总承包项目的设计分包管理"，石油工程建设，1999 年第 5 期，作者：吕文学。

但如果达不到上述条件，则即使于发现的错误导致变更，费用和工期仍不能得到调整。

5.2 承包商的文件（Contractor's Documents）

承包商的文件既是工程的实施的操作依据，又是承包商内部控制工程质量的前提。此类文件包括哪些内容？承包商如何编制此类文件？业主又是对承包商的文件编制是怎样管理的？请看本款的主要规定：

- 承包商的文件包括：
  1. 业主的要求中规定的技术文件；
  2. 为满足法规要求的批准须编制的文件；
  3. 合同要求的竣工文件（5.6❶）；
  4. 操作维护手册（5.7）；
- 承包商应使用合同规定的语言编写（1.4）；
- 除前面提到的承包商的文件外，承包商还需要编制为指导其人员施工所需的其他文件；
- 业主的人员有权检查承包商的文件编制工作；
- 若业主的要求中规定承包商的文件应提交工程师审查或批准，则应按要求提交，并附通知；
- 除非业主的要求中另有规定，否则，从工程师收到承包商的文件和通知算起，审核或批准的时间不应超过21天；
- 文件所附的通知应说明，所提交的文件已经编制完毕，供工程师按本款规定进行审核或批复，并且承包商认为该文件可以投入使用，同时还应说明，所提交的文件符合合同的要求，若不符合，说明不符合的地方；
- 工程师可在审核期内通知承包商，指出其文件不符合合同规定的地方，若该文件的确不符合合同规定，承包商应自费修改并再次提交工程师，要求其审核或批准；
- 除非承包商已经提前获得工程师的许可或批准，否则按下列程序执行；
- 针对需要取得工程师批准或许可的承包商的文件：
  1. 在承包商的文件已经提交给工程师后，工程师应通知承包商文件是否予以批准，若批准，可以不给出额外说明；若不批准，应说明不符合合同的地方；

❶ 指第5.6款，以下同。

186

2. 工程师批准文件之前，相关工程不得开工；

3. 审核期届满后，即认为工程师已经批准承包商的文件，除非工程师在审核期内通知承包商该文件不符合合同的方面；

- 对于承包商的所有文件，审核期不届满，相关施工工作不得开始；
- 承包商应按照审核或批准的文件进行实施；
- 若承包商随后希望修改以前已经提交给工程师的文件，则他应立即通知工程师，并随后将修改的文件按程序提交给工程师；
- 若工程师认为需要承包商编制进一步的文件，承包商应立即编制；
- 任何此类审核或批准不解除承包商的任何义务和责任。

本款详细地规定了承包商的文件编制的管理程序，本款的规定可分三大方面：一、承包商的文件包括的内容；二、承包商的文件递交和审批程序；三、工程师有权要求承包商编制进一步的承包商的文件以及对审批过的承包商的文件不承担责任。

根据本款的规定，承包商的文件可分为：业主的要求中明文规定的文件；为获得各类法规批准而要求承包商编制的文件（如当地警察局可能依法要求承包商编制工程使用炸药的规程等。）；为工程接收而提交的各类竣工文件（第5.6款，第5.7款）；同时还规定，承包商还需要编制为指导其人员所需的承包商的文件没有包括的文件。事实上，这些文件通常都会在业主的要求中做出明确规定，这里分别规定是编制合同条件的一种保险做法，目的是防止漏项。如：在业主的要求中列明的为获得法规批准所需的承包商的文件可能并不完整，而在此规定承包商必须编制为获得法规批准所需的文件，就能弥补业主要求中的不足。

应当注意，本款的规定并不意味着所有承包商的文件都要提交工程师审核或批准，而只是提交在业主的要求中明文规定须提交的哪些文件。因此业主方应当注意，如果希望审核或批准哪一部分文件，就需要在业主的要求中列清楚。

根据本款的规定，要求承包商提交的文件按性质可以再分两类：一类是需要批准（approve）；另一类则只需要审核（review）。需要批准的承包商的文件，其管理程序规定的比较细致。对于仅仅需要审核的文件，规定的比较简单。

对承包商的文件的审核与批准，主要目的是保证承包商的设计等符合合同的规定。从理论上讲，也给业主方一个变更其原来的要求的机会❶。

---

❶ 由于变更常导致额外的费用，因此实践中，业主方有时在审查承包商的设计时，利用合同中的一些模糊规定，提出在承包商看来不合理的内容，要求承包商增加，以达到自己的目的。

在实践中，承包商的文件的批复期是一个敏感的问题。本款规定了为21天，但问题是：如果在工程师指出承包商的文件不符合合同要求，需要修改，承包商需要再提交，新一轮的批复期是多长时间，虽然本款没有明确规定，但暗示仍为21天。考虑到在签订合同前，合同中的工程设计标准是粗线条的，承包商在投标文件中的设计方案也不可能太详细，因此，在工程实施过程中的详细设计中，业主（工程师）与承包商双方对设计的具体细节上有时意见差别特别大，造成承包商必须听从业主（工程师）的意见，因为工程师掌握着批复权，因为得不到批准，承包商不得开工。因此有些文件的批复要经过若干次反复才能最终被批准，有可能造成工期的拖延，特别是当双方关系不太融洽时，情况更是如此。这种现象对承包商来说是极为不利，是承包商承担总承包工程的主要潜在风险之一，承包商应特别关注。本款的规定似乎也没有能很好的解决这一问题。

承包商应对此问题的途径有两类：一是保证与业主方的人员建立良好的合作关系，以自身的技术实力赢得对方的信任，这样将有助于文件的批复；二是以合同为手段，在确信自身设计符合合同要求，而对方故意刁难时，可以参阅合同中相关的条款提出索赔。如第1.3款［通信联络］中关于工程师的"批准，证书，许可与决定不得无故扣发或延误"；也可以推定工程师的某些要求为"推定的变更指令"（constructive variation order），因此也可以依据变更来提出索赔（参阅第13条［变更与调整］），但第二种方法容易导致双方产生争端。

本款还规定，如果工程师指示承包商编制进一步的承包商的文件，承包商应立即执行。在执行此指令时，承包商应注意，工程师要求的文件是否属于合同规定的范围之内，若不属于，则有权将此类指令视为变更指令。

5.3 承包商的保证（Contractor's Undertaking）

在总承包合同中，通常要求承包商对其设计和施工做出承诺或保证，我们来看本款的规定：

• 承包商应保证其设计、文件、施工以及完成的工程符合下列规定：

1. 工程实施所在国的法律；

2. 合同文件（若有变更，以变更为准）。

本款规定虽然简单，但无论对业主方还是承包商都十分重要。对业主方而言，本款的规定提醒业主在编制招标文件时，一定注意工程所在国的有关法律，并最好将有关法律的名称列入招标文件内，供承包商投标时参考。对承包商而言，在投标阶段应该对该国的相关法律进行查阅，可以通过业主或当地代理来了解，如海关结关的相关规定等。

在执行合同的规定时，有关组成合同的文件很多，彼此之间有可能存在不一致的情况，执行时最好要求工程师澄清，并应按最有优先权的文件执行（见第 1.5 款［文件的优先次序］）。

5.4 技术标准和规章（Technical Standard and Regulations）

对工程建设而言，绝大多数国家都有一些适用的法规来管辖，业主方为了保证其工程符合各类建设法规，因而通常在合同中增加相应的规定，来管辖承包商的工程实施，请看本款的规定：

- 承包商的设计、文件、工程实施以及竣工后的工程必须符合：
  1. 工程所在国的技术标准；
  2. 建筑、施工以及环境方面的法律；
  3. 工程生产出的产品适用的法律；
  4. 业主的要求中规定的适用于工程的其他标准，或适用法律规定的其他标准。
- 此处所述法律为业主接收工程时通行之法律；
- 合同中所述颁布的标准应为在基准日期仍适用的版本；
- 如果基准日期后标准修改或出现新标准，承包商应通知工程师，若需要，还应向工程师提出执行此类标准的建议书；
- 如果工程师认为需要执行，并且该执行构成了变更，工程师应按变更条款签发变更命令。

本款的规定提醒承包商，在承担包括设计的总承包工程时，一个重要的问题就是需要了解工程所在国涉及工程建设的相关法律，尤其是工程建设的技术标准以及环保法规，并且在投标阶段就需要进行研究。如果业主在招标文件没有具体列出相关文件，则应利用现场考察机会收集相关资料，或请当地律师咨询（有时费用太高！），作为自己在投标中考虑设计方案的基础。如管线工程，若其线路会影响到自然保护区，则其设计时应尽量绕行，或将影响降低到最小限度，以便能取得当地主管当局的批准。

由于承包商在投标时只能依据当时的各类技术标准和相关法规，因此，本款规定，如果在基准日期之后有关标准或法规改变，并且承包商需要执行时，则应按变更处理。

与第 5.3［承包商的保证］以及本款一个相关的问题是：如果合同文件的规定与相关法律的要求不一致怎么办？这是一个比较复杂的问题，也是国际工程包括设计的总承包中容易出现的问题。但无论如何，必须首先执行法律的要求。如果法律要求的标准比业主的要求中的标准高，如果承包商在投标时只是按照业主提出的标准来考虑标价的，则实际费用就会增大，那么承包商是否可以索赔呢？就本合同条件的规定来看，此类索赔不太容易成功。但也不尽然，如果合同中业主的要求比较模糊，而法律的相关规定也比较模糊，而主管当局在批复有关设计时，提出了超过合同规定的标准，导致额外费用，此情况下，承包商的索赔还是有可能的，这需要根据项目的特点，合同和法律的具体措辞，以及主管当局要求所持的依据等的具体情况来具体判断❶。

阅读本款时，可参阅第 1.13 款［遵守法律］。

5.5　培训（Training）

在工作范围中包括培训是设计－建造总承包合同的一个特点，原因是在工程结束以后，工程的运行需要"本土化"，让当地人掌握工程操作和维护的有效途径就是让工程的设计和实施者去对业主的人员进行培训。请看本款的规定：

- 承包商应根据业主的要求中的具体规定，对业主的人员进行工程操作和维护培训；
- 如果合同规定的培训在工程接收前执行，则完成培训工作之前，不能认为工程已经竣工，因而业主也不予以接收。

阅读本款请注意，只有在业主的要求中有培训工作，承包商才有义务为业主的人员进行培训。有时在业主的要求中，对培训工作的内容规定比较模糊。因此，承包商在投标时，在其建议书中可将培训具体化一些，如：培训的内容；培训的时间；培训方式（室内理论培训和现场培训）等。另外，对业主选拔接受培训的人员的基本素质也应有一定的要求，因为虽然从理论上讲承包商没有义务保证接受培训的学员一定到达某一水平，但如果培训效果不好，学员达不到工程操作和维护的技能，这可能会导致业主以"承包商没有完成培训"为借口，拖延签发接收证书。

承包商的培训计划应反映在承包商向业主提交的进度计划中（见第8.3 款［进度计划］）。

5.6　竣工文件（As－built Documents）

竣工文件是业主工程项目的重要的存档文件；也是对今后工程检修所需的必要资料。编制竣工文件通常是承包商工作的一部分。那么，合同通常对承包商编制和提交竣工文件有何规定呢？请看本款的规定：

---

❶ 读者可以参阅：张水波，谢亚琴主编："国际工程管理英文信函写作"中关于工程索赔的案例写作部分案例一，中国建筑工业出版社，2001。

- 承包商应按实际施工情况编制完整的竣工记录，保存在现场，并在竣工检验开始前提交工程师两份副本；
- 承包商还应向工程师提供竣工图纸，此类图纸应按第 5.2 款提交工程师审查，承包商应就绘制竣工图纸的尺寸，基准系统等具体事宜征得工程师的同意；
- 接收证书颁发之前，承包商应按照业主的要求中的规定，向工程师提交规定的竣工图纸的份数与类型，工程师收到此类文件之前，工程不被认为完工，不能进行接收。

本款提到的竣工文件主要分施工记录和竣工图纸，属于"承包商的文件"。本款规定提醒承包商，要注意实施过程中对有关工作的记录，要做到随施工，随整理，防止工程已经完成但由于竣工文件没有同步编制而延误工程移交的时间。

在具体合同中，关于竣工文件的详细规定一般可以在"业主的要求"或类似文件中找到。

5.7 操作维护手册（Operation and Maintenance Manuals）

对于包括设计的总包工程，尤其是机电工程，合同都规定，编制操作维护手册是承包商工作的一部分。请看本款的规定：

- 在竣工检验开始前，承包商应将操作维护手册的临时版本提交工程师，手册的编制标准应能满足业主运行、维护、修理工程中的永久设备等需要；
- 操作维护手册最终版本以及业主的要求中规定的其他手册必须在工程接收之前提交给工程师，否则工程不予接收。

很明显，操作维护手册对工程的最终用户是十分重要的。本款的核心内容是规定承包商提交工程操作维护手册的时间：初步版本在竣工检验前提交；最终版本在工程接收之前提交。提交临时版本的主要目的是在竣工检验的过程中业主方参照使用；竣工检验过程中如果发现临时版本有不足之处，最终版本应随后进行更正、补充。本款只是笼统的规定，操作维护手册的内容应详细得足够业主在今后运行和维修工程时使用。有时在"业主的要求"中，可能会做出更详细的规定。由于工程操作维护手册属于"承包商的文件"，因此，业主使用此类文件应遵守第 1.10 款［业主使用承包商的文件］中的约定。

5.8 设计错误（Design Error）

在总承包项目中，既然设计是工作的一部分，当然承包商应对设计负责。请看本款的规定：

   • 如果承包商的文件中出现错误、疏漏、缺陷等，不管工程师对其批准与否，这些文件的修改以及相关工程的返工，都由承包商自费负责。

从本款的规定再次显示出国际工程中的这样一个原则：即使工程师（业主代表）批准了承包商的各类文件，其后果还是由承包商负担。业主方的批准或许可只是一种监督，承包商在合同下的责任是向业主提交一个符合合同要求的"最终产品"。

但本款的规定，需要与第1.9款［业主的要求中的错误］的规定联系起来，如果承包商的设计错误是由于业主的要求的问题引起的，则承包商还是有可能进行索赔的。另外，根据第1.8款［文件的照管与提供］，合同双方中任一方在某文件中发现有错误，该方有义务立即通知另一方。这就意味着，从理论上讲，如果承包商的文件中出现问题，被工程师发现了，工程师有义务立即通知承包商。

本条到此讲完了，请检查一下自己是否达到了开始提出的要求，并思考下面的问题：

1. 如果您是承包商，那么您认为为保证其文件被工程师顺利批准的方法有哪些？您对自己的设计工作与施工工作之间的结合部是怎么考虑的？
2. 您认为，在国际工程中，承包商方的设计经理应具备哪些基本素质？

第 12 条　竣工后检验（Tests After Completion）

〜〜〜〜〜〜〜〜〜〜〜〜〜〜〜〜〜〜〜〜〜〜〜〜〜〜〜〜〜〜

学习完这一条，应该了解：

- 竣工后检验的程序，包括执行方、时间、检验结果评定等；
- 如果竣工后检验被延误，双方各自的义务和权利；
- 工程没有通过竣工后检验情况下的处理方法。

〜〜〜〜〜〜〜〜〜〜〜〜〜〜〜〜〜〜〜〜〜〜〜〜〜〜〜〜〜〜

　　对于包括设计的总承包合同，承包商需要按照"业主的要求"中的规定来设计和施工。此类合同，特别是机电工程❶，常要求工程完成后达到某一性能标准，如：能源消耗与产出的标准。为了检验工程竣工后是否达到了规定的标准，就需要在投产后进行检验，来证明是否达到合同规定的性能和标准。如果说"竣工检验"的目的是保证工程实体已经按合同完成并处于随时可以投入使用的状态，"竣工后的检验"则可以看做是来验证工程在投产后是否达到了"业主的要求"中规定的性能标准。这就是在包括设计的总承包合同中常规定"竣工后的检验"的目的。现在我们一起看具体内容。

12.1　竣工后检验的程序（Procedure for Tests After Completion）

　　竣工后的检验怎样执行？什么时间执行？检验结果怎么评定？请看本款的主要规定：

- 如果合同规定有"竣工后检验"，本条的规定才适用；
- 若在专用条件中无另外规定，业主应为进行竣工后检验提供必要的设备仪器、电、燃料、材料、人员；
- 业主应按照承包商提供的操作维护手册（并可能要求承包商给予指导）进行竣工后检验，承包商可以主动参加竣工后检验，也可在业主要求下参加；

---

❶ 事实上，在实践中，即使是包括设计的总承包合同，如果属于土木工程，合同中通常是不规定"竣工后的检验"的，在本条的规定也说明，并不是设计 – 建造总承包合同都有"竣工后检验"的。具体合同是否规定此类检验，通常取决于"工程的性质"。

- 此类检验应在业主接收工程后尽快进行，业主应提前 21 天通知工程准备好并在之后可以进行检验的日期，检验必须在该日期后的 14 天内进行，具体日期由业主来定；
- 如果承包商不在商定的时间和地点参加检验，业主可自行检验，承包商应认可业主的检验结果；
- 检验结果由双方共同整理和评价，评价时要考虑业主在竣工之前的使用造成的影响。

与竣工检验相反，竣工后检验主要由业主负责，包括提供需要的人员和物品，以及负责程序方面的安排。

承包商处于协助地位，如果业主方不要求其参加，他可以主动参加，也可以不参加。若业主要求其参加，他必须参加，否则应对业主自行检验的结果认可。但合同规定，业主必须将检验的时间通知承包商。

一般来说，承包商应主动参加竣工后检验，以便了解检验的具体结果和发现的问题，这样，才能便于参加评价和进行维修。

本款对执行的时间规定十分明确：在接收工程之后必须在合理可行的时间内尽快执行；业主应至少提前 21 天通知在该日之后可以进行检验的日期；检验必须在该日之后 14 天执行，具体日期由业主方确定。

由于此类检验决定着承包商是否成功地完成工程，因此，检验的标准的规定十分重要，此类性能标准一般在"业主的要求"中规定，通常包括：原料质量标准；能源等消耗指标；产品质量标准；产出率等。但由于"业主的要求"是在工程可行性研究阶段编制的，因此不可能很完整、具体，这可能导致双方对检验结果的评定方面看法不一。因此在条件允许的情况下，业主在编制竣工后检验标准时尽可能将标准具体化。

12.2 延误的检验（Delayed Tests）

检验是否及时完成，直接关系到承包商的利益，那么如果此类检验被延误了应如何处理呢？请看本款的主要规定：

- 如果承包商因为业主无故延误竣工后检验招致了额外费用，承包商应向工程师发出通知，并有权根据索赔程序索赔额外费用以及合理利润；
- 工程师收到通知后，应按照合同予以决定是否理赔；
- 如果由于非承包商负责的原因，导致竣工后检验没有在缺陷通知期或双方商定的时间内完成，则该期限届满之日即认为工程已经通过了竣工检验。

由于竣工后检验主要由业主方负责安排，而竣工后检验完成的时间与承包商的利益直接相关，如：履约证书的签发；后一半保留金的退还等，因此，本款规定了，如果业主无正当理由，导致竣工后检验的执行延误，本款规定了承包商在此类情况下的权益：

一、索赔费用和利润；

二、如果在缺陷通知期内没有完成竣工后检验，没有出现检验结果的情况下，仍认为工程已经通过了竣工检验。

本款实际上是保护承包商的一个条款。

12.3 重复检验（Retesting）

如果第一次竣工后检验没有通过则又如何处理呢？我们来看本款的规定：

- 如果工程没有通过竣工后检验，则承包商应按第 11.1 款的规定修复缺陷：
- 完成修复后，双方任一方均可要求按原来条件再重复进行检验；
- 如果此类重复检验是由于承包商的原因引起的，并导致业主方支付了额外费用，业主可以按程序向承包商提出索赔。

本款规定了第一次没有通过竣工后检验的处理方法。如果由于承包商的原因造成的，则承包商承担导致重复检验的一切费用，包括业主方的费用。

在本合同条件的第 11.2 款❶［修复缺陷的费用］中规定了承包商对缺陷负责的四种情况：

1. 缺陷是由于承包商的设计导致的；
2. 永久设备，材料或施工工艺不符合合同要求；
3. 由此承包商对业主人员进行的培训以及其编制的操作维护手册等原因，导致工程不能正常运行或维护；
4. 承包商没有遵守其他合同义务。

12.4 未能通过竣工后检验（Failure to Pass Tests After Completion）

前一款规定，若工程没有通过竣工后检验，处理方法是：承包商应修复缺陷并重新检验，是否还有其他处理方法呢？虽然没有通过竣工后检验规定的标准，但若业主为了提前投产，仍想使工程持续运行，则又

---

❶ 新红皮书中与新黄皮书的第 11.2 款［修复缺陷的费用］基本相同，因此没有在新黄皮书中就该条款单独讲解，在此列出不同之处，作为弥补。

如何处理这种情况呢？我们看本款的规定：

- 若工程没有通过竣工后检验，在合同规定了没有通过该检验相应的赔偿费，并且承包商在缺陷通知期内支付了该笔赔偿费，则仍认为工程已经通过了竣工后检验；
- 若工程没有通过竣工后检验，承包商提议对工程进行修复，则业主可以通知承包商，他需要等到业主方便的时间才能进入工程进行检修，并将这一时间通知承包商，承包商有义务等待该时间；
- 但若业主在缺陷通知期内仍没有给予承包商此类通知，则认为承包商此类义务已经完成，并且工程通过了竣工后检验；
- 若业主没有正当理由，延误了承包商进入工程调查检验失败的原因或整修的时间，导致额外费用，承包商应通知工程师并有权索赔相应费用和利润；
- 工程师收到通知后，决定是否理赔。

本款的规定提出了一个灵活解决问题的方法。有时，虽然工程没有达到竣工后检验要求达到的标准和效率，但如果工程仍可以正常运行，使得业主方早投产、早收益，业主可能不希望因承包商进行整修工作影响工程的持续运行。在这种思想的指导下，业主在合同中可能会规定：承包商在支付相应的赔偿费下，仍可认为工程通过了竣工后检验。

另外，业主也可以通知承包商等待到工程运行暂时停止来维修，但此通知应在缺陷通知期内发出，否则，承包商就不再承担维修的义务。

理论上讲，若工程没有通过竣工后检验，在整修后应再重新检验；重新检验不合格，再维修，再检验，循环往复。但此情况可能会极大影响业主的投产和收益。若出现的问题属于非实质性问题，承包商在支付一定的赔偿费后可以被认为完成了合同。若合同没有相应规定，双方可以谈判。若谈判失败，可以进行仲裁。另外，业主也可按终止条款，来终止合同，并按终止合同下的规定处理。参阅第15条［业主的终止］。

本条到此讲完了，请检查一下自己是否达到了开始提出的要求，并思考下面的问题：

1. 新黄皮下规定竣工后检验的主要意图是什么？
2. 如果您是业主，请思考：结合本款的规定，如何能够在其他合同条件中纳入补充规定，作为具体的操作程序，来处理工程不能通过竣工后检验的情况。

第 14 条　合同价格与支付
（Contract Price and Payment）

~~~~~~

学习完这一条，应该了解：

• 新黄皮书下合同价格的含义以及与新红皮书下的合同价格含义的不同
之处；
• 新黄皮书下进度款支付时计算的依据；
• 支付表的含义与功能。

~~~~~~

工程合同若从价格来看，则可以分为单价合同与总价合同。而总价合同又大
致可分为固定总价合同与可调价总价合同。从合同的性质来看，新黄皮书基本上
属于可调价的总价合同。对于总价合同，进度款支付依据合同的规定，可以按月
支付，也可以按其他固定时间间隔来支付，如每季度。其总体支付程序与单价合
同的支付比较接近，但每次付款额度的估算则有所差别。现在我们一起具体来看
新黄皮书中的合同价格性质和支付机制。

14.1　合同价格（Contract Price）

与新红皮书类似，新黄皮书中的"合同价格"虽然在前面的定义中
出现，但定义本身并没有赋予其多少内涵，只是说明它具有第 14.1 款
[合同价格] 赋予给它的含义，那么，我们来看本款具体是怎样规定新黄
皮书中的合同价格的：

• 合同价格应为包干的中标合同金额，并可按照合同规定进行调整；
• 承包商应支付合同中要求其支付的一切税费，合同价格已经包含
了此类税费，只有因相关立法变更导致税费变化的情况下才予以
调整合同价格（第 13.7 款）；
• 在某明细表中给出的任何工程量均为估算工程量，不能被认为是
承包商为完成工程而实施的正确的工程量；
• 在某明细表中可能给出的任何工程量或价格方面的数据只能用于
该明细表中所述之目的；

- 若工程某部分需要按实际完成工程量来支付，则这部分测量与估价方法应在专用条件中单独规定，合同价格按相关规定进行调整。

从本款的规定来看，本合同价格与新红皮书不同之处是在于，新红皮书属于单价合同，即：合同价格要根据单价与实际完成的工程量计算得出的，而新黄皮书属于包干价格合同，即：合同价格为中标合同金额。但两者也有共同之处，即：合同价格都可以按照合同的规定进行类似的调整，因为在两个合同条件中，在业主方与承包商方之间风险分担原则是类似的❶。

由于新黄皮书合同条件中没有工程量表，因此在合同文件中，可能包括若干涉及工程量和价格等内容的明细表。但一般来说，这类明细表的性质与新红皮书中的工程量表不一样，其中的价格数据的目的往往是参考性质的，是进度款支付等方面时的参照内容，不构成决定最终合同价格的约束力。但本款也规定了一种例外，即：如果在专用条件规定某部分工作要依据其单价和实测工程量来支付，则合同价格进行相应调整。

因此，可以认为，在新红皮书下主要是按单价实测工程量确定合同价格，附之以包干项，而在新黄皮书下的价格机制正好相反，合同价格的确定主要是以包干价而定，附之以某些单价工作项。

14.3 申请期中支付证书

（Application for Interim Payment Certificates）

本款的规定与新红皮书中的规定相同，内容不再列出。在此主要讨论的是每月报表中每月完成的工程款金额的计算问题。

新红皮书下，每月款额的计算比较清晰，主要依据每月测量得出的工程量和工程量表中规定的单价，对于个别包干项参照承包商提供的价格分解表而定。而新黄皮书属于总价合同，每一次进度款（每月或一固定时间段）计算的方式与新红皮书不相同。对于此类合同，在招标文件中，应对每次进度款的计算方法必须予以说明。一般来说，在总价合同中，都有一支付表，其中说明如何来计算此类款项。如果支付表的规定不十分详细，达不到可操作的程度，则有时合同规定，承包商在合同签订后的多长时间内，依据支付表和其他相关规定，编制一个测量程序，详细说明计算方式，并报业主工程师批准。

---

❶ 这里指的是风险分担机制的类似，在新黄皮书下，承包商显然应承担设计责任。

14.4 支付表（Schedule of Payments）

本款的规定与新红皮书中的规定相同，内容不再列出。在总价合同中，合同中往往包括支付表❶，作为工程进度款与最终结算款的计算依据。因此，支付表在新黄皮书和银皮书等总承包合同下是十分重要的一个文件。

14.9 保留金的支付（Timing of Payments）

新黄皮书的保留金支付方式与新红皮书不完全相同。新黄皮书规定，如果签发的接收证书是工程区段，则应按该区段所占整个工程的比例，从保留金的一半中退还相应比例，这一相应比例在投标函附录❷中规定。若没有规定，则业主可不退还任何保留金。

本条到此讲完了，请检查一下自己是否达到了开始提出的要求，并思考下面的问题：

1. 如果您是业主，那么，就此类包干价合同类型，如何在招标文件中规定工程款的支付方法？
2. 如果您是承包商，在编制投标文件时，在编制自己的商务标（投标价格）时，应注意哪些事项？

新黄皮书的讲解到此结束，在学习银皮书之前，请再回忆一下，新黄皮书中规定的主要内容，与新红皮书中有那些主要差别。如果基本掌握了，那就接着阅读银皮书吧。

---

❶ 虽然在新红皮书中也单独为支付表列出一款，但实践中，支付表并不常常出现在此类单价合同中。

❷ 银皮书的规定与新黄皮书相同，只不过是这一比例是在合同中规定。

FIDIC 银皮书

EPC 交钥匙项目合同条件

Conditions of Contract
for
EPC Turnkey Projects

银皮书下的合同与组织关系示意图：

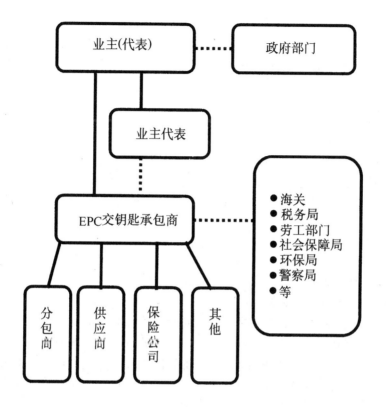

注：1. 实线表示合同关系和管理（或协调）关系；虚线只表示管理或协调关系；

    2. 设计工作由承包商承担，一般承包商雇用一个设计分包商；

    3. 工程保险一般由承包商办理。

说明：

与新黄皮书讲解时的原则一样，在讲解银书的内容时，对与新红皮书和新黄皮书中内容基本相同的条款不再讲解，也不再列出，读者可以参阅新红皮书和新黄皮书中的对应条款。由于银皮书与新黄皮书是相类似的合同类型，因此，在对不同条款的解释中，主要与新黄皮书的规定进行对比分析，以探讨银皮书的特点。

第1条　一般规定（General Provisions）

1.1　定义（Definitions）

1.1.1　合同（Contract）

这一部分中，与新黄皮书不同的定义主要有以下三个：

1.1.1.1　合同（Contract）

这里的合同实际是全部合同文件的总称。它包括全部的合同文件，这些文件是：

• 合同协议书
• 合同条件
• 业主的要求
• 投标书
• 合同协议书列出的其他文件。

与新黄皮书相比，上面的合同条件没有包括"中标函"、"投标函"、"承包商的建议书"、"明细表"以及"投标函附录"。上面定义中没有这些术语，这大概考虑了 EPC 交钥匙项目比较特殊，一般采用邀请招标，因此需要更灵活的签订合同的程序。与新红皮书以及新黄皮书不同，这类合同的签订过程实际上就是一个通过谈判，合同协议书中会出现大量的备忘录，对原招标文件以及承包商的投标书进行大量修改。这些修订的内容也就属于"合同协议书列出的其他文件"。按照本款规定的思路，在 EPC 交钥匙合同中，"投标书"（见下面定义）中包括了"承包商的建议书"内容。但从实践上看，EPC 交钥匙合同中，若编入"承包商的建议书"是有利于实际操作的，似乎利大于弊。

1.1.1.2 合同协议书（Contract Agreement）

在本定义中，除了与新红皮书和新黄皮书相同的措辞"指第 1.6 款［合同协议书］中所指的协议书"之外，还加上了"包括任何作为附件的备忘录"。这样定义的原因是因为 EPC 交钥匙合同下，通过谈判达成的备忘录比较多，在此主要是强调此类型文件。

1.1.1.4 投标书（Tender）

此处将"投标书"定义为"工程报价书以及随报价书提交的其他文件"。

由于在银皮书中没有出现"中标函"、"投标函"、"资料表"、"承包商的建议书"以及"投标函附录"等在新红皮书和新黄皮书下的定义。因此可以认为，银皮书中的对合同文件的编制的规定比较笼统。这样做的优点是扩大操作中的灵活性，但有时显得"指导性"比较差，特别是对于招标经验不丰富的业主方。从实践看，这里的"投标书"一般可具体化为下列三项内容：

1. 报价前附函（Covering Letter）
2. 技术标（Technical Proposal）
3. 商务标（Commercial Proposal）

其中，"报价前附函"与新黄皮书中的投标函类似，"技术标"和"商务标"与新黄皮书中的"承包商的建议书"类似。

由于 EPC 合同的灵活性比较大，很多情况下允许投标者提出与招标文件不一致的内容，因此，EPC 合同的"投标书"中，投标者可以说明，自己的商务标与技术标是基于对原招标文件的某些修改，此类修改一般被称为"偏差（Deviations）"。

1.1.2 合同双方和人员（Parties and Persons）

这一部分中，与新黄皮书不同的定义主要有以下两个：

1.1.2.4 业主的代表（Employer's Representative）

此处指的是"业主在合同中指明或按照第 3.1 款随时任命的人员，他代表业主管理工程的实施"。

新红皮书和新黄皮书中并没有"业主的代表"这一角色；而

在银皮书中没有"工程师"这一角色。实际上，银皮书中的"业主的代表"这一角色实际上类似新红皮书和新黄皮书下的"工程师"的角色。但从业主用来管理承包商的方法来看，传统的"工程师"这一角色，在 EPC 合同中被"业主的代表"所取代。

1.1.2.6 业主的人员（Employer's Representative）

由于在银皮书中没有"工程师"。这一角色，因而，此处"业主的人员"的定义中，也就不包括"工程师"以及相关人员。取而代之的是"业主的代表以及其助理人员"。

1.1.4 款项与支付（Money and Payment）

这一部分中，没有出现新黄皮书中"中标合同款额"，"最终支付证书"，"期中支付证书"这三个术语的定义，与新黄皮书不同的定义只有一个：

1.1.4.1 合同价格（Contract Price）

此处指的是"在协议书中商定的金额，覆盖的工作内容为设计、施工以及修复缺陷，这笔金额包括根据合同进行的调整。"

从定义看出，银皮书中的合同价格是在协议书中写明，同时包括按照合同可能做出的调整。新黄皮书规定，"合同价格"按第 14.1 款的规定。这一定义与新黄皮书定义虽然不同，但并没有本质区别。这样定义的原因大概是因为银皮书模式下，合同价格虽然也允许调整，但相对来说比较固定。

在本款的定义中，没有出现新黄皮书中的"中标合同款额"、"最终支付证书"、"期中支付证书"这三个术语的原因，与后面第 13 条［合同价格与支付］中规定的支付机制有关。在银皮书下的支付方法与新红皮书和新黄皮书不太相同。

1.1.6 其他定义（Other Definitions）

这一部分中，没有出现新黄皮书中"不可预见"这一术语的定义，其他与新黄皮书中的定义相同。没有规定的原因是因为在银皮书下，与新红皮书和新黄皮书中的规定不同，不可遇见的风险由承包商承担（参阅前面的新红皮书和新黄皮书中的第 4.12 款［不可预见的外部障碍］，以及银皮书中第 4.12 款［不可预见的困难］）。

1.5 文件的优先次序（Priority of Documents）

银皮书中的合同文件构成与新红皮书和新黄皮书中的有很大不同，在本款中所列的优先次序如下：
- 合同协议书；
- 专用条件；
- 通用条件；
- 业主的要求；
- 投标书以及构成合同的其他文件。

可以看出，承包商提交的投标书是处于最低的优先次序。因此，当其中内容与前面的文件（如"业主的要求"）发生矛盾时，则按其他文件的内容优先解释合同的规定。因此，如果承包商的投标书是基于对招标文件某些内容修改的前提下编制而成的，那么此类修改的内容（即：偏差）一定要在合同谈判时提出，并在合同协议书中加以确认，作为合同协议书的备忘录，这就大大提高了此类"修改的内容"的优先次序。

1.6 合同协议书（Contract Agreement）

银皮书中的合同协议书与新红皮书和新黄皮书中的有所不同，主要内容如下：
- 合同在合同协议书中规定的日期生效；
- 签订合同协议书时，法律规定应支付的印花税和相关收费由业主支付。

在银皮书下，合同协议书是最重要的一份文件，这与新红皮书以及新黄皮书中的协议书有本质的不同。在新红皮书以及新黄皮书模式下，一般在承包商收到中标函后，合同即告成立，而不一定需要合同协议书，虽然按照习惯，在承包商收到中标函后需要与业主签订合同协议书。在这两类合同模式下，构成合同的实质性文件是投标函以及中标函；而银皮书下，没有这两类文件，合同的成立只是依据构成合同的核心文件"合同协议书"。

在银皮书的合同协议书中，一般写明的内容有：合同双方；合同价格；构成整个合同协议书的文件；合同生效的前提条件。

1.9 保密（Confidentiality）

银皮书通常适用的是那些私人投资项目（如：BOT项目），对保密要求比较严格。本款的规定就是限制合同双方，主要是承包商对外披露项目信息，主要内容如下：
- 除为履行合同以及法律要求外，业主和承包商应将合同视为保密内容；

- 不经过业主的同意，承包商不得在专业刊物等上面发表有关工程的内容。

新红皮书以及新黄皮书中没有这一款，他们的第 1.9 款分别是［延误的图纸或指令］和［业主的要求中的错误］。无论新红皮书还是新黄皮书，第 1.9 款是保护承包商的利益的。而在银皮书中，则没有这两个条款规定的相关内容，也表明，在银皮书模式下，承包商要承担较大的风险。这也反映出 FIDIC 新版合同编制的一个风险分担原则。

本条到此讲完了，请检查一下自己是否达到了开始提出的要求，并思考下面的问题：

1. 在银皮书与新黄皮书模式下，其组成合同文件有哪些异同？
2. 银皮书中，投标书可能包括哪些内容？与新黄皮书中的哪些文件对应？

第 3 条　业主的管理（Employer's Administration）

∿∿∿∿∿∿∿∿∿∿∿∿∿∿∿∿∿∿∿∿∿∿∿∿

学习完这一条，应该了解：

- 业主管理工程的方式；
- 承包商不同意业主的决定的处理程序。

∿∿∿∿∿∿∿∿∿∿∿∿∿∿∿∿∿∿∿∿∿∿∿∿

与新红皮书和新黄皮书中工程师代表业主来管理工程不同，在银皮书的模式下，业主方对工程的管理由其亲自或委派其代表来具体执行，可以说这是银皮书与新红皮书和新黄皮书最大的区别之一。那么，业主的代表既然是项目的管理者，他有哪些职责呢？为履行这些职责他又有哪些权力呢？履行职责和行使权力时他又必须遵循什么程序呢？业主有权自行更换业主的代表吗？本条将回答这些问题。

3.1　业主的代表（Employer's Represenative）

业主如何任命业主的代表呢？业主的代表的权力如何？业主有权自行更换业主的代表吗？请看本款的规定：

- 业主可以任命一位代表，代替业主行使管理承包商的职能；
- 业主应将业主的代表的名字，地址，职责和权务通知承包商；
- 业主的代表应履行其职责，行使其被授予的权力，除了没有终止合同的权力之外，若没有另外规定，业主的代表应被认为是业主的全权代表；
- 若业主计划更换其代表，则应提前 14 天将替代人员的名字、地址、职责和权力通知承包商。

本款的规定与新黄皮书中对工程师的规定虽然有某些类似，但明显的不同有两点：一是一般情况下，业主的代表为业主的全权代表（终止合同的权力除外），而在新红皮书和新黄皮书中，对工程师的权力规定时，却没有此类措辞，显然，在银皮书下，业主对其代表的干预比较少；二是本款赋予业主随时更换其代表的权利，只不过提前 14 天通知而已。如果大家还记得更换工程师的程序，就会发现，业主更换代表的权利要比更换工程师的权利大得多。

3.2　其他业主人员（Other Employer's Personnel）

根据银皮书中的定义，除了业主的代表外，还有助理人员，那么，这些助理人员承担什么职能呢？请看本款的规定：

- 业主或业主的代表可以随时将某些职责与权力授予其助理人员，并可以随时收回此类授权，授权和收回授权需要在承包商收到通知后才生效；
- 助理人员的一般职责为检查永久设备与材料，或进行相关试验来控制质量；
- 助理人员的具体职位包括驻地工程师、独立检查员等在现场工作的人员；
- 助理人员应具备恰当资格，具体为：有能力履行被授予的职责和行使被授予的权力，能流利地用合同规定的语言进行沟通。

可以看出，本款的规定与新红皮书和新黄皮书中第3.2款［工程师的授权］类似。本款的规定同样要求业主人员必须是合格的专业人员。

3.3　被授权的人员（Delegated Persons）

银皮书中的这一款实际上与新红皮书和新黄皮书中第3.2款［工程师的授权］的后半部分类似，只是多了下面一点规定：

- 业主的被授权的人员，包括业主的代表和助理人员，所给予的一切指令，不解除承包商的责任，但若在指令中特别明确承包商不承担责任的除外。

这一规定在一定的情况下，使得承包商可以拒绝业主方的人员的一些不合理或不负责任的指令。

3.4　指令（Instructions）

本款的规定的内容实质上与新红皮书和新黄皮书中第3.2款［指令］相同，因此，具体内容不再列出。

根据本款规定，承包商应从业主处获得指令，或者根据授权权限，从业主的代表或助理人员获得指令。

3.5　决定（Determinations）

本款的规定的内容实质上与新红皮书和新黄皮书中第3.5款［决定］略有差异：一是涉及的有关事宜，由业主决定；另一点是，若承包商不同意业主的决定，应在收到决定后 14 天通知业主他的不同意见，之后任一方均可以将此争议提交争端裁定委员会（DAB）裁定。而按照新红皮书和新黄皮书中的规定，工程师做出决定后，双方必须执行。若双方中任一方不同意工程师的决定，同样可以按争端解决程序处理，但如果承包商不同意工程师的决定，该款并没有要求必须在规定的时间内提出疑义。

本款的具体内容不再列出。

本条到此讲完了，请检查一下自己是否达到了开始提出的要求，并思考下面的问题：

1. 怎样理解业主的代表管理工程的职责和权力？
2. 在银皮书下，承包商如果不同意业主的决定，必须注意什么问题？

第4条 承包商（The Contractor）

〰〰〰〰〰〰〰〰〰〰〰〰〰〰〰〰〰〰〰〰〰〰〰

学习完这一条，应该了解：

• 承包商在放线中承担的责任范围；
• 承包商就外部风险和地质条件所承担的风险。

〰〰〰〰〰〰〰〰〰〰〰〰〰〰〰〰〰〰〰〰〰〰〰

　　本条标题为"承包商"，规定的是承包商的基本权利和义务。在银皮书模式下，虽然从工作范围上与新黄皮书类似，但从实施工程所承担的责任与风险上，承包商承担的要多得多。在本条的规定中，虽然大部分内容两者都相同，但在体现责任与风险的条款上，还是有很大差异的。我们来具体看有哪些条款不同。

4.3　承包商的代表（Contractor's Representative）

　　本款的规定与新红皮书和新黄皮书中对承包商的代表的规定很类似，略微不同的一点是：在新红皮书和新黄皮书下，承包商的代表一般情况下必须全部时间用来管理承包商的工程实施，如果临时离开项目现场，必须由工程师事先同意的替代人选代替承包商的代表行使职责才可。在银皮书中，本款没有出现此类规定，这意味着，承包商的代表可以离开现场，只不过，他在离开现场前将临时代替其行使职责的人通知业主方即可，而这一替代人员不需要得到业主方的事先同意。

　　本款的具体内容不再列出。

4.4　分包商（Subcontractors）

　　本款的规定与新红皮书和新黄皮书中对分包商的管理有一点不同，即：分包商的选定不需要经过业主方的批准。这一点规定比较重要，它给予承包商自由选择分包商的权利。但在实践中，某些 EPC 合同还是要求承包商选择的分包商需要经过业主方批准，尤其是涉及负责提供重要永久设备的分包商（供应商）时，有时业主的要求是十分严格的。如：某项国际工程，业主在招标文件中规定，承包商只能从招标文件中业主提供的"供应商名单（Vendor List）"中选择。

4.7 放线（Ssetting Out）

银皮书中的本款只保留了新红皮书和新黄皮书中的第一段，即：承包商应按照合同规定的原始数据进行放线，并保证放线的正确性等。

而银皮书却删除了新红皮书和新黄皮书中的下面的规定：即如果原始数据有错误，承包商可以就由此导致的损失向业主提出索赔。虽然此处没有明确规定，此类原始数据有错误导致放线错误的情况下由何方负担，但从第5.1款［一般设计义务］中的规定中可以推论出，这种情况至少在大部分情况下将由承包商负责。这项规定是承包商一个很大的潜在风险，承包商应特别注意，在放线之前，应对有关数据进行详细的核实，不要过分依赖业主提供的此类数据的正确性。参阅第5.1款［一般设计义务］的解释。

4.10 现场数据（Site Data）

本款的规定与新红皮书和新黄皮书中的措辞也略有不同。本款规定：承包商应负责审查和解释业主提供的现场数据，业主对此类数据的准确性，充分性和完整性不负担任何责任（第5.1款提出的情况除外），因此，很明确，承包商完全承担这方面的风险。然而在新红皮书和新黄皮书中这方面的规定却比较模糊，有一定的弹性，给承包商在这方面提出索赔留有一定的余地。这又反映出，在银皮书模式下，承包商承担的风险比较大。请参阅新红皮书和新黄皮书中的第4.10［现场数据］。

本款的内容不再具体列出。

4.12 不可预见的困难（Unforeseeable Difficulties）

在新红皮书和新黄皮书下，承包商碰到不可预见的外部条件时可以向业主提出索赔，银皮书中是怎样规定的呢？我们来看具体规定：

- 承包商被认为已经了解到有可能影响到工程的一切风险因素；
- 只要承包商签订了合同，就意味着他接受了预见到圆满完成工程所碰到的一切困难，以及所需要的全部费用；
- 合同价格不因任何没有预见到的困难或费用而进行调整；
- 合同中另有说明的除外。

根据本款，承包商必须承担"外部条件"风险，包括气候，地质等在工程实施中特别容易发生问题的情况。可以说，这是特别能够体现在银皮书下承包商要承担大量风险的一个典型条款。

本款的规定，基本上排除了承包商以外部条件为理由向业主提出索赔的合同依据，因而，此类索赔不可能成功。

本款的规定再一次提醒承包商，他必须清醒地认识到在银皮书模式下自己所承担的风险，并采取相应的防范措施。

请大家与新红皮书和新黄皮书中的第 4.12 款［不可预见的外部条件］对照来分析两者具体差异。阅读本款，同时请参看上面第 4.10 款［现场数据］和第 17.3 款［业主的风险］。

本条到此讲完了，请检查一下自己是否达到了开始提出的要求，并思考下面的问题：

1. 本条的规定对承包商在投标时有哪些启示？
2. 您是如何理解 FIDIC 在银皮书中将大量风险划分给承包商的原因的？

第5条 设计（Design）

~~~~~~

学习完这一条，应该了解：

• 承包商的一般设计义务；
• 业主方对承包商的文件编制的管理。

~~~~~~

　　在银皮书模式下，虽然与新黄皮书类似，承包商承担设计工作，但在具体的管理程序和责任分担上却不尽相同。我们来具体看有哪些条款不同。

5.1 一般设计义务（General Design Obligations）

　　承包商要进行设计工作，必须依据"业主的要求"来展开。那么，业主是否对"业主的要求"出现的错误承担责任呢？在设计开始前，合同对承包商有哪些要求呢？请看本款的具体内容。

　　　　• 承包商应被认为在基础日期之前已经仔细审查了"业主的要求"，除下面提到的情况外，承包商要对设计以及"业主的要求"的正确性负责；

　　　　• 除下面的提到的情况外，业主 对"业主的要求"中的错误、不准确以及疏漏不负责任；

　　　　• 承包商从业主处收到的任何信息，都不能解除承包商对设计和实施工程所负担的责任；

　　　　• 业主对"业主的要求"以及提供给承包商的其他信息所承担的责任范围如下：

　　　　1. 在合同中规定不能改变或业主应负责的那些部分，信息或数据；

　　　　2. 对工程预期目的的确定；

　　　　3. 竣工检验和性能的标准；

　　　　4. 承包商无法核实的部分，信息或数据，除非合同另有规定。

　　本款的规定又一次显示出，在银皮书中，承包商承担的责任要比新黄皮书中承包商承担的设计责任大。因为在本款中，承包商不但对自己的设计负责，而且对业主的要求中的某些错误也应负责。而根据新黄皮书中规定，承包商在开工后才详细审查"业主的要求"，如果"业主的要求"中有错误，且是一个有经验的承包商在投标阶段无法发现的问题，承包商有权利索赔。因此，在承担基于 FIDIC 银皮书的 EPC 项目时，承包商在投标阶段，对"业主的要求"必须进行充分的研究，对发现的问题，要求业主澄清。否则，如果是基于"业主的要求"的错误信息编制投标文件，后果由承包商负担。

虽然本款同时提到了承包商不承担责任的情况。但总体说来，承包商在设计方面承担的风险要比在新黄皮书大。

大家可以将银皮书和新黄皮书中的第 5.1 款［一般设计义务］对照来看。

5.2 承包商的文件（Contractor's Documents）

本款的规定与新黄皮书中的同一款的规定类似，所不同的一点是：在新黄皮书中，对于承包商的文件，有的需要工程师审查（review），有的则需要批准（approval）。而在银皮书下，承包商的文件只需要业主方审查，不需要业主方批准。因此，在银皮书下，业主方的管理显然比新黄皮书下宽松，对承包商比较有利。

但承包商必须注意，本款的规定并不是意味着他可以按自己的意图进行设计，他的设计必须符合合同的要求，如果在业主方审查过程中发现其不符合合同的地方，他仍必须立即修改。

但由于在这种包括设计的总承包模式下，合同中的规定，主要是"业主的要求"中的规定，比较模糊。本款的规定对承包商比较有利，特别是在对某些"灰色地带"解释上。但笔者认为，在实践中，将可能有为数不少的业主会对本款进行修改，增加业主方"批准"承包商的文件的权利。如果增加了这一点，承包商应要求明确"批准的时间"，以防延误工作。

本款的具体内容不再单独列出，参阅新黄皮书。

本条到此讲完了，请检查一下自己是否达到了开始提出的要求，并思考下面的问题：

1. 本条的规定对承包商在投标时有哪些启示？
2. 根据本款的规定，业主方对承包商的文件编制比较宽松，请问：这样规定可能是基于什么考虑？

第8条 开工、延误与暂停

（Commencement，Delays and Suspension）

〜〜〜〜〜〜〜〜〜〜〜〜〜〜〜〜〜〜〜〜〜〜〜〜〜

学习完这一条，应该了解：

• 银皮书下，承包商被允许延长竣工时间的条件。

〜〜〜〜〜〜〜〜〜〜〜〜〜〜〜〜〜〜〜〜〜〜〜〜〜

在本条中，除了第8.4〔竣工时间的延长〕外，银皮书与新黄皮书基本相同。我们现在来看这一不同条款。

8.4 竣工时间的延长（Extension of Time for Completion）

如果我们回忆一下，新黄皮书中（新红皮书也一样），我们知道，在下列五种情况下，承包商有权提出延长工程竣工时间的要求：

1. 发生合同变更或某些工作量有大量变化；
2. 本合同条件中提到的赋予承包商索赔权的原因；
3. 异常恶劣的气候条件；
4. 由于流行病或政府当局的原因导致的无法预见的人员或物品的短缺；
5. 业主方或在现场的其他承包商造成的延误、妨碍或阻止。

而在银皮书中，在上面的五种情况中，只有在下列三种情况下，允许承包商提出索赔工期：

1. 发生合同变更或某些工作量有大量变化；
2. 本合同条件中提到的赋予承包商索赔权的原因；
5. 业主方或在现场的其他承包商造成的延误、妨碍或阻止。

由于承包商的施工过程中，也许"异常恶劣的气候条件"是对工期影响最大的因素了，不允许承包商在此条件下索赔工期，则大大地加大了承包商的工期风险。

本款的规定再一次显示出，在银皮书下，风险分担向承包商一方的严重倾斜。

本条到此讲完了，请检查一下自己是否达到了开始提出的要求，并思考下面的问题：

1. 请您评估一下，根据您的经验，不允许承包商在"异常恶劣的气候"条件下索赔工期的规定，给承包商带来的影响。

第 10 条　业主的接受（Employer's Taking Over）●

　　在本条中，除了第 10.2 款［部分工程的接收］和第 10.3 款［对竣工检验的干扰］（Interference with Tests on Completion）外，银皮书与新红皮书和新黄皮书基本相同。

第 10.2 款　［部分工程的接收］（Taking Over of Parts of the Works）

　　　　银皮书中本款规定："如果在合同中没有另外规定或双方另有商定，业主不得接收或使用工程的某部分（区段除外）"。这一规定虽然有弹性，但赋予了承包商一定的权利，即：如果承包商不同意，或在其他合同文件中没有规定，业主不能擅自要求承包商将某部分工程移交给业主（区段除外）。但在新红皮书和新黄皮书中的第 10.2 款［部分工程的接收］中规定，只要业主需要，工程师可以为永久工程的任何部分签发接收证书，这样的规定，赋予了业主方随时接受和占有某部分工程的权利，这与银皮书有一定的区别。

第 10.3 款　［对竣工检验的干扰］

（Interference with Tests on Completion）

　　　　在银皮书中本款规定："如果由于业主负责的原因，致使竣工检验被延误超过了 14 天，则承包商应在可能时尽快进行竣工检验"。但如果因此导致了承包商损失，可以提出索赔工期、费用和利润。

　　　　而在新红皮书和新黄皮书中规定："如果由于业主负责的原因，则在本应该完成竣工检验的那一天，即认为业主已经接收了相应的工程。"并且，如果因此导致了承包商损失，可以提出索赔工期、费用和利润。

　　　　从上面的对比来看，仍然是新红皮书和新黄皮书中的规定比银皮书中的规定有利于承包商，因为只要竣工检验被业主负责的原因延误，就认为业主已经接受了该工程，而在银皮书中，承包商则没有这项权利。

　　● 　说明：由于在第 10 条，第 12 条，13 条，14 条中，银皮书与新红皮书和新黄皮书中不同的内容很少，因此，将它们放在一起综合讲解。

第 12 条　竣工后检验（Tests after Completion）

在本条中，除了第 12.1 款［竣工后检验］外，银皮书与新黄皮书基本相同。

第 12.1 款　［竣工后检验］（Procedure for Tests after Completion）

银皮书中，本款的前一部分规定与新黄皮书中的规定相同，都是业主主要负责进行竣工后检验，承包商协助参加。但在后一部分，银皮书规定："竣工后检验的结果由承包商汇编和评价"，而在新黄皮书中规定："竣工后检验的结果由双方汇编和评价"。

笔者认为银皮书中的规定很有意思，似乎给了承包商审查检验和评价结果的权利，但由于是单方面这样做，容易导致业主方对承包商评价的结果有不同意见。而新黄皮书中"共同汇编和评价"的规定，似乎更合理，更利于双方在评价中沟通交流。

第 13 条　变更与调整（Variations and Adjustments）

在本条中，除了第 13.8 款［因费用波动而调整］外，银皮书与新黄皮书基本相同。

13.8 款　因费用波动而调整（Adjustment for Changes in Cost）

银皮书中本款规定："如果合同价格因劳务、物品以及工程其他投入的费用波动而进行调整，则应在专有条件中予以规定。"而在新红皮书和新黄皮书下，直接规定了如何因劳务费用和物价波动进行调整，并给出了调价公式。

从两类不同的措辞看出，FIDIC 更倾向于在新红皮书和新黄皮书下进行物价调整，而银皮书中一般不予以调整。这也反映出在银皮书中，物价波动的风险常常是由承包商承担。

第 14 条 合同价格与支付

（Contract Price and Payment）

在本条中，关于合同价格与支付，银皮书与新黄皮书的规定基本相同，略微有差别的条款有：第 14.1 款［合同价格］、第 14.3 款［申请期中支付］、第 14.6 款［期中支付］、第 14.7 款［支付的时间安排］。下面我们简单来看一下这些差别。

14.1 合同价格（Contract Price）

本款的规定与新黄皮书的前两部分内容一致，即：银皮书中，除根据合同做出的某些调整外，支付应按照在协议书中规定的包干合同价格；合同价格中已经包括了税收，承包商应自己支付有关税收，业主对此费用一概不再补偿。

由于银皮书中没有包括关于"明细表"（Schedule）的定义，因此黄皮书中关于"明细表"中有关内容的规定没有在银皮书中出现。但在实践中，EPC 合同包括"明细表"的情况也很常见。

14.3 申请期中支付（Application for Interim Payment）

由于银皮书中是业主和业主代表直接管理合同，没有工程师的角色。因此，承包商直接向业主提出支付申请报表，但报表的内容与新黄皮书中的一样。

14.6 期中支付（Interim Payment）

业主在收到承包商的报表之后，如果不同意承包商报表中的某项内容，则他应在收到报表的 28 天内通知承包商，并给出理由。本款的规定与新红皮书和新黄皮书有差别，在这两个合同条件中，工程师根据承包商的报表，决定出合理的期中支付金额，向业主开具支付证书，要求业主依据该支付证书向承包商支付。

14.7 支付的时间安排（Timing of Payments）

银皮书中预付款的第一笔支付款都是在合同协议生效后或业主收到履约保证后 42 天内支付，而新红皮书和新黄皮书中规定是在中标函签发后 42 天内，或业主收到履约保证后 21 天内支付；期中支付时间相同，都是在业主/工程师收到报表后 56 天支付。

　　银皮书与新红皮书和新黄皮书差别较大的是在最终支付的时间上。根据银皮书的规定，业主应在收到承包商的最终报表和结清单后 42 天支付；而新红皮书和新黄皮书，业主收到工程师签发的最终支付证书后 56 天才支付。由于工程师在收到承包商的最终报表和结清单后 28 天内向业主开出最终支付证书（第 14.3 款［最终支付证书的签发］），因此，从承包商递交最终报表和结清单到业主支付最终支付款的时间实际上为 28 + 56 天，这比银皮书中，承包商在递交最终报表和结清单后 42 天就可以收到最终支付款要晚很多。可以说，在最终支付款的支付时间上，银皮书对承包商还是有利的❶。

14.9　保留金的支付（Payment of Retention Money）

　　银皮书中对保留金的支付与新黄皮书相同。请参阅新黄皮书

---

❶　在实践中，工程款的支付时间并不是固定不变的，常取决与双方的谈判和关系。笔者参加的一个 EPC 项目的期中支付和最终支付时间更短，为承包商提交报表（支付申请）后 30 天。

第 17 条 风险与责任 （Contract Price and Payment）

在本条中，除了第17.3款［业主的风险］有实质的区别之外，银皮书与新黄皮书和新红皮书中的其他规定基本相同。下面我们来看一下有实质差别的地方。

第17.3款 ［业主的风险］

在新黄皮书和新红皮书中规定业主承担的风险有8项：

1. 战争，敌对行为等行为；
2. 在业主国内的叛乱、恐怖、革命、政变、内战等；
3. 在业主国内的非承包商人员造成的骚乱、混乱等；
4. 在业主国内的非承包商的军火、炸药、放射物质导致的污染等；
5. 飞行器导致的压力波；
6. 业主占用部分工程导致的风险；
7. 业主方负责的设计；
8. 一个有经验的承包商无法预见或无法充分合理防范的自然力的作用。

而在银皮书中，只有前五项内容属于业主的风险。后三项内容应被认为由承包商负责。我们来分析一下在银皮书中承包商负责的后三项内容：

第6项，业主占用部分工程导致的风险：

在银皮书中，一般情况下不允许业主使用部分工程，除非合同或双方有商定（见第10.2款［部分工程的接收］）。如果合同没有规定业主有权使用某部分工程，但业主想使用，则必须得到承包商的同意。若承包商同意，他必须注意要同时加上补充规定，即：由此导致的一切风险由业主承担，否则根据本款的规定，业主是不承担这项风险的。但如果合同规定了业主有权使用部分工程时，本款的规定应在专有条件中做出相应修改，否则要承包商为业主的行为承担风险，显然是不合理的。

第7项，业主方负责的设计：

在银皮书中，设计一般由承包商来做。对于业主前期所做的部分设计工作，如包括在"业主的要求"中的那些工作。根据银皮书中的规定，承包商也是有责任审核改正的，除非是承包商无法更正的内容（见第 5.1 款［一般设计义务］），因此本款的规定，是与银皮书中的其他规定相呼应的（见第 5.1 款［一般设计义务］）。这充分反映出在银皮书中，承包商所承担的巨大的风险和责任。

第 8 项，一个有经验的承包商无法预见或无法充分合理防范的自然力的作用：

承包商承担的这一风险，实际上是工程实施过程中发生的可能性最大的风险。事实上银皮书中的很多规定，也是与这项内容相呼应的（见第 4.10 款［现场数据］和第 4.12 款［不可预见的困难］）。因此本款的规定再一次提醒承包商，依据银皮书来实施 EPC 项目时，自己所负担的风险是多么大。如何有效防范所承担的风险，将取决于承包商的整体管理水平。

这几条到此讲完了，请思考下面的问题：

1. 从这几条中银皮书与新红皮书和黄皮书的不同规定，体现出了 FIDIC 编制新版合同条件时哪一基本思想？在实践中贯彻这种思想有可能遇到什么问题？

银皮书的讲解到此结束，在学习绿皮书之前，请再回忆一下，银皮书中规定的主要内容，与新红皮书和新黄皮书中有那些主要差别。如果基本掌握了，那就接着阅读绿皮书吧。

FIDIC 绿皮书

简明合同格式

Short Form of Contract

绿皮书下的合同与组织关系示意图:

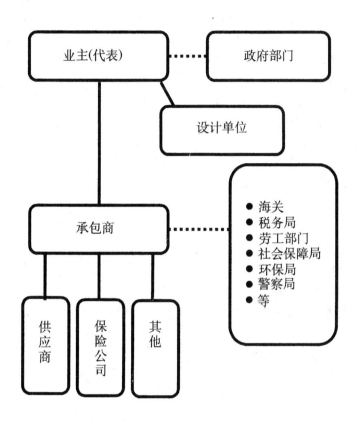

注:1. 实线表示合同关系和管理(或协调)关系;虚线只表示管理或协调关系;

2. 由于此类工作简单,承包商一般不雇用分包商;

3. 若设计大部分由承包商承担(第5条),承包商可能会雇用设计分包商;

4. 工程保险一般由承包商办理。

导读总说明：

在学习了新版红皮书、新黄皮书以及银皮书后，我们发现，这三个版本编排格式十分接近，内容也大部分相同或近似，而 FIDIC "简明合同格式"（绿皮书）在内容上和编排格式上也与前面的三本合同条件差异很大，其本身的特点十分突出：简明、灵活。因此在正式讲解绿皮书之前，我们先对其作一总体介绍。

绿皮书主要内容分为四大部分：协议书；通用条件；裁决规则；使用指南。在本合同格式中，并没有包括专用条件，原因是，FIDIC 认为，没有专用条件，本合同格式中的内容能够满足一般情况，但如果具体项目需要，可以在通用条件后面加上附加的内容。

一、协议书

与其他三个版本不同，在本合同格式中，协议书是一个实质性文件，是合同格式的核心。其中的内容有：

- 业主的名称
- 承包商的名称
- 工程名称
- 承包商的报价（Offer，要约）
- 业主对承包商报价的接受（Acceptance，承诺）
- 双方签字
- 协议书生效日（为承包商收到业主签字的协议书正本的当日）
- 附录（将通用条件中的核心条款涉及的数据和内容按条款顺序，以清单的形式列出。）

二、通用条件

通用条件共包括 15 个条款，内容有：一般规定；业主；业主代表；承包商；承包商的设计工作；业主的责任；竣工时间；接收；修补缺陷；变更与索赔；合同价格与支付；违约；风险与责任；保险以及争端的解决。

三、裁决规则与裁定人协议书

裁决规则的编制原理与前面的三个合同条件所附的类似，但更简单些。内容包括：裁决员的任命和任命条件；裁决员报酬的支付方法；裁决员的工作程序。

裁决协议书是合同双方与裁定人签订的，内容包括：工程名称；业主名称与地址；承包商名称与地址；裁定人名称与地址；明确裁定人协议书包括简明合同条件中的裁定规则和争端的规定；支付裁定人的方法；协议书适用的法律等。

四、使用指南

这一部分不构成正式文件的一部分，只是供编制实际合同文件时参考，对一些条款的编制原则进行了解释，并说明，在特定情况下，其中的条款可以作相应改动。

我们在最前面的"导言"中，曾简单介绍了绿皮书适用的大致范围。在下面的内容中，我们主要对通用合同条件部分进行综合说明和解释。

在对绿皮书有了一个大致印象后，我们来看具体的合同条款吧。

第1条 一般规定（General Provisions）

〰〰〰〰〰〰〰〰〰〰〰〰〰〰〰〰〰〰〰

学习完这一条，应该了解：

- 绿皮书中所定义术语的含义；
- 与前面三合同术语的差别。

〰〰〰〰〰〰〰〰〰〰〰〰〰〰〰〰〰〰〰

1.1 定义（Definitions）

共包括下列19个定义：

1. 合同（Contract）
2. 规范（Specification）
3. 图纸（Drawings）
4. 业主（Employer）
5. 承包商（Contractor）
6. 当事方（Party）
7. 开工日期（Commencement Date）
8. 天（day）
9. 竣工时间（Time for Completion）
10. 费用（Cost）
11. 承包商的设备（Contractor's Equipment）
12. 工程所在国（Country）
13. 业主的责任（Employer's Liabilities）
14. 不可抗力（Force Majeure）
15. 材料（Materials）
16. 永久设备（Plant）
17. 现场（Site）
18. 变更（Variation）
19. 工程（Works）

其中，"合同"、"开工日期"、"变更"和"工程"的定义与前面三个合同条件中的定义不尽相同,"业主的责任"是新增定义。下面对这几个定义加以解释。

1.1.1 合同 (Contract)

根据本款对"合同"的定义,它包括协议书以及协议书附录中所列出的文件。我们前面对协议书的内容作了简单的介绍。关于协议书的附录,在其范例格式里面列出了下列文件作为合同文件:

- 协议书
- 专用条件
- 通用条件
- 规范
- 图纸
- 承包商提出的设计
- 工程量表
- 等

当然,这里列出的只是一种范例而已。业主在编制招标文件时,可以根据实际情况进行修改。例如:如果业主不需要承包商设计,则"承包商提出的设计"就可以删除。有意思的是,虽然 FID-IC 在编制本简明合同文本时,并没有给出任何实质性的"专用条件",而且声明,没有"专用条件",一般情况下"通用条件"本身就可满足要求,但在协议书附录中仍列出了"专用条件"一项。笔者认为,如果使用"简明合同格式"作为蓝本来编制具体合同时,恐怕绝大多数情况下是离不开"专用条件"一项的。

大家可以将本款规定的内容与前面的新红皮书、新黄皮书以及银皮书中的所定义"合同"组成对比来学习。

1.1.7 开工日期 (Commencement Date)

本款规定"开工日期"为"协议书生效日后的第 14 天或双方商定的其他日期"。

根据协议书中的规定,这里的协议书生效日期为"承包商收到业主签字的协议书正本的日期"。

与前面新红皮书、新黄皮书以及银皮书中的"开工日期"相比,这一规定要具体得多。新红皮书和新黄皮书规定:"开工日期"为承包商收到中标函后的 42 天内的某一天,具体日期由工程师提前 7 天以上通知承包商。(参阅这两个文件的定义 1.1.3.2"开工日期"和第 8.1 款 [开工]);银皮书规定的"开工日期"为合同生效日期后 42 天的某个日期,具体日期由业主提前 7 天以上通知承包商,银皮书下的合同生效日期按协议书中书明的日期。（参阅银皮书定义1.1.3.2"开工日期"和第8.1款［开工］）。

1.1.18 变更（Variations）

本款规定"变更"为"业主根据变更条款（10.1）的规定下达指令，对规范或图纸做出的变动"。

本款将"变更"限制在"规范和图纸"的范围内；而新红皮书列出了六项可以变更的内容。因此，绿皮书似乎没有新红皮书规定的内容广，但除了在新红皮书中可以变更"工程实施的顺序和时间安排"外，其他内容均可以通过对"规范和图纸"的变动而实现（见新红皮书定义1.1.6.9"变更"和第13.1［有权变更］）。绿皮书将"工程实施的顺序和时间安排"没有明确列在变更之内，大概是考虑到，绿皮书所适用的都是简单工程，这类情况不太容易发生。

至于新黄皮书和银皮书，其变更的范围更广，规定得也很笼统。

1.1.13 业主的责任（The Employer's Liabilities）

这是一个新增定义，定义本身并没有给出实质性内容，只是说明，其内容在第6.1款中列出。

实际上，这一定义覆盖了前面三个合同条件中的关于业主的风险以及违约方面内容。这样在绿皮书中行文过程中能够更加简练些。详见第6.1款［业主的责任］。

1.1.19 工程（Works）

本款规定"工程"为"承包商承担的所有工作（all the work）、设计（若合同规定有设计），包括临时工程和变更"。

根据此定义，凡本简明合同格式中提到"工程"这一术语，将包括：所有施工工作、设计工作以及相应变更工作。而前面的新红皮书、新黄皮书以及银皮书中规定："工程"包括"永久工程"和"临时工程"或指二者之一，单从该定义上看，这两个合同条件中的"工程"并没有明确包括"设计"工作，而是通过其第4.1款［承包商的一般义务］（新红皮书、新黄皮书以及银皮书）和第5条［设计］（新黄皮书和银皮书）来规定承包商的设计工作。

而绿皮书通过其定义中明确列入设计工作，则无须增加条款再来单独说明"设计"，从而达到简化合同条件的目的。

1.2 解释（Interpretation）

参考新红皮书第 1.2 款［解释］。

1.3 文件的优先次序（Priority of Documents）

在此款下并没有具体列出绿皮书中合同文件的优先次序，而是规定按协议书附录中所列顺序来解释合同（见上面的"1.1.1 合同"所列出的文件）。其他与新红皮书的规定类似，请参考新红皮书第 1.5 款［文件的优先次序］。

1.4 法律（Law）

合同的适用法律在协议书附录中列出。

参阅新红皮书 1.4［法律与语言］。

1.5 通讯交流（Communications）

参阅新红皮书 1.4［法律与语言］。

1.6 法定义务（Statutory Obligations）

参阅新红皮书 1.13［遵守法律］。

本条到此讲完了，请检查一下自己是否达到了开始提出的要求，并思考下面的问题：

1. 如果您是咨询工程师，负责编制小型简单工程的招标文件，您定义合同条件中的术语时，会从什么角度来考虑？

管理者言：

详细易导致繁琐，简单易导致疏漏，就处理一项具体工作来说，若不能判断出两种方法的优劣，则宁简勿繁。

第2条　业主 (The Employer)

~~~~~~

学习完这一条，应该了解：

- 业主提供现场义务；
- 业主签发指令的权利；
- 业主的批准的含义。

~~~~~~

本条共包括四个子条款，内容比较简单，主要规定的是业主的某些义务。

2.1　提供现场 (Provision of Site)

本款规定：业主必须按照协议书附录中规定的时间向承包商提供现场以及进入现场的权利。

参阅新红皮书第 2.1 款 [进入现场的权利]。

2.2　许可证与执照 (Permits and Licenses)

本款规定：承包商可以要求业主协助其实施工程所需要的许可证、执照、批准等。

这是国际工程的惯例。参阅新红皮书第 2.2 款 [许可证、执照或批准]。

2.3　业主的指令 (Employer's Instructions)

本款规定：承包商应遵守业主发出的指令，包括暂停工程。

应注意，本款虽然规定承包商有义务遵守业主的指令，但并不是意味着被动和无偿地接受此类指令。如果该指令超过了合同的规定，那么，承包商有权依据变更和索赔条款要求补偿。

参阅新红皮书第 3.3 款 [工程师的指令]。

2.4　批准 (Approvals)

本款规定：业主或其代表的批准、同意、不发表意见等，不影响承包商的任何合同义务。

如何理解本款的规定，请参阅新红皮书第 3.1 款［工程师的职责与权力］中关于（C）项内容的解释。

本条到此讲完了，请检查一下自己是否达到了开始提出的要求，并思考下面的问题：

1. 既然"业主或其代表的批准，同意，不发表意见等，不影响承包商的任何合同义务"，业主是否可以随意批准或同意承包商的工作呢？

管理者言：

业主的管理水平是由承包商的工作所体现出来的。

第3条　业主的代表
（The Employer's Representatives）

~~~~~~

学习完这一条，应该了解：

• 业主的"被授权人"和业主的代表的含义；
• 业主的"被授权人"和业主的代表的内在联系。

~~~~~~

本条共包括两个子条款，规定了业主方需要任命的项目负责人以及具体管理工程的业主的代表。

3.1　被授权人（Authorised Person）

本款规定：业主必须派一名自己的人员来负责项目工作。该被授权人应在协议书附录中指明，或业主另行通知承包商。

本款实际上是规定业主需要派出一个专门人员来负责项目的总协调。被授权人一般全权代表业主行使业主的权力。如果业主另外再派遣代表做项目管理的具体工作，那么这类被授权人常常只负责业主方的决策问题，而不负责具体事务，否则该被授权人将会作为业主的全权代表，不但负责决策，也负责实际管理工作。大家可以结合下面一款来理解本款的规定。

3.2　业主的代表（Employer's Representative）

本款规定：业主同时可以任命一个公司或个人来行使某些职责。这一公司或人员可在协议书附录中书明，或由业主随时通知承包商，其职责和权力也应由业主通知承包商。

本款的规定具有不确定性，即业主可以派遣这样的代表，也可以不派遣。如果派遣，这一公司或人员往往是专业项目管理公司或专才，承担项目管理的具体工作，实际上与上面的被授权人员分工协作；如果业主不派遣业主的代表，上面的被授权人员则实际上是业主全权代表，同时又负责具体的项目管理工作。

从管理角度而言，绿皮书的这一规定与其所倡导的"简明"有点不符。

此类简明合同适用的往往是小型和简单工程项目，其管理工作相对简单。任命惟一的"代表"来全权管理项目，可以减少管理环节，权责容易明确，也更易于提高管理效率。但 FIDIC 这样规定的原因，大概是考虑业主机构内部有时不具备管理项目的能力。

本条到此讲完了，请检查一下自己是否达到了开始提出的要求，并思考下面的问题：

1. 如果您是业主，您将如何考虑组建业主的项目管理机构？

管理者言：

只有业主对承包商的工作评价高，承包商的管理水平才是真高。

第4条　承包商（The Contractor）

~~~~~~~~~~~~~~~~~~~~~~~~~~~~~~~~~~~~~

学习完这一条，应该了解：

• 承包商的一般义务；
• 业主对承包商任命代表的限制；
• 分包限制；
• 业主对履约保证的要求。

~~~~~~~~~~~~~~~~~~~~~~~~~~~~~~~~~~~~~

　　本条共包括四个子条款，规定了承包商的一般义务，承包商的代表，分包，以及履约保证。

4.1　一般义务（General Obligations）

　　本款规定：承包商按照合同恰当完成工程；提供项目需要的管理人员、劳务人员、材料、永久设备、承包商的设备（施工设备）等；材料和永久设备运到现场后即被认为业主的财产。

　　本款覆盖了承包商的基本合同义务，与前面三合同条件规定近似，请参阅相关条款。

4.2　承包商的代表（Contractor's Representative）

　　本款规定：承包商任命项目代表（承包商的项目经理）时，必须将该员的简历送交业主，并取得业主同意。这一人员代表承包商接收业主的指示。

　　本款规定的实质是承包商派遣项目经理时需要业主的同意，若业主认为承包商提出的人选资质不够，可以否决承包商的提议。这是因为承包商的项目经理水平的高低往往对项目顺利实施至关重要。

　　参阅新红皮书相应条款第4.3款［承包商的代表］。

4.3　分包（Subcontracting）

　　参阅新红皮书第4.4款［分包商］。

236

4.4 履约保证（Performance Guarantee）

本款规定：如果协议书附录中有规定，承包商应在开工日期后 14 天内，按业主批准的格式提交一份履约保证给业主，并应由业主批准的第三方开具。

本款的规定与前面合同条件的规定在时间上略有差异。新红皮书和新黄皮书规定，承包商提交履约保证的时间是在收到中标函后的 28 天内；银皮书规定的是在双方签订协议书后 28 天内。

参阅新红皮书第 4.2 款［履约保证］。

本条到此讲完了，请检查一下自己是否达到了开始提出的要求，并思考下面的问题：

1. 一般情况下，从承包商得到业主签字的协议书算起，承包商最晚在哪一天必须提交履约保证？

管理者言：

公司总部对待工程项目经理的政策：要宏观监督，而不要微观控制。

第5条　承包商的设计（Design by Contractor）

~~~~~~

学习完这一条，应该了解：

• 业主对承包商设计工作的管理程序；
• 业主和承包商双方各自的设计责任。

~~~~~~

　　本条包括两个子条款，规定了在承包商承担合同规定的设计义务时应遵循的原则以及承包商对其设计承担的责任。

5.1　承包商的设计（Contractor's Design）

　　　　本款规定：承包商按照合同规定的范围进行设计。承包商完成设计后，应立即提交给业主；业主 14 天将意见反馈给承包商；如果设计不符合合同，业主应拒绝，但需要说明理由；若设计被拒绝，或在等待业主批复的 14 天内，承包商不得进行相关永久工程实施；承包商应对被拒绝的设计进行改正，随后立即再提交给业主；对业主有意见的设计，承包商在进行了必要的修改之后，再立即提交给业主。

　　　　本款覆盖了承包商设计工作的执行程序，全面而简练。与新黄皮书和银皮书相比，业主的批复时间也比较短，为 14 天。

　　　　遗憾的是，与新黄皮书和银皮书类似，对承包商需要提交批复的次数没有限制。

　　　　参阅新黄皮书和银皮书第 5.2 款［承包商的文件］。

5.2　设计责任（Responsibility for Design）

　　　　本款规定：承包商对其投标书中给出的设计以及根据本条所做的设计负责，并保证其设计符合合同规定的预期目的；若承包商的设计涉及侵权，承包商也须自己负责；业主为其自己的图纸和规范负责。

　　　　在绿皮书下，业主可以负责全部设计，并在协议书附录中列出；有时他也可以将全部或部分设计工作委托给承包商。本款设想的是承包商承担部分设计工作的情况。对承包商与业主各自的责任进行了明确划分。

参阅新黄皮书和银皮书第 5.8 款［设计错误］。

本条到此讲完了，请检查一下自己是否达到了开始提出的要求，并思考下面的问题：

1. 您认为，FIDIC 绿皮书将业主审核承包商的设计文件由新黄皮书和银皮书中规定的 21 天缩短为 14 天，是基于哪些因素？

> 管理者言：
>
> 　　"豪华设计"是有代价的，在符合合同的要求下，"实用、安全、简练"应成为技术人员的设计准则。

第6条 业主的责任（Employer's Liabilities❶）

本条只有一个子条款，列出了16种业主承担后果责任的情况。

6.1 业主的责任（Employer's Liabilities）

本款列出了下面16种情况，由业主负责：

1. 战争以及敌对行为等；

2. 工程所在国的起义，革命等内部战争或动乱；

3. 非承包商（包括其分包商）人员造成的骚乱和混乱等；

4. 放射性造成的离子辐射或核废料等造成的污染以及造成的威胁等，但承包商使用此类物质导致的情况除外；

5. 飞机以及其他飞行器造成的压力波；

6. 业主占有或使用部分永久工程（合同明文规定的除外）；

7. 业主方负责的工程设计；

8. 一个有经验的承包商也无法合理预见并采取措施来防范的自然力的作用；

9. 不可抗力；

10. 非承包商引起的工程暂停；

11. 业主任何不履行合同的情况；

12. 一个有经验的承包商也无法合理遇见的在现场碰到的外部障碍等；

13. 变更导致的延误或中断；

14. 承包商报价的日期后发生的法律变更；

15. 由于业主享有工程用地权利所导致的损失；

---

❶ 英文中的 responsibility 与 liability 是近义词，虽然两者都可以翻译为"责任"，但前者常指"负责的工作或为其工作承担的相应责任"，后者常指"事件或行为造成的后果责任或经济责任"。

16. 承包商为实施工程或修复工程缺陷造成的不可避免的损害。

从本款列出的业主承担的责任范围来看，绿皮书在处理风险分担的原则是对承包商有利的；甚至比新红皮书和新黄皮书更"亲承包商"（pro - contractor）。其中，最后两项是原红皮书第四版中的规定。前 14 种情况大致与新红皮书中的下列条款相似：

第 17.3 款［业主的风险］；

第 19 条［不可抗力］；

第 8.8 款［工作暂停］；

第 8.9 款［暂停的后果］；

第 4.12 款［不可预见的外部障碍］；

第 13 条［变更与调整］；

第 8.4 款［竣工时间的延长］。

本条到此讲完了，请检查一下自己是否达到了开始提出的要求，并思考下面的问题：

1. 您认为绿皮书的风险划分合理吗？

管理者言：

　　项目管理中复杂的关系使得信息的传递十分重要，善于沟通是当代项目经理所必须具备的素质之一。

第7条 竣工时间（Time for Completion）

学习完这一条，应该了解：

- 对承包商开工以及实施工程的要求；
- 进度计划提交的时间；
- 承包商索赔工期的权利；
- 延迟完工的后果。

本条包括四个子条款，包括工程实施、进度计划、延期以及延迟完工等四个方面的内容，对承包商完成工程的进度和时间进行控制。

7.1 实施工程（Execution of the Works）

本款规定：承包商应在开工日期开工，并行动迅速，不得延误；而且在竣工时间内完成工程。

本款从开工日期、开工和实施工程的过程以及最后竣工的日期等三个方面，对承包商实施工程的方式在时间方面进行了控制。

如果承包商达不到这三项内容怎么办呢？参阅下面第7.4款［延迟完工］和绿皮书第12.1款［承包商的违约］。

7.2 进度计划（Programme）

本款规定：承包商应按协议书附录规定的时间和格式向业主提交一份进度计划。

在协议书附录中，给出的时间为开工后14天内，格式没有具体给出。在前面三个合同条件中，要求承包商提交进度计划的时间为开工后的28天内。显然，对与此类简明合同适用的小型工程，由于编制进度计划相对简单，所需时间比大型工程要少，因此，在本款中规定较少的时间是合理的。

关于进度计划的解释，请参阅新红皮书第8.3款［进度计划］中的解释。

7.3 工期延长（Extension of Time）

本款规定：若工程因业主的责任导致了延误，承包商有权按程序（第10.3款）索赔工期；业主接到承包商的索赔申请后，结合承包商提供的证据，给予适当的延期。

根据本款，凡发生属于"业主的责任"的事件，导致工程延误，承包商有索赔工期的权利，但他需要遵循索赔程序，需要提供证明。

参阅新红皮书第8.4款［竣工时间的延长］的解释。

7.4 延迟完工（Late Completion）

本款规定：若承包商没有按期完工，需要按照协议书附录中规定的每天赔偿数额对业主进行赔偿。

在协议书附录中，同时规定了赔偿的限额，为合同金额的10%。

参阅新红皮书第8.7款［拖期赔偿费］的解释。

本条到此讲完了，请检查一下自己是否达到了开始提出的要求，并思考下面的问题：

1. 根据您的经验，您认为拖期赔偿费的限额定为10%是一合理限额吗？

管理者言：

工作出了问题，有些人忙着找推诿责任的借口，有些人忙着找解决问题的方案，两类员工对工作的态度高下立判。

第8条　接收（Taking-over）

本条有两个子条款，包括工程竣工和工程接收，给出了工程竣工后的验收程序。

8.1　竣工（Completion）

本款规定：当承包商认为工程已经竣工时，可以向业主发出通知。

本款的规定是一种管理程序上的规定，承包商可以依据本款的规定，在他认为工程竣工后通知业主。

8.2　接收通知（Taking－over Notice）

本款规定：若业主认为工程已经竣工，他应通知承包商并注明竣工的日期；即使工程只是基本竣工，并没有完全竣工，业主也可以通知承包商，该工程达到接收的条件，并注明相应日期；发出此类通知后，业主应随即接收工程；承包商应立即完成扫尾工作，包括清理现场。

根据本款的规定，业主在两种情况下都可以接收工程：工程全部竣工或工程基本竣工。但若属于后者，承包商必须立即完成扫尾工作。

本款的规定暗示，如果业主认为工程没有达到竣工的状态，则他可以不接收工程。此情况下，一般业主会通知承包商，说明仍须完成的工作。

参阅新红皮书第8.10条［业主的接收］的解释。

本条到此讲完了，请检查一下自己是否达到了开始提出的要求，并思考下面的问题：

1. 请您依据本条的规定，试着编制一个具有操作性的工程竣工验收程序。

管理者言：

　　项目成功要靠团队精神，而团队往往更需要"教练"，而不是"老板"。

第9条　修复缺陷（Remedying Defect）

~~~~~~

学习完这一条，应该了解：

- 承包商在缺陷通知期的责任；
- 业主随时检查承包商的工作的权利。

~~~~~~

本条只有两个子条款，包括修复缺陷和隐蔽工程检查，规定了业主可以要求承包商在规定的期限内修复工程缺陷的权利以及检查隐蔽工程的权利。

9.1　修复缺陷（Remedying Defects）

本款规定：业主可以在协议书附录中规定的期限内，通知承包商修复缺陷或完成扫尾工作；若缺陷由承包商的设计、材料、工艺或不符合合同要求引起，则修复费用由承包商承担，其他原因引起的由业主承担；业主通知后，承包商没有在合理时间内修复缺陷或完成扫尾工作，业主有权自行完成相关工作，费用由承包商承担。

本款所说的通知的时间，实际上就是前面几个合同条件中的"缺陷通知期"。类似的说法还有"维修期"、"质保期"、在红皮书第四版中被称为"缺陷责任期"。在本协议书附录中，该期限被规定为365天。

参阅新红皮书第11条［缺陷责任］中的解释。

9.2　剥离和检验（Uncovering and Testing）

本款规定：业主可以下达指令，剥离隐蔽工程进行检查。但如果检查结果证明该部分工程符合合同规定，则此类剥离和检查应按照变更工作处理，承包商应得到相应支付。

本款实际上是一个业主控制承包商的工作质量的条款，相当于前面三个合同条件中的质量控制条款第7条［永久设备、材料和工艺］。将这一内容包括在本条内，从编排结构上似乎不太合理。编者可能是为了避免条款编制的太琐碎，而将这两个关系不太大的条款合并在了一起。

问题讨论：

　　无论在本条，还是在第8条［接收］，都没有给出表示承包商彻底完成工程的"履约证书"或"缺陷责任证书"。只是在第8条用了"接收通知"一术语，表示承包商基本完成了工程，并在（缺陷）通知期内完成剩余的扫尾工作和修复有关缺陷。在该期限结束后或在承包商完成扫尾工作和通知期内发现的缺陷后，在本条并没有按照惯例，规定业主向承包商签发一份类似"履约证书"性质的文件。没有此类证书，怎样才能证明承包商完成了其合同义务呢？似乎从绿皮书得不到答案。

　　也许绿皮书的编制者认为，很多国家的法律规定，承包商对工程的责任并不限于一年的责任期。但这并不妨碍在绿皮书加入"履约证书"方面的规定，因为，履约证书所表示的是承包商完成了合同义务，但若业主国法律规定承包商承担的责任超过一年，当然应以法律为准。另外，根据具体情况，也可以在履约证书上注明法律的额外要求。事实上，在国际工程中，当法律要求承包商承担多年的责任时，通常用保险的手段来解决这一问题，如北非国家要求承包商办理"十年责任险"。

本条到此讲完了，请检查一下自己是否达到了开始提出的要求，并思考下面的问题：

1. 承包商在接到业主修复缺陷的通知后，他的第一反应应该是什么？

管理者言：

　　项目管理中需要召开很多会议，但人数尽可能少，工作协调会一般不要超过6人，否则，肯定有人在浪费时间。

第 10 条　变更与索赔（Variations and Claims）

〜〜〜〜〜〜〜〜〜〜〜〜〜〜〜〜〜〜〜〜〜〜〜〜

学习完这一条，应该了解：

• 工程变更权，估价方法以及变更程序；
• 承包商的索赔权以及索赔程序。

〜〜〜〜〜〜〜〜〜〜〜〜〜〜〜〜〜〜〜〜〜〜〜〜

　　本条包括五个子条款，覆盖了变更估价方法，变更程序，早期警告，索赔权以及变更和索赔程序。

10.1　有权变更（Right to Vary）

　　本款规定：业主可以下达变更指令。

　　本款的原文只有五个词（The Employer may instruct variations.），赋予了业主变更的权利。这也许是最简单的一个合同条款了，的确体现出了本合同条件的特点："简明"。

10.2　变更估价（Valuation of Variations）

　　本款规定，估价变更工作的方法可以采用下列五种方式之一：

　　1. 双方商定一个包干价；
　　2. 按合同中规定的适当单价；
　　3. 若无适当单价，参照合同中的单价来估价；
　　4. 按双方商定的，或业主认为适当的新单价；
　　5. 业主可以指示按协议书附录中所列的计日工单价，此情况下，承包商应对自己的工时、机械台班以及消耗材料进行记录，以备估价。

　　根据不同的情况，双方可以选择一种适当的方法进行估价。在各类方式中，最理想的就是双方商定一个包干价。

10.3　预警通知（Early Warning）

　　本款规定：合同一方应将其觉察到的可能延误工程或导致费用索赔

的任何情况尽早通知对方；承包商必须采取一切合理步骤减少此类影响。

在承包商迅速通知并采取合理措施的条件下，他有权获得工程延期和附加付款。

本款引入的"预警通知"机制，可以说是一种较好处理工程受到外部影响的一种方法，有助于合同双方（主要是承包商）采取防范措施，尽可能减少事件造成的损失。

10.4 索赔权利（Right to Claim）

本款规定：若由于"业主的责任"，招致承包商额外开支，承包商有权索赔此类费用；若由于"业主的责任"必须变更工程，则此种情况应按变更处理。

本款明确赋予了承包商索赔费用的权利，却没有提到承包商有权索赔利润的情况，在这一点上，似乎没有新红皮书中的某些规定更有利于承包商，因为新红皮书中明确规定了承包商可以索赔利润的情况。

本款与第在 7.3 款［工期延长］是两个核心索赔条款。

10.5 变更和索赔程序（Variation and Claim Procedure）

本款规定：承包商应在变更指令后的 28 天内，向业主提交一份包括变更各项内容的变更估价书，或在索赔事件发生后的 28 天内，提交列明各项索赔费用的索赔书；业主审查后，可以同意；若不同意，业主决定变更或索赔费用额度。

本款规定的变更估价与前面的三个合同条件的规定有所不同。本款规定变更估价先由承包商提出列明分项的变更估价书，然后由业主同意，若不同意，业主可以自行决定；但在新红皮书和新黄皮书中，工程师商定或决定变更价值，并明确包括一定利润；银皮书是由业主直接和承包商商定或决定变更的金额，也包括利润。由于在这三个合同条件下，都要求承包商在实施变更时记录费用，因此，工程师或业主决定变更金额时，也一般基于承包商的费用记录。但如果承包商对业主的决定有疑义，他可以按争端解决程序要求裁决或仲裁。

遗憾的是，在本款中，只规定承包商提交索赔的时间限制，却没有规定业主答复的时间限制，而前面三个合同条件给出了工程师/业主必须答复的时间限制（42 天）。由于绿皮书也没有关于"业主/工程师的任何决定不得无故拖延"等规定，一旦业主对索赔，甚至是变更款迟迟不批复，承包商就会很被动。

参阅新红皮书、新黄皮书、银皮书 的第 13.3 款［变更程序］。

本条到此讲完了，请检查一下自己是否达到了开始提出的要求，并思考下面的问题：

1. 从内容来看，您认为本条编制得有哪些优缺点？

管理者言：

　　作为一个项目经理，你必须着眼项目的"大画面"，将之所以为将，就在于他能为其率领的队伍指出前行的方向。

第 11 条 合同价格与支付
（Contract Price and Payment）

~~~~~~

学习完这一条，应该了解：

- 工程的估价方法；
- 期中支付和最终支付的程序；
- 保留金的扣还程序；
- 支付货币以及延误支付的处理方法。

~~~~~~

　　本条包括八个子条款，覆盖了工程款估价与支付相关的方方面面，其核心内容主要涉及如何确定合同价格，如何申请进度款和最终结算款。

11.1　工程估价 （Valuation of the Works）

　　本款规定：工程按协议书附录中的规定进行估价，同时遵守第 10 条的规定。

　　在协议书附录中，给出了如下五种如何确定价格的机制：

　　　　1. 纯包干合同价格；

　　　　2. 附费率表的包干合同价格；

　　　　3. 附工程量表的包干合同价格；

　　　　4. 附工程量表的重新测量合同价格；

　　　　5. 费用补偿形式的合同价格。

　　实际上，业主可以根据工程的具体情况和自己的工程建设策略选择其中的一种价格方式，也可以根据工程各部分的具体情况来选择其中的几种。下面简单介绍一下这几种价格机制的特点和适用的条件。

　　纯包干合同价格：这种合同价格由承包商依据业主的招标文件报出，只是单纯的一个总价，一般固定不便，通常适用于工程量小、工期短、金额小、工种单一、工程量相对固定的工程，一般工程款一次或两次结清。

　　附费率表的包干合同价格：这种价格方式是承包商在报出总价时，

251

同时附有一个费率（单价）表，表明总价中各项工作单价，供业主参考，但一般支付时仍按总价支付。所附费率表的主要作用是在工程变更时估价使用。因此，这种合同价格适用于合同额较大，发生变更的可能性较大，但业主在招标时又没有能力或不愿意编制工程量表的情况。

附工程量表的包干合同价格：这种实际上与上一种类似，主要不同是业主在招标文件中编入了工程量表，承包商所报的总价基于此工程量表。这种方式要求业主在招标阶段的投入较大，但有利于减少合同执行过程中的矛盾。

附工程量表的重新测量合同价格：在这种方式下，承包商在工程量表中填入单价，并计算出总报价，但此总价一般只是一个名义价格，合同实际的最终结算价格将取决于实际完成的工程量和工程量表中的单价，因此，这种价格方式更适用于工程量在招标时不能确定的工程，这实际上是一种单价合同。

费用补偿形式的合同价格：这种价格方式实际上是一种"实报实销"的价格机制，但承包商的实际开支以及计算方式需要得到业主的认可。这种方式在实践中还有几种形式，如：成本加百分比酬金；成本加固定酬金；最大保证成本加酬金加奖金❶。如果业主在实施工程时无法确定工程范围以及工作内容，这种方式更为适用。

理解上面五种价格方式时，应考虑到这只是在"简明合同格式"的背景下的应用情况。实际上，这五种价格方式也是国际工程中常用的价格方式，不但可以单独使用，还可以根据工程的具体情况，对不同工程部分适用不同的价格方式。大家可以参阅前面三个合同条件中与价格和支付相关的条款（第14条）。

11.2　每月报表（Monthly Statement）

本款规定，承包商每月获得的进度款包括三部分：

一、已实施的工程价值；

二、已运到永久设备和材料费，具体计算方法按协议书附录规定；

三、同时根据合同进行相应的增加或减扣。

承包商每月向业主提交报表，作为要求支付上述款额的付款申请。

在每月报表中，一般先列出截止到该月累计完成的工程价值，再列出在上一个支付证书已经支付的工程价值，将前者减去后者，即为该月所得到的工程的价值。

---

❶ 请参阅何伯森主编："国际工程合同与合同管理"第1章，中国建筑工业出版社，1999年。

对于设备、材料费，一般是运到现场后，按一定比例支付一次，等安装或使用到工程上，再支付剩余部分。在本书的协议书附录规定，运到现场后，材料支付 80%，永久设备支付 90%，但这些材料和永久设备必须属于协议书附录中列明的材料和设备。

11.3 期中支付（Interim Payment）

本款规定：业主在收到报表后 28 天内支付承包商，但可以从中扣除保留金以及不同意的款额。

业主应按照协议书附录中规定的比例来扣除保留金。在扣除其不同意的款额时，业主应向承包商说明不同意的原因。

业主不受以前决定支付给承包商期中款额的约束，即：如果业主认为以前他认为应支付承包商的款额有误，他有权进行修改。

业主在收到承包商应提交的履约保证之前，可以暂时扣发此类进度款。

在绿皮书中，似乎对保留金的规定不太充分，本款只规定按协议书附录中的比例（5%）进行减扣，没有说明应扣的保留金的限额。按此规定，似乎应对所有付款都扣除 5%，直到业主接收工程为止（参阅第 11.4 款和第 8.2 款）。大家可以参阅前几本合同条件关于扣发保留金的规定。

11.4 支付前一半保留金（Payment of First Half of Retention）

本款十分简单，只规定了业主归还承包商第一半保留金的时间：在业主颁发给承包商工程接收通知后的 14 天内。

本款的规定比较具体，给了 14 天的时间限制，而不是像前面三个合同条件，只是规定"当工程的接收证书签发后，第一半保留金即应退还给承包商（新红皮书）"，或"当工程的接收证书签发并通过一切工程检验后，第一半保留金即应退还给承包商（新黄皮书和银皮书）"。

实践中，也有在工程接收后将所有保留金都退还承包商的情况，但承包商此时向业主提供一份银行保函，保函金额等于保留金的一半，作为承包商在后期的担保，来替代后一半保留金，目的是加速承包商的资金周转。

11.5 支付后一半保留金（Payment of Second Half of Retention）

本款规定：剩余的保留金在协议书附录后规定的期限届满后 14 天内退还，或在承包商修复好缺陷通知期中应修复的缺陷或完成扫尾工作后的 14 天退还，两个时间以较迟者为准。

本款的规定暗示，业主一旦归还了后一半保留金，即认为业主认可承包商完成了缺陷责任和扫尾工作。

遗憾的是，本款虽然提到"协议书附录后规定的期限"，但在协议书附录中并没有给出相应的条目。

11.6 最终结算款（Final Payment）

本款规定两个方面的内容：一是限定了承包商向业主提交最终账目和支持文件的时间，另一个是业主在收到账目和文件后应向承包商支付的时间限制。

结合第 11.5 款的内容，可以看出，承包商应在完成扫尾工作或修复各项缺陷后（以最晚者为准）42 天内提交最终账目和支持文件。

业主在收到承包商提交的账目和文件之后的 28 内，支付承包商，若业主对某款项有疑义，可暂时扣发该部分，并向承包商说明理由。

我们现在来讨论一个问题：双方不遵守上述时间限制怎么办？

理论上讲，承包商有可能晚提交最终账目和相关文件，但在实践中，由于承包商提交的越早，拿到最终结算款的时间越早，因此，承包商一般不会拖延。如果碰到特殊情况，承包商万一拖延了时间，由于吃亏的是承包商，本款并没有给出此情况下惩罚承包商的规定。

如果业主不遵守时间，则其应当承担相应的责任，参阅下面第 11.8 ［延误支付］以及第 12 条［违约］。

11.7 货币（Currency）

本款规定：支付货币为协议书附录中规定的货币。

对于小型合同，一般来说，支付货币往往为一种。若超过一种，则应考虑兑换率的问题。

11.8 延误支付（Delayed Payment）

本款规定：如果业主延误支付承包商的任何应得款项，承包商有权获得利息，计算方法按协议书附录中的规定。

大家应注意，在业主延误支付工程款时，获得利息仅仅是承包商的权利之一。如果延误付款引起连锁反应，承包商还可以享有其他权利，如：降低施工进度、暂停工程、甚至终止合同，由此造成的损失由业主承担。请大家参阅第 12 条［违约］。

学习本条，大家可以参阅新红皮书，新黄皮书以及银皮书中的相应条款（第 14 条［合同价格与支付］）中的解释。

本条到此讲完了，请检查一下自己是否达到了开始提出的要求，并思考下面的问题：

1. 承包商和业主在支付方面各享有哪些权利和义务？

2. 在业主延误支付工程款时，承包商应当怎样处理？

管理者言：

任何具体的职责都应落实到具体的人员。有时，所谓的集体负责，往往就是没有人负责。

第 12 条　违约（Default）

〰〰〰〰〰〰〰〰〰〰〰〰〰〰〰〰〰〰〰〰〰〰〰

学习完这一条，应该了解：

- 承包商的违约情况和处理程序；
- 业主的违约情况和处理程序；
- 破产下的处理方式；
- 终止合同后的支付方法。

〰〰〰〰〰〰〰〰〰〰〰〰〰〰〰〰〰〰〰〰〰〰〰

　　本条有四个子条款，包括承包商的违约；业主的违约；破产；终止时的支付等内容，规定涉及的是执行合同过程中出现问题的处理手段以及最终解决方法。

12.1　承包商违约（Default by Contractor）

　　本款规定，如承包商发生下列情况，业主可以通知其违约：

- 放弃工程；
- 拒绝接受业主的有效指令；
- 拖延开工和延误进度；
- 不顾书面警告，违反合同。

　　该通知应说明是根据本款发出的。若承包商收到通知后，没有在 14 天内对其违约采取一切合理措施进行补救，业主可以在随后的 21 天内，发出第二次通知，终止合同。承包商应从现场撤出，并应按第二次通知中业主的指示，将材料、永久设备以及承包商的设备留在现场，供业主使用，工程竣工后再行另行处理。

　　本款列出了承包商在实施工程时的四种违约情况，并规定了整改期限，否则业主可以终止合同，后果承包商自负。

　　请思考：

　　如果某些承包商的设备是承包商租赁的，终止合同后，业主是否有权将此类设备扣留在现场？

12.2　业主违约（Default by Employer）

　　本款规定，如业主发生下列情况，承包商可以通知其违约：

- 不按合同付款；

- 不顾书面警告，违反合同。

若业主收到通知后 7 天内不补救，承包商可以暂停一切工作。

若业主在收到通知后 28 天内仍不补救，承包商可以在之后的 21 天发出第二次通知，终止合同，并撤离现场。

本款列出了业主违约情况，以及处理也与上面的程序类似，规定了业主补救的两次期限，以及承包商的在两种情况的权利。

12.3 破产（Insolvency）

本款规定：若一方依据相关法律宣布破产，合同另一方可以立即通知对方，终止合同；若破产的是承包商，则他撤离现场时，将业主要求留下的承包商设备留在现场。

本款规定了合同一方破产情况的处理程序。同样，若承包商破产，为了保护业主的利益，他有权要求将承包商的设备扣留在现场，直到工程竣工。

12.4 终止时的支付（Payment upon Termination）

本款规定，终止合同后，承包商有权得到他已经完成的工程价值，以及合理运到现场的材料和永久设备的价值，并依据下列原则进行调整：

- 加上承包商应得到的索赔款；

- 扣除业主有权从承包商得到的款项；

- 若承包商违约或破产导致业主合同终止，业主可以再扣除等于在终止日仍没有实施的工程的价值的 20% 款额；

- 若业主违约或破产导致的承包商合同终止，承包商有权额外再获得等于在终止日仍没有实施的工程的价值的 10% 款额。

经过调整后，若业主欠承包商，业主应在通知终止后的 28 天内，支付承包商；若调整后，承包商欠业主，则承包商应在通知终止后的 28 天内，支付业主。

本款规定十分具体、简明，其中的数字，大概来源于编者的经验和国际工程承包市场具体情况。这样的规定的最大好处就是能很快地清理终止后的一方对对方承担的付款义务，避免了一般合同条件规定的要等到工程竣工后再解决问题的漫长过程。

其中，在业主违约时，承包商获得的补偿等于终止日仍没有实施的工程的价值的 10% 款额；而在承包商违约时，业主获得的补偿等于终止日仍没有实施的工程的价值的 20% 款额。这样的规定是比较合理的，因为在非经常终止合同的情况下，业主蒙受的损失通常要比承包商大得多（您能说出一些原因吗？）。

涉及终止合同的情况时，问题有时往往不会像本款规定的这样简单。设想：如果业主宣布破产，怎样才能保证承包商拿到本款规定的应得的款项呢？本合同条件没有规定业主向承包商提供支付担保，就是提供了，承包商到开具担保的机构（一般是银行）索赔时，很有可能不会轻易成功。因为业主破产后，其所有财产应按破产法的规定来处理，承包商只是一个普通的债权人，其应得赔偿通常放在清偿次序的后面❶。

如果承包商破产，即使业主手中有承包商的履约保证和扣留在现场的承包商的设备，能不能顺利得到赔付，也往往依赖于适用法律的规定。

因此遇到此类特别情况时，业主或承包商，应做好充分的准备，在采取行动之前，应了解相关法律的规定，尽量在出现这类特殊情况下，最大限度地保护好自己的利益。

本条到此讲完了，请检查一下自己是否达到了开始提出的要求，并思考下面的问题：

1. 如果您是承包商，在业主违约你有权终止合同的情况下，您怎样做，才能最大限度地保护好自己的利益？

> 管理者言：
>
> 只有什么工作都不干的员工才不会出错，但只有做任何工作都努力不出错的员工才是最可信赖的员工。

---

❶ 如我国的破产法第三十七条规定的次序是：支付破产费；所欠工资和劳动保险费；税款；破产债权。

第 13 条 风险与责任 (Risk and Responsibility)

学习完这一条，应该了解：

- 工程照管责任的划分；
- 不可抗力发生后的处理程序。

本条有两个子条款，包括承包商在工程实施工程中负责对工程的看管，以及不可抗力下的处理方法。

13.1 承包商对工程的照管 (Contractor's Care of the Works)

本款规定：从工程一开工，到收到业主的接收工程的通知，承包商负责整个工程的照管；业主接收后，照管责任由业主方负责；若承包商照管工程期间工程遭受损害，承包商应修复，达到合同要求；除非由第 6 条［业主的责任］中所列出的情况导致，否则，承包商对工程的损害以及由与工程相关的所有赔偿要求负担全部责任，保证业主及其人员不因此而受到损害。

本款的规定包括两部分内容：一是工程的照管责任的划分；二是工程遭受损害时，各方应承担的责任的划分。这实际上是基于第 6 条［业主的责任］的进一步规定。

阅读本款应注意，即使在承包商负责照管的期间，如果工程遭受损害是业主的责任（见第 6 条规定）导致的，承包商虽然有义务修复被损害的工程，但有权向业主提出索赔。反过来，即使业主接收了工程，如果工程出现了问题，并证明是承包商的原因（材料、设备、工艺等方面），承包商仍应负责，至少在缺陷通知期内，业主有权要求承包商自费修复。

13.2 不可抗力 (Force Majerure)

本款规定：若发生不可抗力，阻止一方无法履行合同义务，该方应立即通知对方；若必要，承包商应暂停实施工程，并在业主同意下，从现场撤离施工设备。

若不可抗力事件持续了 84 天，任一方都可以向对方发出终止合同的通知，并在通知发出 28 天后生效。

终止后，承包商应获得的剩余工程款包括：承包商完成的工作的价值仍没有支付的部分；运到现场的永久设备和材料的价值；承包商应得到的索赔款（10.4）；暂停导致的费用和撤离现场费用，但从这些费用中，应扣除承包商应支付业主的款项。应支付的剩余款应在终止通知日起的 28 天内支付。

"不可抗力"在绿皮书中的定义部分被定义（1.1.14），但由于与新红皮书中的定义类似，没有讲解，请大家参阅新红皮书第 19.1 款［不可抗力的定义］。

在发生不可抗力后，本条规定的处理程序与新红皮书不完全一样，体现在下面几个方面：

- 不可抗力事件的通知：本款要求立即通知，但没有给出具体的时间限制，而新红皮书要求遭受影响的一方在 14 内通知对方；
- 适用范围：新红皮书明确规定，不可抗力不适用于合同双方的付款义务，绿皮书没有明确规定；
- 补救行为：新红皮书要求遭受影响的一方有尽可能降低不可抗力后果的义务，绿皮书没有明确规定；
- 新红皮书对终止合同后合同款余额的支付时间没有明确的规定，而本款规定为终止通知后日起的 28 天内。

总的说来，绿皮书关于不可抗力的规定与前面三个合同条件的规定的原则是一致的。请参阅新红皮书第 19 条［不可抗力］的解释。

本条到此讲完了，请检查一下自己是否达到了开始提出的要求，并思考下面的问题：

1. 结合第 6 条，您认为在绿皮书中的风险和责任划分是否合理？与前面的三个合同条件相比，绿皮书中的风险分担方法对承包商更有利，还是对业主方更有利？

> 管理者言：
>
> **不懂得用人的艺术，就不懂项目管理。**

第 14 条　保险（Insurance）

学习完这一条，应该了解：

- 承包商投保的范围；
- 合同要求的保险条件。

本条有三个子条款，包括保险范围、保险的条件以及承包商没有办理保险的补救手段。

14.1　保险范围（Extent of Cover）

本款规定：

- 保险由承包商以双方联合名义在开工前办理；
- 必须保持保险的有效性；
- 保险的范围包括下面三大类：

  1. 工程、材料、永久设备以及承包商的设备的损失或损害；
  2. 双方对第三方财产损失和人员的伤亡所承担的责任（包括除工程外的业主的财产）；
  3. 双方以及业主的代表对承包商的人员的伤亡所承担的责任，但由于业主、业主的代表或其雇员的渎职导致承包商的人员伤亡的情况除外。

本款规定的保险范围与新红皮书中第 18.2、18.3、18.4 款的规定类似，请参阅这三款的解释。

14.2　条件约定（Arrangements）

本款规定：所有保险都应遵守协议书附录中的要求；保险公司应以业主批准的保险条件签发保险单；承包商应向业主提供证据，证明合同规定的保险单一直保持有效，且保险费已经支付。

从保险公司收到的赔偿金，应由双方共同保有，用于修复工程或作为补偿。

　　根据项目的具体情况，业主可能提出有关保险要求，并在协议书附录中列出。

　　在协议书附录中，列出了保险的类型；每一类型的投保额；保险例外。

　　承包商在办理保险时，一定在合同中规定的保险条件向保险公司提出，以便保险公司按合同要求签发保险单，这样才能得到业主的批准。

　　请参阅新红皮书第181〔保险的总体要求〕中的解释。

14.3　未办理保险（Failure to Insure）

　　本款规定：若承包商没有办理合同要求的保险或提供相应证据，业主可以办理有关保险，支付保险费，并从承包商方收回该笔费用。

　　本款的规定与新红皮书中的第18.1〔保险的总体要求〕中的倒数第三段相同。

　　本条与新红皮书的第18条规定的内容类似，但在新红皮书中，除承包商的人员的保险外，没有明确规定投保方是承包商，而本条明确了投保方为承包商。

本条到此讲完了，请检查一下自己是否达到了开始提出的要求，并思考下面的问题：

1. 承包商需要为实施工程涉及的哪些方面投保？投保时应注意什么问题？

> 管理者言：
>
> 　　时代在变，管理工具在变，但管理的基本原则不变：让恰当的人去做正确的事。

第 15 条　争端的解决（Resolution of Disputes）

学习完这一条，应该了解：

- 合同争端的裁定方法和程序；
- 仲裁的程序和性质。

本条有三个子条款，包括争端的裁定、对裁定不满的通知程序以及仲裁的相关规定。

15.1　裁定（Adjudication）

本款规定：对于双方在执行合同中发生的争端，如果不能友好解决，双方任一方都可以要求将争端按照本合同条件所附的裁定规则来裁定；裁定人为双方所商定的任何人，若双方未能就任命裁定人达成一致意见，该裁定人按裁定规则任命。

本款规定的内容与新红皮书中第 20.2 款［争端裁定委员会的任命］的规定类似，只不过，本款规定裁定人为一名；而新红皮书中的争端裁定委员会可以由一名裁定人组成，也可以是三人。

15.2　通知不满意见（Notice of Dissatisfaction）

本款规定：若一方对裁定人的裁定不满，或者裁定没有按照裁定规则规定的时间内给出裁定，该方可在收到裁定后 28 天内或裁定时间届满后发出不满通知；若没有给出此类通知，裁定即成为终局的，并对双方都有约束力；即使在规定的时间内一方发出了不满通知，双方也应立即执行裁定人的裁定，若随后的仲裁裁决改变了裁定，则以修改的裁决为准。

本款的规定与新红皮书中的第 20.4 款［获得争端裁定委员会的决定］类似，请参阅该款。

本款中，有一点没有规定清楚，即：在一方不满意裁定人的决定时，该方应发出通知，但本款没有说明向何方发出通知，向裁定人或是向合同另一方?新红皮书规定的是向合同另一方。但应在向合同另一方发出通知的同时,似乎同时也应拷贝给裁定人一份,是比较合理的做法。

15.3 仲裁（Arbitration）

本款规定:若裁定人的裁定没有被采纳,则争端最终以仲裁方式解决;仲裁由一名仲裁员按协议书附录中规定的仲裁规则进行。若双方对仲裁员的任命没有达成一致意见,则仲裁员应由协议书附录中规定的机构来任命。听证会应在协议书附录中规定的地点进行,语言按第1.5款规定的语言。

由于绿皮书适用的是小型合同,因此本款规定,争端的仲裁裁决由一名仲裁员执行。在协议书附录中,建议的仲裁规则为联合国国际贸易法委员会仲裁规则（UNCITRAL Arbitration Rules）,而前三个合同条件建议的是国际商会仲裁规则。参阅新红皮书第20.6款［仲裁］中的解释。

本条到此讲完了,请检查一下自己是否达到了开始提出的要求,并思考下面的问题:

1. 请列出本条中规定的仲裁程序。

管理者言:

最糟糕的友好解决,也胜过最好的仲裁结果。

绿皮书的讲解到此结束,至此,四本合同条件全部讲解完毕。请您回忆一下四本书的基本内容,并回答下列问题:

1. 业主和承包商方有哪些基本权利和义务?
2. 在工期、质量以及支付方面是怎样规定的?

3. 业主和承包商方各自承担哪些风险和责任？您对这样分担风险的原则是怎样理解的？

4. 承包商可以依据哪些条款向业主提出索赔？索赔成立的必要条件是什么？

5. 若您是承包商的项目经理（承包商的代表），您怎样看待合同管理？若您是业主方项目经理（业主的代表），又怎样看待合同管理？若您的角色是工程师呢？

6. 您是怎样理解合同管理与项目管理的关系的？

如果您能回答上述问题，说明您已经了解了工程合同管理的基本内容，并对合同管理有了一定的认识。希望您以此为起点，在实践中加以运用，将所学合同知识转化自己的合同管理能力，使自己的管理水平上升到一个新的台阶。

结 束 语

如果把工程承包市场比做大海，则工程项目管理过程宛如一次去探索宝藏的大海航行，舵手就是项目管理者，而工程合同则是指引我们前行的航标，是照亮我们前行方向的灯塔。智慧者满载而归，平庸者空驶而返。

我们要想成为智者，就需要学习、思考、实践；再学习、再思考、再实践。学习仅仅是第一步，然而，这一步一旦跨出，也就标志着我们迈向了智慧之门。

祝愿您成为一个优秀的工程合同管理专家！

祝愿您成为一个成功的管理者！

祝愿我们都能在事业的航程中成为一个智者！

谢谢您阅读这本书。

附录一 国际商会（ICC）仲裁规则

ICC 国际商会世界贸易
组织国际仲裁院

国际商会仲裁规则

1998 年 1 月 1 日生效

和

调解规则

1988 年 1 月 1 日生效

本国际商会仲裁规则已被翻译成数种不同文字。
但仅有英文本和法文本为正式文本。

中文版印刷：1998 年 5 月初版，2001 年 5 月修订版

国际商会

38，Cours Albert 1er

75008 Paris – France

电话：+ 33 1 49 53 28 28

传真：+ 33 1 49 53 29 33

E – mail：arb@iccwbo.org

国际商会第 581 号出版物

ISBN 92.842.5301.1

目　录

前　　言

二十世纪晚期，国际商事仲裁在世界范围内被广泛采纳，已经成为解决国际商事争议的通常手段。各大洲国家的仲裁立法均已改进。有关仲裁的国际条约的签订和加入成就斐然。仲裁已被列入法学院的教学课程。随着国际政治对抗和贸易壁垒的逐渐消除以及世界经济的迅速全球化，当事人在国际争议解决中对确定性、可预测性、及时性、灵活性、公正性和有效性的需求，向每一个仲裁机构都提出了新的挑战。人们不仅看到案件数量、复杂程度增加、争议金额大幅上升和当事人类别扩大，也看到了当事人对程序的要求越来越严格。

自从国际仲裁院 1923 年成立以来，国际商会仲裁已积累了约一万个仲裁案件的管理经验，从中吸取了丰富的营养。目前，每年参加国际商会仲裁的当事人和仲裁员来自世界 100 多个国家，跨越多种法律、经济、文化和语言背景。

现行的国际商会仲裁规则自 1998 年 1 月 1 日起施行，它包含了近二十余年最主要的修订内容，是在经过世界范围的深入咨询后制定的。这些修改旨在减少延误，避免含混，填补缺漏，同时汲取了仲裁实践的发展经验。但需要特别指出的是，国际商会仲裁制度的基本特征，尤其是其普遍性和灵活性以及国际仲裁院在仲裁案件管理中所发挥的中心作用，在本仲裁规则中并未改变。

国际商会仲裁由仲裁庭组织进行，仲裁庭的职责是审理案件实体问题并做出仲裁裁决。每年国际商会仲裁都在全球约 40 个国家以多种语言举行，仲裁员涉及约 60 个国籍。仲裁庭的工作由国际商会国际仲裁院监督，它全年举行会议，每月至少三次（经常是四次）。仲裁院由来自 70 个国家的 108 名委员组成，其职责是组织和监督国际商会仲裁规则下仲裁程序的进行。仲裁院必须时刻关注世界各地有关仲裁的法律和实践的变化，并使其工作方式满足于当事人和仲裁员日益增长的需求。国际商会仲裁院的日常管理工作由设在巴黎国际商会总部的秘书处协助处理，它用几种语言进行工作。

虽然国际商会仲裁规则是专门为国际仲裁制定的，它也可用于非国际案件的仲裁。

选择性的国际商会调解规则

现行的国际商会调解规则于 1998 年 1 月 1 日起施行。调解是一个独立于仲裁的程序。该规则完全是选择性的，除非当事人有相反约定。国际商会仲裁规则并不要求在仲裁开始之前必须进行调解。与此相适应，调解规则也不要求调解失败后必须进行仲裁。

国际商会标准仲裁条款

国际商会向意欲将争议提交国际商会仲裁的当事人推荐下列标准仲裁条款：

谨此提醒当事人可以在其仲裁条款中规定合同准据法、仲裁员人数、仲裁地和仲裁语言。当事人对合同准据法、仲裁地和仲裁语言的自由选择权不受国际商会仲裁规则的限制。

在此亦提醒当事人注意某些国家的法律要求合同当事人明示接受仲裁条款，有时还须以准确的和特别的方式表示接受。

中文

"所有产生于或与本合同有关的争议均应按照国际商会仲裁规则由依该规则指定的一名或数名仲裁员终局解决"。

英文

"All dispuces arising out of or in connection with the present contract shall be finally settled under the Rules of Arbitration of the International Chamber of Commerce by one or more arbitrators appointed in accordance with the said Rules."

国际商会仲裁规则

导　言

第1条　国际仲裁院

1

国际商会国际仲裁院（"仲裁院"）是附设于国际商会的仲裁机构，其章程为本仲裁规则附件一。仲裁院组成人员由国际商会理事会任命。仲裁院的职责是根据本规则以仲裁方式解决国际性的商业纠纷。如经仲裁协议授权，仲裁院也可根据本规则的规定解决非国际性的商业纠纷。

2

仲裁院自身并不解决争议，其职责在于确保本规则的执行。它制定自己的内部规则（附件二）。

3

仲裁院主席，或一位副主席在主席缺席时，或应主席的要求，有权代表仲裁院做出紧急决定，但此决定必须向下一次仲裁院会议报告。

4

依据内部规则的规定，仲裁院可授权由其委员组成的一个或数个委员会做出某些决定，但此决定必须向下一次仲裁院会议报告。

5

仲裁院秘书处（"秘书处"）由其秘书长领导，它设在国际商会总部。

第2条　定　义

在本规则中，
(1) "仲裁庭"指一名或数名仲裁员。
(2) "申请人"指一个或数个申请人，"被申请人"指一个或数个被申请人。
(3) "裁决"包括但不限于临时裁决、部分裁决或最终裁决。

第3条　书面通知或通讯；期限

1

当事人提交的所有书面陈述或其他通讯以及所有附件材料，应有足够份数以保证每方当事人、每位仲裁员及秘书处各有一份。仲裁庭向当事人发出的任何通讯都必须提供一份给秘书处。

2

秘书处和仲裁庭发出的所有通知或信息都必须发往当事人自己提供的，或对方当事人提供的当事人或其代表人的最终地址。该等通知或信息可以采用回执函、挂号信、专递、传真、电传、电报或者其他能提供投递纪录的电信方式送达。

3

通知或通讯应视为在当事人或其代表收到或依前款规定方式应当收到之日送达。

4

本规则所规定的或根据本规则确定的期限自通知或通讯按前款送达之次日开始计算。当送达之次日在通知或通讯送达地国为公共假日或非工作日时，该期限自下一个工作日开始计算。期间内的公共假日和非工作日应计算在该期间内。当期限届满日在通知或通讯地国为公共假日或非工作日时，该期限于下一个工作日结束时届满。

开始仲裁程序

第 4 条　申请仲裁

1

当事人依本规则申请仲裁时应当向秘书处提交仲裁申请书（"申请书"），秘书处应通知申请人和被申请人已经收到申请书以及收到日期。

2

秘书处收到申请书的日期在各种意义上均应视为仲裁程序开始的日期。

3

申请书应包含但不限于以下内容：

1) 各方当事人名称全称、基本情况和地址；

2) 据以提出请求的有关争议的性质及情况；

3) 所请求的救济，可能时提出具体金额；

4) 有关协议，特别是仲裁协议；

5) 所有相关事项，包括仲裁员人数、按第 8 条、第 9 条和第 10 条确定的仲裁员指定方式及指定的仲裁员人选；

6) 对仲裁地、适用法律规则和仲裁语言的任何评论。

4

申请人提交申请书时应按照第 3 条第（1）款的要求提交数份材料，并按申请仲裁时有效的收费表（附件三）提交管理费预付金。在申请人未能按照上述要求办理的情况下，秘书处可以确定一个期限，要求申请人遵照办理，逾期则作封卷处理，但不影响申请人将来重新提请仲裁的权利。

5

一旦有足够的份数且应缴费用已经预交，秘书处立即向被申请人发送一份申请书及其附件材料，以便被申请人答辩。

6

当一方当事人就某一法律关系提交仲裁申请，而基于该法律关系的相同当事人之间已经依本规则开始了仲裁程序，仲裁员可以应任一当事人的要求决定将后一仲裁申请中的请求并入当前仲裁程序内，但必须是在审理范围书尚未签署或尚未经仲裁院批准之前。若审理范围书已经签署或经仲裁院批准，则后提出的仲裁请求只能在符合第 19 条规定的前提下才能并入当前程序。

第 5 条 答辩；反请求

1

被申请人应当在收到秘书处转来的申请书之后 30 天内提交答辩，其中包括但不限于以下内容：

1）被申请人名称全称、基本情况和地址；
2）对于据以提出请求的有关争议的性质及情况的评论；
3）对于请求的意见；
4）依据第 8、9、10 条的规定，对于申请人在仲裁员人数及其指定方面所提建议的任何评论，以及自己按照这些条款要求所指定的仲裁员人选；以及，
5）关于仲裁地、法律适用规则和仲裁语言的评论。

2

秘书处可以延长被申请人提交答辩的期限，但是被申请人在其提出的延期请求中必须对仲裁员人数及其指定予以评论，并在第 8、9、10 条有要求的情况下指定了仲裁员。如果被申请人没有按上述规定行事，仲裁院将按照本规则的规定继续进行仲裁程序。

3

应当按照第 3 条第（1）款的规定提交相应份数的答辩书。

4

秘书处应向申请人转交一份答辩书及其附件材料。

5

被申请人若有反请求应当与答辩书一起提交并载明：

1）引起反请求的争议的性质及情况；以及，

2）所请求的救济，在尽可能的程度上应写明金额。

6

申请人应当在其收到秘书处发送的反请求书之日起 30 天内提交书面答复。秘书处可以延长申请人提交书面答复的期限。

第6条　仲裁协议的效力

1

当事人协议按照国际商会仲裁规则提交仲裁的，应视为他们事实上愿意按照仲裁程序开始之日适用的仲裁规则进行仲裁，除非他们已经约定按照订立仲裁协议之日的仲裁规则仲裁。

2

如果被申请人不按照第 5 条的规定提交答辩，或者对仲裁协议的存在、效力或范围提出异议，而仲裁院认为，从表面上看，一个按国际商会仲裁规则进行仲裁的仲裁协议可能存在，则仲裁院可以决定仲裁程序继续进行，但不影响实体主张及其是否应予采纳。在这种情况下，任何有关仲裁庭管辖权的异议均由仲裁庭自己决定。如果仲裁院认为相反，它将通知当事人仲裁程序不能进行。在这种情况下，当事人仍有权要求有管辖权的法院对是否存在有约束力的仲裁协议做出裁定。

3

如果任何一方当事人拒绝或未能参加仲裁或仲裁程序的任何阶段，仲裁程序将继续进行，不受影响。

4

除非有相反约定，只要仲裁庭认为仲裁协议有效，尽管合同被称为无效或不存在，仲裁庭仍将对仲裁案件继续行使管辖权。即使合同不存在或者无效，仲裁庭仍应继续行使管辖权，以决定当事人各自的权利并对其请求和主张作出裁判。

仲　裁　庭

第7条　一般规定

1

每位仲裁员均应独立于各当事人并保持独立。

2

在指定或确认其指定前，仲裁员候选人应签署一份独立声明，向秘书处书面披露在当事人看来可能影响仲裁员独立性的任何事实或情况。秘书处应将此信息书面通知各当事人，并规定期限要求他们予以评论。

3

在仲裁进行过程中，如果出现上述类似情形，仲裁员应当立即书面通知秘书处和各当事人。

4

仲裁院关于仲裁员指定、确认、回避或替换的决定均为终局决定并不说明理由。

5

仲裁员接受指定即承担按本规则履行职责的义务。

6

仲裁庭根据第8至10条的规定组成，但当事人另有约定者除外。

第8条　仲裁员人数

1

争议由一名或三名仲裁员裁决。

2

当事人没有约定仲裁员人数的，仲裁院将指定一名独任仲裁员审理案件，除非仲裁院认为案件争议需要由三个仲裁庭审理。在后一种情况下，申请人应在收到仲裁院对上述决定的通知后15日内指定一名仲裁员，被申请人应在收到申请人已指定仲裁员的通知之后15日内指定另一名仲裁员。

3

当事人约定由一名独任仲裁员解决争议的，他们可以协议共同指定一名仲裁员以供确认。如果他们在申请人的仲裁申请书为他方当事人收到之日起30天内，或秘书处许可的延长期内，没有共同指定一名独任仲裁员，仲裁院将指定一名独任仲裁员处理案件。

4

争议由三人仲裁庭审理的，每一方当事人均应在其申请书或答辩书中各自指定一名仲裁员供确认。如果一方当事人没有指定，仲裁院将代其指定一名仲裁员。第三名仲裁员担任首席仲裁员，他由仲裁院指定，除非当事人对其指定程序另有约定，但即使如此，指定仍须按照第9条的规定经过确认。若当事人约定的指定程序未能在当事人约定或仲裁院规定的期限内产生指定人选，第三名仲裁员将由仲裁院指定。

第9条 仲裁员的指定与确认

1

仲裁院在确认或指定仲裁员时，应考虑各位仲裁员的国籍、住址、与当事人或其他仲裁员国籍国的其他关系以及该仲裁员的时间和在本规则下进行仲裁的能力。秘书长根据第9条第（2）款确认仲裁员人选时，本款规定同样适用。

2

秘书长可以确认当事人指定的或根据他们间协议指定的人士担任仲裁员、独任仲裁员或首席仲裁员，但必须是该等人士已提交了未经增改的独立声明书，或虽然提交的是经增改的独立声明书，但未引起当事人反对。该确认应向下一次仲裁院会议报告。如果秘书长认为不应确认某仲裁员、独任仲裁员或首席仲裁员，则应提交仲裁院决定。

3

当独任仲裁员或首席仲裁员由仲裁院指定时，仲裁院将基于其认为适当的国际商会国家委员会的建议指定。如果仲裁院不接受该等建议，或所征询的国家委员会没有在仲裁院规定的期限内提出建议，仲裁院可以再次征询或向其认为适当的另一国家委员会征询。

4

视情况需要，仲裁院可以从没有国际商会国家委员会的国家指定独任仲裁员或首席仲裁员，但以当事人在仲裁院规定的期限内不提出异议为条件。

5

独任仲裁员或首席仲裁员的国籍应与各当事人的国籍不同。然而，在适当的情况下，独任仲裁员或首席仲裁员也可以从当事人所属国选定，但以当事人在仲裁院规定的期限内不提出异议为条件。

6

当事人没有指定而由仲裁院代为指定仲裁员时，仲裁院应根据该当事人国籍国的国家委员会提供的建议指定。如果仲裁院不接受该建议，或者该国家委员会在仲裁院规定的期限内没有提出人员建议，或者当事人国籍国没有设立国家委员会，仲裁院将指定其认为适当的任何人担任仲裁员。如果该当事人国籍国设立了国家委员会，秘书处应当将其所作指定通知该国家委员会。

第10条 多方当事人

1

存在数个申请人或被申请人，且争议应由三人仲裁庭审理的，该数个申请人或被申请人应当共同指定一名仲裁员并按照第9条的规定进行确认。

2

共同指定不成且各当事人之间不能就仲裁庭的组成方式达成一致意见的，则由仲裁院指定仲裁庭全部成员，并从其中指定一人担任首席仲裁员。在这种情况下，仲裁院可以自主指定其认为适当的任何人担任仲裁员，并在其认为适当的时候援用第9条的规定。

第 11 条　仲裁员回避

1

提请仲裁员回避，无论是称其缺乏独立性或由于其他原因，均应向秘书处提交书面陈述，指出要求回避所依据的事实和情况。

2

要求仲裁员回避的申请，提出申请的当事人必须在其收到指定或确认该仲裁员的通知之后 30 天内发出，或者，如果该当事人在收到仲裁员指定或确认通知之后才得知申请回避所依据的事实或情况，他必须在其得知之日起 30 天内发出。

3

仲裁院应在秘书处给予该仲裁员、其他当事人和仲裁庭其他成员在合理时间内提出书面评论的机会后，对是否接受回避申请，以及必要时，对是否支持回避申请做出决定。前述评论应当转交给各当事人和每一位仲裁员。

第 12 条　替换仲裁员

1

仲裁员死亡、仲裁院接受仲裁员辞呈或支持当事人的回避申请时或者在全体当事人要求下，仲裁员应予替换。

2

当仲裁院认为仲裁员在法律或事实上不能履行其职责或者没有按照规则要求尽职，或在规定期限内未完成应尽职责时，可对该仲裁员予以替换。

3

仲裁院根据所得知的情况在适用第 12 条第（2）款时，应当先给予当事仲裁员、各当事人和仲裁庭其他成员在适当期限内进行书面评论的机会，然后才做出决定。这些评论亦应转交各当事人和仲裁员。

4

替换仲裁员后，是否按照原指定程序重新指定仲裁员由仲裁院斟酌决定。仲裁庭重新组成并要求当事人进行评论后，应决定已经进行的仲裁程序是否以及在什么范围内重新进行。

5

程序终结后,仲裁院在其认为适当的情形下可以决定对死亡的仲裁员或根据第12条第(1)款和第12条第(2)款免职的仲裁员不再进行替换,而由余下的仲裁员继续仲裁。做出该决定时,仲裁院应考虑余下仲裁员和各当事人的看法以及根据情况其认为适当的其他因素。

仲裁程序

第 13 条　案卷移交仲裁庭

秘书处应在仲裁庭组成后立即将案卷移交仲裁庭,但以秘书处在此阶段要求支付的预付金已经如数交纳为前提。

第 14 条　仲裁地

1

仲截地由仲裁院确定,但当事人另有约定者除外。

2

经与各当事人协商,仲裁庭可在其认为适当的地点开庭和举行会议,但当事人另有约定者除外。

3

仲裁庭可以在其认为适当的任何地点进行合议。

第 15 条　管辖程序的规则

1

仲裁庭审理案件的程序受本规则管辖,本规则没有规定的,受当事人商定的规则管辖,或当事人未商定时,受仲裁庭决定的规则管辖,是否援引适用于该仲裁的国内法中的程序规则在所不问。

2

在任何情形下,仲裁庭应当公平和公正行事,确保各当事人均有合理的陈述机会。

第 16 条　仲裁语言

当事人对仲裁语言没有约定的,仲裁庭应当在适当考虑包括合同所用语言在内的所有情况后决定使用一种或数种仲裁语言。

第17条 适用法律规则

1

当事人有权自由约定仲裁庭处理案件实体问题所应适用的法律规则。当事人对此没有约定的，仲裁庭将决定适用其认为适当的法律规则。

2

在任何情况下，仲裁庭均应考虑合同的规定以及有关贸易惯例。

3

只有当当事人同意授权时，仲裁庭才有权充当友好调停人或公平善意地做出决定。

第18条 审理范围书；程序时间表

1

收到秘书处转来的案卷后，仲裁庭应根据书面材料或者会同当事人并依据他们最近提交的意见，拟定一项文件，界定其审理范围。该文件应包括下列内容：

1) 当事人的全称和基本情况；
2) 在仲裁过程中产生的通知或信息应送达的当事人地址
3) 当事人各自的索赔请求和要求的救济摘要，在可能的情况下应说明仲裁请求或反请求的金额；
4) 待决事项清单，但仲裁庭认为不适宜时除外；
5) 仲裁员的全名、基本情况和地址；
6) 仲裁地；以及
7) 应适用的具体程序规则，若当事人授权仲裁庭充当友好调停人或授予公平善意决定权，亦应注明。

2

审理范围书应当经当事人和仲裁庭签署。仲裁庭应当在收到案卷之日起两个月内向仲裁院提交经当事人和仲裁员签署的审理范围书。如经仲裁庭要求，并说明理由，或如仲裁院认为必要，仲裁院可决定延长该期限。

3

若任何当事人拒绝参与拟定或签署审理范围书，该审理范围书应提交仲裁院批准。审理范围书按第18条第（2）款签署或经仲裁院批准后，仲裁将继续进行。

4

在拟定审理范围书时或紧随其后，经与当事人协商，仲裁庭将以一份独立文件的形式制定一个临时时间表，供进行仲裁程序时遵循，同时应将其通知仲裁院和各当事人。此后对该临时时间表的任何修改都应通知仲裁院和各当事人。

第19条　新请求

在审理范围书签署或经仲裁院批准之后，任何当事人均不得在审理范围书之外提出新请求或反请求，除非仲裁庭在考虑该项新请求或反请求的性质、仲裁进行的阶段以及其他有关情况之后予以准许。

第20条　确定案件事实

1

仲裁庭应采用适当的方法在尽可能短的时间内确定案件事实。

2

在审阅了当事人提交的书面陈述及其所依据的所有文件后，经任何当事人的要求，或虽无此要求时，仲裁庭可自行决定开庭审理案件。

3

在当事人到场或虽未到场但已适当传唤的情况下，仲裁庭可以询问证人、当事人委派的专家或其他人员。

4

仲裁庭经与当事人协商可以聘请一名或数名专家，明确其权限范围并接收其作出的报告。经一方当事人请求，应给予双方当事人机会向仲裁庭聘请的专家开庭质证。

5

仲裁庭可以在程序进行的任何阶段通知当事人补交证据。

6

仲裁庭可以仅根据当事人提交的书面材料裁决案件，但有当事人请求开庭审理时除外。

7

仲裁庭可以采取措施保护商业秘密及保密信息。

第21条　开　　庭

1

案件决定开庭审理的，仲裁庭应当以适当方式通知当事人在指定的时间到指定地点出席开庭审理。

2

任何当事人经适当传唤无正当理由而未出庭的,仲裁庭有权继续进行仲裁程序。

3

开庭审理由仲裁庭全面负责,所有当事人均有权参加开庭。非经仲裁庭和当事人同意,本案当事人以外的任何人均不得出席。

4

当事人可以亲自出庭,也可委托代表参加开庭。而且,当事人还可聘请顾问予以协助。

第 22 条　程序终结

1

仲裁庭认为已经给予当事人合理的陈述机会后,应当宣布程序终结。在此之后,不得再提交任何材料或意见,也不得提交任何证据,除非仲裁庭自己要求或授权提交上述材料。

2

仲裁庭在宣告程序终结的同时,应当告知秘书处仲裁庭根据第 27 条的规定将裁决书草案提交秘书处供仲裁院核阅的大致时间。该时间若需顺延,仲裁庭应通知秘书处。

第 23 条　保全措施与临时措施

1

除非当事人另有约定,案卷移交仲裁庭后,经当事人申请,仲裁庭可以裁令实施其认为适当的临时措施或保全措施。仲裁庭可以要求提出请求的当事人提供适当的担保,以作为裁令采取该等措施的条件。这些措施应采用裁令的形式,说明依据的理由,或者在仲裁庭认为适当的时候,采用裁决的形式。

2

在案卷移送仲裁庭之前,在适当的情形下,即使在此之后,当事人均可向有管辖权的司法机关申请采取临时措施或保全措施。当事人向司法机关提出的采取该等措施的申请,或者司法机关对仲裁庭作出的前述裁令的执行,均不视为对仲裁协议的侵害或放弃,并不得影响由仲裁庭保留的有关权力。该等申请以及司法机关采取的任何措施都必须毫无迟延地通知秘书处。秘书处应将这些情况通知仲裁庭。

裁　决

第 24 条　裁决期限

1

仲裁庭必须做出最终仲裁裁决的期限为 6 个月。该期限自仲裁庭成员在审理范围书上最后一个签名之日或者当事人在其上的最后一个签名之日起算，或者，在第 18 条第(3)款的情况下，自秘书处通知仲裁庭仲裁院已批准审理范围书之日起算。

2

仲裁院可经仲裁庭说明理由并要求或在其认为必要时自行决定延长该期限。

第 25 条　做出裁决

1

仲裁庭由数名仲裁员组成的，根据多数意见做出裁决。如果形不成多数意见，裁决将由首席仲裁员独自做出。

2

裁决应说明其所依据的理由。

3

裁决应视为在仲裁地并于裁决书中载明的日期做出。

第 26 条　和解裁决

若当事人在案卷按第 13 条规定移交仲裁庭之后达成和解，经当事人要求并经仲裁庭同意，应将其和解内容以和解裁决的形式录入裁决书。

第 27 条　仲裁院核阅裁决书

仲裁庭应在签署裁决书之前，将其草案提交仲裁院。仲裁院可以对裁决书的形式进行修改，并且在不影响仲裁庭自主决定权的前提下，提醒仲裁庭注意实体问题。在裁决书形式经仲裁院批准之前，仲裁庭不得做出裁决。

第 28 条　裁决书的发送、交存与执行

1

裁决书一经做出，秘书处即应将仲裁庭签署的裁决书文本发送各当事人，但当事

人各方或一方必须在此之前向国际商会缴清全部仲裁费用。

2

在任何时候，经当事人请求，秘书长均应为其提供核对无误的裁决书复制本，但当事人以外的其他人无权获取。

3

根据本条第 1 款发送裁决书，当事人即已放弃了仲裁庭以任何其他形式发送裁决和交存裁决的可能。

4

根据本规则制作的裁决书应向秘书处提交一份原件存档。

5

仲裁庭和秘书处应当协助当事人履行此后的一切必要手续。

6

凡裁决书对当事人均有约束力。通过将争议提经本规则仲裁，各当事人负有毫无迟延地履行裁决的义务，并且在法律容许的范围内放弃了任何形式的追索权。

第 29 条　裁决书的更正与解释

1

仲裁庭可以自行更正裁决书中的誊抄、计算、打印错误或者其他类似性质的错误，但该等更正必须在裁决之日后 30 天内提交仲裁院批准。

2

当事人要求对第 29 条第（1）款所述错误予以更正的请求，或者要求解释裁决书的请求，必须在其收到裁决书之日后 30 天内提交秘书处并按第 3 条第（1）款的规定提供相应的份数。该请求应当转送仲裁庭和其他各当事人。仲裁庭应给予其他当事人一个较短的期限，一般不超过该当事人收到请求之后 30 天，提交评论。若仲裁庭决定更正或解释裁决书，仲裁庭应当在他方当事人评论期限届满后 30 天内，或仲裁院规定的其他期限内，向仲裁院提交决定草案。

3

更正或解释裁决书的决定应采用附件的形式，它构成了裁决书的一部分。第 25、27 和 28 的规定在细节上作必要修正后适用于此类决定。

费　　用

第30条　仲裁费预付金

1

在收到仲裁申请书后，秘书长可以要求申请人临时缴付一定数额的预付金，以支付截止拟定审理范围书之时的仲裁开支。

2

仲裁院应尽可能迅速地为已向其提交的仲裁请求和反请求确定可用于支付仲裁员报酬和开支以及国际商会管理费的预付金数额。该数额在仲裁过程中可以随时调整。在仲裁请求之外还提交了反请求的，仲裁院可以为仲裁请求和反请求分别确定预付金数额。

3

仲裁院确定的预付金应当由申请人和被申请人各半支付。按照第30条第（1）款支付的任何临时预付金均应如数充抵。然而，若他方当事人没有支付其应付份额，任何一方当事人均可预付仲裁请求或反请求的全部预付金。仲裁院根据第30条第（2）款分别确定预付金数额的，各当事人应各自预缴其仲裁费。

4

仲裁预付金没有按要求缴纳的，经与仲裁庭协商，秘书长可以要求仲裁庭暂停工作，并为此规定一个不少于15日的期限，期限届满，相关的仲裁请求或反请求视为已被撤回。如果当事人反对这一办法，它必须在前述期限内提出请求，要求仲裁院对此做出决定。本规定不妨碍该当事人在将来另一程序中重新提出这些仲裁请求或反请求。

5

如果一方当事人要求抵消仲裁请求或反请求，只要此要求需要仲裁庭考虑额外事项，则该抵消要求将按一项单独的请求计算仲裁预付金数额。

第31条　决定仲裁费

1

仲裁费包括仲裁院按照仲裁程序开始时适用的收费表确定的仲裁员报酬、仲裁员开支和国际商会管理费，也包括仲裁庭聘请专家的费用和开支以及当事人为进行仲裁而发生的合理的法律费用和其他费用。

2

如果案件情况特别，在其认为必要时，仲裁院确定的仲裁员报酬数额可以高于或低于按照仲裁收费表计算出的数额。除由仲裁院确定的费用外，有关费用的其他事项可由仲裁庭在程序进行的任何阶段做出决定。

3

最终裁决中应确定仲裁费用，决定由何方承担此费用以及明确各方分担此费用的比例。

其　　他

第 32 条　期限的修改

1

当事人可以协议缩短本规则所规定的期限。但在仲裁庭组成后达成的该等协议须经仲裁庭批准方可生效。

2

为了保证仲裁庭或仲裁院可以完成本规则项下的职责，仲裁院在其认为必要时可以自行延长根据第 32 条第（1）款修改的期限。

第 33 条　弃　权

当事人对本规则、适用于程序的其他规则、仲裁庭的任何指示或者仲裁协议中有关仲裁庭组成或程序进行的任何要求未被遵循的事情没有表示反对，而继续进行仲裁程序的，视为已经放弃异议权。

第 34 条　免　责

仲裁员、仲裁院及其成员、国际商会及其职员和国际商会国家委员会不因与仲裁有关的任何作为或不作为对任何人承担责任。

第 35 条　一般规则

对于本规则没有明确规定的任何事项，仲裁院和仲裁庭都应当根据本规则的精神办理，并应尽一切努力确保裁决能够依法执行。

附件一　国际商会国际仲裁院章程

第1条　职　　能

1

国际商会国际仲裁院（"仲裁院"）的职能是保证国际商会仲裁规则和调解规则的实施，为此目的，它享有一切必要的权力。

2

作为一个自治机构，它独立履行这些职责，不受国际商会及国际商会任何部门干涉。

3

其委员独立于国际商会的国家委员会。

第2条　仲裁院的组成

仲裁院由主席一人、副主席数人、委员若干人和替补委员若干人（被集体指定为委员）组成。仲裁院由秘书处（国际商会国际仲裁院秘书处）协助工作。

第3条　聘　　任

1

主席由国际商会理事会根据国际商会执行局的推荐选举产生。

2

国际商会理事会从仲裁院委员或其他人士中指定仲裁院副主席。

3

每一个国家委员会推荐一名委员，国际商会理事会据此予以聘任。

4

理事会可以根据仲裁院主席的建议聘任替补委员若干人。

5

委员任期3年。若出现委员职位空缺，理事会另指定一人接替其任期余下部分的工作。

第 4 条 仲裁院全体会议

仲裁院全体会议由主席主持,主席缺席时,由其指定的一名副主席主持。讨论至少必须有 6 人出席方为有效。根据多数表决做出决定,赞成与反对的票数相等时,主席有终决投票权。

第 5 条 委 员 会

仲裁院可以设立一个或数个委员会,并对委员会的职能和组成做出安排。

第 6 条 保 密

仲裁院的工作不公开进行,参与这些工作的任何人,不论其以何等身份参与,都必须尊重这一工作性质。仲裁院制定有关制度,规定什么人可以参与仲裁院和委员会会议,什么人可以接触向仲裁院及其秘书处提交的资料。

第 7 条 仲裁规则的修订

仲裁院修订规则的任何建议都应先提交国际仲裁委员会,然后再上报国际商会执行局和理事会批准。

附件二　国际商会国际仲裁院内部规则

第1条　国际仲裁院工作的保密性

1

国际商会国际仲裁院（"仲裁院"）的会议，无论是全体会议还是仲裁院委员会会议，都仅向其委员和秘书处公开。

2

但是，在个别情况下，仲裁院主席可以邀请其他人员参加。参加人员必须尊重仲裁院工作的保密性质。

3

提交仲裁院的文件或其在程序进行过程中拟制的文件仅向仲裁院委员、秘书处及仲裁院主席准许参加的人员提供。

4

仲裁院主席或秘书长可以准许从事国际贸易法科研工作的研究人员了解裁决书及其他的一般性文件，但备忘录、笔记、意见及当事人寄送的仲裁程序范围内的文件除外。

5

除非受益人表示承担尊重所获文件保密性的义务，并承诺未经仲裁院秘书长同意不会公开其内容，否则其请求将不予准许。

6

对于每件提交国际商会仲裁规则管辖的案件，秘书处都应将裁决书、审理范围书、仲裁院的决定以及秘书处的有关通信文书存入仲裁院档案馆。

7

当事人或仲裁员提交的所有文件、通讯或往来信件均可销毁，除非当事人或仲裁员在秘书处规定的期限内书面要求返还。有关的支出和费用全部由该当事人或仲裁员承担。

第2条　国际仲裁院成员参加国际商会仲裁

1

仲裁院主席和秘书处人员不得担任国际商会仲裁的仲裁员或当事人顾问。

2

仲裁院不得指定副主席或仲裁院委员担任仲裁员。但他们可以由一个或数个当事人指定或经当事人协议的其他程序建议并确认后担任该职务。

3

仲裁院主席、副主席、委员或秘书处人员不论以何等身份与仲裁院待决程序有牵连的，都应当在知悉该等牵连后立即通知仲裁院秘书长。

4

这些人不得参加仲裁院对该程序的讨论或决定，在评议相关事项时，亦不得在场。

5

该等人员不得接收与该程序有关的任何有实质性内容的材料或信息。

第3条　仲裁院委员与国际商会国家委员会的关系

1

鉴于其身份的关系，仲裁院委员独立于将其推荐给国际商会理事会任命的国家委员会。

2

另外，仲裁院委员应对该等国家委员会保密，不得透露其因委员身份获悉的关于个案的任何信息，但仲裁院主席或秘书长要求他们特别告知其国家委员会者，不在此限。

第4条　仲裁院委员会

1

根据国际商会规则第1条第（4）款及其章程（附件一）第5条的规定，仲裁院兹设立一个仲裁院委员会。

2

委员会成员由一名主席和两名以上委员组成。仲裁院主席担任委员会主席。主席缺席时，由其指定的一名仲裁院副主席，在个别情况下，也可由其指定的一名仲裁院委员，担任委员会主席。

3

委员会的两名委员由仲裁院从仲裁院副主席或委员中指定。在每次全体会议上，仲裁院将指定在下一次全体会议之前参加委员会会议的人员。

4

委员会由其主席召集举行会议。有两名委员出席即为有效。

5

（1）仲裁院应发出指示，确定可以由委员会决定的事项。

（2）委员会的决定根据一致意见做出。

（3）委员会不能做出决定或认为宜于暂缓决定时，应将案件移交给下一次全体会议，并提出其认为适当的建议。

（4）委员会的决定应在下一次全体会议上告知仲裁院。

第5条　仲裁院秘书处

1

秘书长缺席时可以授权总顾问和副秘书长分别根据国际商会规则第9条第（2）款、第28条第（2）款和第30条第（1）款的规定确认仲裁员、核定裁决书复制本和要求临时支付预付金。

2

经仲裁院批准，秘书处可以向当事人和仲裁员发出通知或其他文件，告知有关情况，为仲裁程序的正常进行提供必要的服务。

第6条　仲裁裁决书核阅

在根据国际商会仲裁规则第27条核阅裁决书草案时，仲裁院应在可行的范围内考虑仲裁地法律的强制性规定。

附件三　仲裁费用和报酬

第 1 条　费用预付金

1

请求按照国际商会仲裁规则（"国际商会规则"）开始仲裁必须同时缴付管理费预付金 2500 美元。该费用概不退还，但将充抵申请人应付的费用预付金。

2

秘书长根据国际商会规则第 30 条第（1）款确定的费用临时预付金数额一般不超过管理费、按照请求金额确定的仲裁员最低报酬（按后述收费表）和仲裁庭拟定审理事项预计花费的可报销开支数额的总和。如果请求没有数额，将由秘书长自主决定临时预付金数额。申请人缴付的费用将充抵国际商会国际仲裁院（"仲裁院"）规定的应由其承担的费用预付金份额。

3

一般说来，在审理事项签署或经仲裁院批准并制作临时时间表之后，根据国际商会规则第 30 条第（4）款的规定仲裁庭将只对已经足额缴付了应付的费用预付金的仲裁请求或反请求进行审理。

4

仲裁院根据本规则第 30 条第（2）款确定的费用预付金由仲裁员报酬、仲裁员的仲裁开支和管理费组成。

5

当事人应当以现金全额支付其费用份额。但是，如果其份额超出仲裁院间或确定的数额，该超出部分当事人可以邮寄银行担保支付。

6

已经全部支付了仲裁院为其确定的应付部分的费用预付金的当事人，可以根据国际商会规则第 30 条第（3）款的规定以银行担保的方式支付其他当事人应付未付的预付金份额。

7

当仲裁院根据国际商会规则第 30 条第（2）款分别确定了费用预付金时，秘书处应要求当事人为各自的请求缴纳预付金。

8

由于分别确定仲裁预付金数额，当为任何一方当事人的请求单独确定的预付金数额超过先前确定的总额一半时（对于据以分别确定预付金的同一请求和反请求而言），超出部分可以通过邮寄银行担保的方式支付。若单独的预付金数额是后来增加的，至少增加部分的一半应当以现金支付。

9

秘书处将制定相应条款对当事人根据前述规定可能邮寄的银行担保作出规定。

10

依照国际商会规则第30条第（2）款的规定，费用预付金可以在仲裁过程中任何时候予以调整，同时应特别考虑争议金额波动、预计的仲裁员开支数额变化或仲裁程序困难程度和复杂程度增加这些因素。

11

在各当事人或其中之一按照仲裁庭确定的数量支付足够的费用预付金供支付由仲裁庭确定的专家报酬和开支后，仲裁庭决定的专家咨询方能开始。仲裁庭应负责确保当事人支付该等报酬和开支。

第2条　费用和报酬

1

没有表明争议金额的，仲裁院应当根据后述收费表确定仲裁员报酬，没有表明争议金额的，由仲裁院自主决定，且国际商会规则第31条第（2）款的规定同样适用。

2

仲裁院在确定仲裁员报酬时，应当考虑仲裁员的勤勉、所花费的时间、程序进展速度和争议的复杂程度这些因素，在规定的范围内确定数额，在个别情况下（国际商会规则第31条第（2）款），其数额可以高于或低于规定限额。

3

案件交由数位仲裁员审理的，仲裁院有权自主地将报酬总额提至最高限额，它一般不超过一位仲裁员报酬的3倍。

4

仲裁员报酬和开支应当按照国际商会规则的规定专门由仲裁院确定。当事人与仲裁员之间的单独安排违背国际商会规则的规定。

5

在每一仲裁案件中，仲裁院都将按照后述收费表确定管理费，没有表明争议金额的，由仲裁院自主决定。在个别情况下，仲裁院可以在收费表所列档次以上或以下确定管理费金额，但一般不超过收费表的最高限额。此外，如果各当事人要求，或一方当事人要求并经其他当事人同意，将仲裁案件搁置起来，作为前提条件，仲裁院可以在收费表规定之外要求另行支付管理费。

6

如果仲裁案件未做出最终裁决即已终止，仲裁院将自主确定仲裁费用，同时考虑仲裁程序已进行的阶段和其他相关情况。

7

在适用国际商会规则第 29 条第（2）款的情况下，仲裁院可以确定支付仲裁庭的额外报酬和支出，并将提前向国际商会以现金全额支付预付金作为向仲裁庭转交其申请的前提条件。仲裁院在批准仲裁庭的决定时自主确定应支付的仲裁员报酬。

8

仲裁前曾进行过调解的，调解管理费的一半将抵作仲裁管理费。

9

支付给仲裁员的费用不包括任何可能的增值税（VAT）或其他税费。当事人应支付此类税费。但是，此类税款或费用的收取仅是仲裁员和当事人之间的事。

第 3 条 指定仲裁员

1

请求国际商会为非国际商会规则项下的仲裁指定一名仲裁员，提出请求的当事人应当向国际商会支付一般不超过 2 500 美元的注册费。未付该笔费用，任何要求指定仲裁员的请求均不会得到满足。收取的这笔费用概不退还，它将成为国际商会的财产。

2

这笔费用包括由国际商会提供的与指定仲裁员有关的任何其他服务，如决定仲裁员回避事宜和指定替换仲裁员等。

第 4 条 管理费和仲裁员报酬收费表

1

下述管理费和仲裁员报酬收费表自 1998 年 1 月 1 日起施行，在该日或其后开始的仲裁，无论其适用国际商会规则的任何版本，一律按此收费表计费。

2

在计算管理费和仲裁员报酬时，对争议数额中各相继部分计算得出的金额应当相加，(*)(**) 但争议金额超过 8 000 万美元时，管理费将按总数 75 800 美元收取。

一、管 理 费

争议金额（美元）			管理费（*）
不超过	50 000		2 500 美元
自	50 001	至 100 000	3.50%
自	100 001	至 500 000	1.70%
自	500 001	至 1 000 000	1.15%
自	1 000 001	至 2 000 000	0.60%
自	2 000 001	至 5 000 000	0.02%
自	5 000 001	至 10 000 000	0.10%
自	10 000 001	至 50 000 000	0.06%
自	50 000 001	至 80 000 000	0.06%
超过	80 000 000		75 800 美元

（*）仅供说明之用，下页表格表示经过正确计算后的管理费美元数额。

二、仲裁员报酬

争议金额（美元）			费用（**）	
			下　　限	上　　限
不超过	50 000		2 500 美元	17.00%
自	50 001	至 100 000	2.00%	11.00%
自	100 001	至 500 000	1.00%	5.50%
自	500 001	至 1 000 000	0.75%	3.50%
自	1 000 001	至 2 000 000	0.50%	2.50%
自	2 000 001	至 5 000 000	0.25%	1.00%
自	5 000 001	至 10 000 000	0.10%	0.55%
自	10 000 001	至 50 000 000	0.05%	0.17%
自	50 000 001	至 80 000 000	0.03%	0.12%
自	80 000 001	至 100 000 000	0.02%	0.10%
超过	100 000 000		0.01%	0.05%

（**）仅供说明之用，下页表格表示经正确计算后的仲裁员报酬范围。

争议金额（美元）	管理费（*）（美元）
不超过 50 000	2500
自 50 001 至 100 000	2 500 +（争议金额 − 50 000）× 3.50%
自 100 001 至 500 000	4 250 +（争议金额 − 100 000）× 1.70%
自 500 001 至 1 000 000	11 050 +（争议金额 − 500 000）× 1.15%
自 1 000 001 至 2 000 000	16 800 +（争议金额 − 1 000 000）× 1.15%
自 2 000 001 至 5 000 000	22 800 +（争议金额 − 2 000 000）× 0.20%
自 5 000 001 至 10 000 000	28 800 +（争议金额 − 5 000 000）× 0.10%
自 10 000 001 至 50 000 000	33 800 +（争议金额 − 10 000 000）× 0.06%
自 50 000 001 至 80 000 000	57 800 +（争议金额 − 50 000 000）× 0.06%
自 80 000 001 至 100 000 000	75 800 +（争议金额 − 50 000 000）× 0.06%
超过 100 000 000	75 800

（*）（**）参见前页

仲裁员报酬（**）（美元）

下　　　限	上　　　限
2 500	争议金额的 17.00%
2 500 +（争议金额 − 50 000）× 2.00%	8 500 +（争议金额 − 50 000）× 11.00%
3 500 +（争议金额 − 100 000）× 1.00%	14 000 +（争议金额 − 100 000）× 5.50%
7 500 +（争议金额 − 500 000）× 0.75%	36 000 +（争议金额 − 500 000）× 3.50%
11 250 +（争议金额 − 1000 000）× 0.50%	53 500 +（争议金额 − 1000 000）× 2.50%
16 250 +（争议金额 − 2 000 000）× 0.25%	75 500 +（争议金额 − 2000 000）× 1.00%
23 750 +（争议金额 − 5 000 000）× 0.10%	108 500 +（争议金额 − 5 000 000）× 0.55%
28 750 +（争议金额 − 10 000 000）× 0.05%	136 000 +（争议金额 − 10 000 000）× 0.17%
48 750 +（争议金额 − 50 000 000）× 0.03%	204 000 +（争议金额 − 50 000 000）× 0.12%
57 750 +（争议金额 − 80 000 000）× 0.02%	240 000 +（争议金额 − 80 000 000）× 0.10%
61 750 +（争议金额 − 100 000 000）× 0.01%	260 000 +（争议金额 − 100 000 000）× 0.05%

（**）仅供说明之用，下页表格表示经正确计算后的仲裁员报酬范围。

国际商会选择性调解规则

前　言

和解是一种深受欢迎的解决国际商业纠纷的方式。有鉴于此，国际商会特制定本选择性的调解规则，以便于该类争议的友好解决。

第1条

所有国际性的商业纠纷均可提交国际商会指定的一位独任调解员调解。

第2条

要求调解的当事人应向国际商会国际仲裁院秘书处提出申请，扼要说明调解目的，并根据本规则附件的规定缴纳立案费用。

第3条

国际仲裁院秘书处应当及时将调解申请通知其他当事人，并给予其15天的期限告知秘书处他是否同意参加调解。

如果其他当事人同意参加调解，则应在该期限内告知秘书处。

在此期限内没有答复或者提出否定答复，均被视为已拒绝调解要求。秘书处应尽可能迅速地通知请求调解的当事人。

第4条

国际仲裁院秘书长收到同意调解的愿意表示后，应尽可能迅速地指定一名调解员。该调解员应当通知各当事人他已被指定为调解员并规定一个期限要求当事人向他提交各自的意见。

第5条

调解员应当在公正、公平和正义原则的指导下，以其认为适当的程序进行调解。

经各当事人同意，调解员将确定调解地。

调解员可以在调解过程中的任何时候要求当事人向他提交其认为必要的其他资

料。

当事人如果愿意可以由其选定的顾问协助。

第6条

参与调解的任何人员，无论其为何等身份，都必须尊重调解的保密性质。

第7条

调解程序在下列情形下终止：

(1) 当事人签订和解协议。该协议对各当事人均具约束力。协议不得公开，除非为执行或履行协议而公开，但仍应限定在与实现该目的相适应的范围内。

(2) 调解员出具载明调解企图失败的书面报告。该报告不说明理由。

(3) 一方或数方当事人在调解程序中的任何阶段通知调解员他将不再参加调解程序。

第8条

调解一经结束，仲裁员即应向国际仲裁院秘书处提交一份经当事人签名的和解协议书，调解失败报告或一方或数方当事人表示不再参加调解程序的通知。

第9条

立案后，国际仲裁院秘书处应当在考虑争议的性质和重要性的基础上，确定使程序能够进行的费用金额。这笔费用由当事人等额支付。

该笔费用应包括本规则附件所规定的调解员报酬、调解开支和管理费。

在调解程序进行过程中，仲裁院秘书处在认为原先缴纳的费用不足以支付调解费时，秘书处应当要求当事人另行平均支付一定数额。

调解终结时，秘书处应总计程序费用并书面通知各当事人。

上述所有费用应由各当事人平均承担，和解协议另有约定者从其约定。

当事人的其他开支应由该当事人自己承担。

第10条

除非当事人另有约定，调解员不得在与所调解争议有关的司法或仲裁程序中担任仲裁员、当事人代表或当事人顾问。

当事人相互承担在任何该等程序中不传唤调解员充当证人的义务，但他们之间另有约定者除外。

第 11 条

当事人同意在任何司法或仲裁程序中不提供或以任何方式援引下列各项作为证据：

(1) 任何当事人提出的有关争议和解的任何观点或建议；
(2) 调解员提出的任何建议；
(3) 当事人曾表示准备接受调解员提出的和解建议的任何事实。

选择性调解规则的附件

调解费用表

(1) 国际商会选择性调解规则项下争议的每一方当事人均须缴纳管理费预付金 500 美元。未按要求支付费用，调解请求一律不予受理。这笔费用均不退款并划为国际商会的财产。预付金充抵缴付一方当事人应对调解管理费份额。

(2) 调解程序管理费数额应按根据国际商会规则附件三所载费用表得出的金额的四分之一计。没有表明调解争议金额的，国际仲裁院（"仲裁院"）秘书长将自主确定管理费。

(3) 各方当事人向调解员支付的报酬应由仲裁院秘书长确定。这笔费用必须数额合理，考虑所花费的时间、争议复杂程度及其他有关情况。

(4) 向调解员支付的报酬不包括可能缴纳的增值税或其他适用于调解员报酬的税赋。该等税赋预计由当事人支付，但其索偿完全由调解员和当事人办理。

ICC 简 介

国际商会（ICC）是一个世界性商业组织，是惟一代表世界各国各地区所有行业企业的机构。

ICC 旨在促进一个开放的国际贸易和投资体系及市场经济。从上个世纪初该组织建立起，ICC 一直坚信贸易是促进和平和兴旺的强大力量，建立 ICC 的高瞻远瞩的商界领袖们称自己为"和平的商者"。

由于 ICC 的成员公司和成员协会本身即从事国际商务，因此其在制定跨国界商务行为规范时具有无可比拟的优势。

ICC 同样提供实际服务，其中国际商会国际仲裁院在世界同类机构中处于领先地位。

联合国成立不到一年，ICC 即被授予联合国及其专门机构的一级咨询机构地位。

来自 ICC 成员的商业领导人和专家，形成在广泛的贸易和投资政策问题以及重要技术和行业问题上的商界立场。包括金融服务、信息技术、电信、营销行为、环境、交通、竞争以及知识产权等。

ICC 成立于 1919 年，今天它拥有来自 130 个国家的数千家会员公司和会员协会。设立在世界各国主要都市的国家委员会与会员保持密切联系，不断协调他们的立场，研究和解决商界关心的问题，并向政府反映商界的意见。

ICC 的一些服务机构：

ICC 国际仲裁院（巴黎）

ICC 专门技术国际中心（巴黎）

ICC 商会国际局 IBCC（巴黎）

ICC 世界商务法律研究所（巴黎）

ICC 反商务犯罪局（伦敦和吉隆坡），由以下机构组成：

    ICC 国际海事局

    ICC 反商业犯罪局

    ICC 反假冒情报局

    ICC 网上犯罪中心

    ICC 海事合作中心

国际商会国家委员会及团体

	成 立 时 间		成 立 时 间
阿尔及利亚	2000	黎 巴 嫩	1973
阿 根 廷	1947	立 陶 宛	1994
澳 大 利 亚	1927	卢 森 堡	1921
奥 地 利	1921	墨 西 哥	1945
巴 林	1999	摩 洛 哥	1957
孟 加 拉 国	1994	荷 兰	1921
比 利 时	1920	新 西 兰	1998
巴 西	1967	尼 日 利 亚	1979
贝基那法索	1976	挪 威	1922
加 拿 大	1945	巴 基 斯 坦	1955
加 勒 比 海	1999	秘 鲁	1994
智 利	1993	菲 律 宾	1998
中 国	1994	波 兰	1999
哥 伦 比 亚	1961	葡 萄 牙	1934
古 巴	2000	俄 罗 斯	2000
塞 浦 路 斯	1980	沙特阿拉伯	1975
捷克共和国	1999	塞 内 加 尔	1975
丹 麦	1920	新 加 坡	1978
厄 瓜 多 尔	1987	斯 洛 伐 克	2000
埃 及	1974	南 非	1958
芬 兰	1927	西 班 牙	1922
法 国	1920	斯 里 兰 卡	1955
德 国	1925	瑞 典	1921
加 纳	1999	瑞 士	1922
希 腊	1926	叙 利 亚	1988
匈 牙 利	1996	坦 桑 尼 亚	2000
冰 岛	1983	泰 国	1999
印 度	1929	多 哥	1977
印 度 尼 西 亚	1955	突 尼 斯	1974
伊 朗	1963	土 耳 其	1934
爱 尔 兰	1979	乌 克 兰	1998
以 色 列	1959	英 国	1920
意 大 利	1920	美 国	1920
日 本	1923	乌 拉 圭	1952
约 旦	1975	委 内 瑞 拉	1939
韩 国	1959	南 斯 拉 夫	1927
科 威 特	1978		

国际商会中国台北商业委员会	1996
国际商会中国香港商业委员会	1998

国际商会国际仲裁院是国际商事仲裁的首要机构。为解决国际性质的商业争议而设立，它严格的公正性和效力在任何地方均得以承认。

无数商业合同（其中许多合同中的一方为政府机构）现已援引国际商会仲裁规则或国际商会调解规则。

本出版物包括 1998 年 1 月 1 日生效的新仲裁规则和 1988 年 1 月 1 日生效的调解规则。

国际商会第 581 号出版物
ISBN 92.842.5301.1

国 际 商 会

国际仲裁院
38，Cours Albert I[er]，75008 Paris，France
电话：+ 33 1 49 53 28 28
传真：+ 33 1 49 53 29 33
网址 www．iccarbitration．org E－mail：arb@iccwbo.org

附录二　新红皮书下的承包商的索赔条款

（一）新红皮书下的承包商的明示索赔条款

编　号	条　款　号	条　款　主　体　内　容	有可能调整的内容*
1	1.9	延误的图纸或指示	C + P + T
2	2.1	进入现场的权利	C + P + T
3	3.3	工程师的指示	C + P + T
4	4.6	合　作	C + P + T
5	4.7	放　线	C + P + T
6	4.12	不可预见的外界条件	C + T
7	4.24	化　石	C + T
8	7.2	样　本	C + P
9	7.4	检　验	C + P + T
10	8.3	进　度　计　划	C + P + T
11	8.4	竣工时间的延长	T
12	8.5	由公共当局引起的延误	T
13	8.8&8.9&8.11	工程暂停;暂停引起的后果;持续的暂停	C + T
14	9.2	延　误　的　检　验	C + P + T
15	10.2	对部分工程的验收	C + P
16	10.3	对竣工检验的干扰	C + P + T
17	11.2	修补缺陷的费用	C + P
18	11.6	进一步的检验	C + P
19	11.8	承包商的检查	C + P
20	12.4	省　略	C
21	13.1	有 权 变 更	C + P + T
22	13.2	价 值 工 程	C
23	13.5	暂 定 金 额	C + P
24	13.7	法规变化引起的调整	C + T
25	13.8	费用变化引起的调整	C
26	15.5	业主终止合同的权利	C + P
27	16.1	承包商有权暂停工作	C + P + T

编号	条款号	条款主体内容	有可能调整的内容*
28	16.2&16.4	承包商终止合同&终止时的支付	C+P
29	17.3&17.4	业主的风险：业主的风险造成的后果	C+（P）+T
30	17.5	知识产权与工业产权	C
31	18.1	有关保险的具体要求	C
32	19.4	不可抗力引起的后果	C+T
33	19.6	可选择的终止、支付和返回	C
34	19.7	根据法律解除履约	C

（二）新红皮书下承包商的隐含索赔条款

编号	条款号	条款主体内容	可以调整的内容
1	1.3	通讯联络	C+P+T
2	1.5	文件的优先次序	C+T
3	1.8	文件的保管和提供	C+P+T
4	1.13	遵守法律	C+P+T
5	2.3	业主的人员	T+C
6	2.5	业主的索赔	C
7	3.2	工程师的授权	C+P+T
8	4.2	履约保证	C
9	4.10	现场数据	C+T
10	4.20	业主的设备和免费提供的材料	C+P+T
11	5.2	对指定的反对	C+T
12	7.3	检查	C+P+T
13	8.1	工程开工	C+T
14	8.12	复工	C+P+T
15	12.1	需测量的工程	C+P
16	12.3	估价	C+P

注：C表示索赔费用；P表示利润；T表示工期。

附录三　原红皮书（1987）与新红皮书（1999）相关合同条款对照

原红皮书（1987年第四版）	新红皮书（1999年第一版）
定义与解释	
1.1　定义	1.1
1.2　标题与旁注	1.2
1.3　解　释	1.2
1.4　单数与复数	1.2
1.5　通知，同意，批准，证书与决定	1.3
工程师与工程师的代表	
2.1　工程师的职责与权力	3.1
2.2　工程师的代表	3.2
2.3　工程师的权力委托	3.2
2.4　任命助理	3.2
2.5　书面指示	3.3
2.6　工程师行为公正	3.1
转让与分包	
3.1　合同的转让	1.7
4.1　分　包	4.4
4.2　分包商义务的转让	4.5
合同文件	
5.1　语言与法律	1.4
5.2　合同文件的优先次序	1.5
6.1　图纸和文件的保管和提供	1.8
6.2　现场保留一套图纸	1.8
6.3　扰乱进度	1.9
6.4　图纸的延误以及延误的费用	1.9
6.5　承包商未能提交图纸	1.9
7.1　补充图纸和指示	3.3
7.2　承包商设计的永久工程	4.1

原 红 皮 书（1987 年 第 四 版）	新 红 皮 书（1999 年 第 一 版）
7.3 批准不影响责任	3.1
一 般 义 务	
8.1 承包商的一般责任	4.1
8.2 现场作业与施工方法	4.1
9.1 合 同 协 议 书	1.6
10.1 履 约 保 证	4.2
10.2 履约保证的有效期	4.2
10.3 履约保证下的索赔	4.2
11.1 现 场 检 查	4.10
12.1 投标书的充分性	4.11
12.2 不可预见的外部障碍和条件	4.12
13.1 工作要符合合同	3.3，19.7
14.1 提交进度计划	8.3
14.2 修改的进度计划	8.3
14.3 提交现金流量估算	14.4
14.4 不解除承包商的职责和责任	3.1
15.1 承包商的监督	4.3
16.1 承包商的雇员	6.9
16.2 工程师有权反对	6.9
17.1 放　　线	4.7
18.1 钻孔与勘探性开挖	13.1
19.1 安全、治安与环境保护	4.8，4.18，4.22
19.2 业 主 的 责 任	2.3
20.1 工 程 照 管	17.2
20.2 修复损失或损害的责任	17.2
20.3 由业主的风险造成的损失或损害	17.4
20.4 业 主 的 风 险	17.3
21.1 工程和承包商的设备的保险	18.2
21.2 保 险 范 围	18.2
21.3 对未收回的账目的责任	18.1
21.4 除 外 责 任	18.2

原红皮书（1987 年第四版）	新红皮书（1999 年第一版）
22.1　人员伤亡与财产损害	17.1
22.2　例　　外	17.1
22.3　业主提供的保障	17.1
23.1　第三方保险（包括业主的财产）	18.3
23.2　最小保险金额	18.3
23.3　交　叉　责　任	18.3
24.1　工　人　的　伤　亡	18.4
24.2　工伤事故的保险	18.4
25.1　保险证据和条件	18.1
25.2　保险的充分性	18.1
25.3　承包商没有办理保险的补救	18.1
25.4　遵　守　保　险　单	17.1
26.1　遵守法规和规章	1.13
27.1　化　　　石	4.24
28.1　专　利　权	17.5
28.2　矿产使用费	7.8
29.1　打扰交通和毗邻财产	4.14
30.1　避免损害道路	4.15
30.2　承包商的设备或临时工程	4.13，4.15
30.3　材料或永久设备的运输	4.16
30.4　水　路　运　输	4.15
31.1　为其他承包商提供机会	4.6
31.2　为其他承包商提供便利	4.6
32.1　承包商保持现场清洁	4.23
33.1　竣工时清理现场	4.23
劳　　务	
34.1　雇用职员与劳工	6.1
35.1　劳工和承包商设备的报表	6.10
材料，永久设备与工艺	
36.1　材料，永久设备和工艺质量	7.1

原红皮书（1987 年第 四 版）	新红皮书（1999 年第一 版）
36.2 样品费用	7.2
36.3 试验费用	7.4
36.4 未规定的试验的费用	7.4
36.5 未规定的试验下的工程师的决定	7.4
37.1 作业检查	7.3
37.2 检查与试验	7.3
37.3 检查与试验的日期	7.3
37.4 拒绝接收	7.5
37.5 独立检查	3.2
38.1 覆盖工程前的检查	7.3
38.2 剥离与开孔	7.3
39.1 移走不合格的工程，材料和工程设备	7.6
39.2 承包商未遵守	7.6
工程暂停	
40.1 暂停工作	8.8
40.2 暂停后的工程师的决定	8.9
40.3 暂停持续超过 84 天	8.11
开工与延误	
41.1 工程开工	8.1
42.1 占有现场和通道	2.1
42.2 未能给予占有权	2.1
42.3 道路通行权和设施	4.13
43.1 竣工时间	8.2
44.1 竣工时间的延长	8.4
44.2 承包商提供通知详细资料	8.4
44.3 临时决定延期	8.4, 20.1
45.1 工作时间的限制	6.5
46.1 进展速度	8.6
47.1 拖期赔偿费	8.7
47.2 拖期赔偿费的减少	10.2
48.1 移交证书	10.1

原红皮书(1987年第四版)	新红皮书(1999年第一版)
48.2　区段或部分的移交	10.2
48.3　部分工程基本竣工	10.2
48.4　表面需要恢复原状	10.4
缺陷责任	
49.1　缺陷责任期	11.1
49.2　完成扫尾工作和修复缺陷	11.1
49.3　修复缺陷的费用	11.2
49.4　承包商没有执行指示	11.4
50.1　承包商的调查	11
变动，增加与调整	
51.1　变　更	13.1
51.2　变更指示	13.1
52.1　变更估价	12.3
52.2　工程师有权确定单价	12.3
52.3　变更超过15%	(无对应)
52.4　计　日　工	13
索赔程序	
53.1　索赔通知	20.1
53.2　同期记录	20.1
53.3　索赔证明	20.1
53.4　未能遵守	20.1
53.5　索赔支付	20
承包商的设备，临时工程和材料	
54.1　承包商的设备，临时工程和材料	4.17
54.2　业主对损失不负担责任	4.17, 17.2
54.3　海关清关	2.2
54.4　承包商的设备的再出口	2.2
54.5　承包商的设备的租赁条件	4.4, 15.2
54.6　为第63条之目的的费用	15.3
54.7　将条款纳入分包合同	4.4
54.8　不意味对材料的批准	(无对应)
计　量	
55.1　工　程　量	14.1

原红皮书（1987 年第四版）	新红皮书（1999 年第一版）
56.1 工 程 测 量	12.1
57.1 测 量 方 法	12.2
57.2 包干项的分解	14.1
暂 定 金 额	
58.1 "暂定金额"的定义	13.5
58.2 使用暂定金额	13.5
58.3 出 示 凭 证	13.5
指定分包商	
59.1 "指定分包商"的定义	5.1
59.2 指定分包商：对指定的反对	5.2
59.3 设计要求应明确表达	5.2
59.4 对指定分包商的支付	5.3
59.5 对指定分包商的支付的证书	5.4
证 书 与 支 付	
60.1 每 月 报 表	14.3
60.2 每 月 支 付	14.6
60.3 保留金的支付	14.9
60.4 修 正 证 书	14.6
60.5 竣 工 报 表	14.10
60.6 最 终 报 表	14.11
60.7 结 清 单	14.12
60.8 最 终 证 书	14.13
60.9 业主责任的终止	14.14
60.10 支 付 时 间	14.7
61.1 仅凭缺陷责任证书批准	11.9
62.1 缺陷责任证书	11.9
62.2 未完成的义务	11.10
补 救	
63.1 承包商的违约	15.2
63.2 终止日的估价	15.3
63.3 终止后的支付	15.4

原 红 皮 书（1987 年 第 四 版）	新 红 皮 书（1999 年 第 一 版）
63.4　协议书利益的转让	4.4，15.2
64.1　紧急不久工作	7.6
特 殊 风 险	
65.1　对特殊风险不承担责任	17.4
65.2　特 殊 风 险	17.3
65.3　特殊风险造成工程的损害	17.4
65.4　炮弹和导弹	17.4
65.5　由特殊风险引起费用的增加	17.4
65.6　战 争 爆 发	19.6
65.7　终止时移走承包商的设备	19.6
65.8　合同终止情况下的支付	19.6
解 除 履 约	
66.1　解除履约情况下的支付	19.7
争 端 的 解 决	
67.1　工程师的决定	20.1
67.2　友 好 解 决	20.5
67.3　仲　　裁	20.6
67.4　没有遵守工程师的决定	20.7
通　　　知	
68.1　通 知 承 包 商	1.3
68.2　通知业主和工程师	1.3
68.3　地 址 变 更	1.3
业 主 的 违 约	
69.1　业 主 违 约	16.2
69.2　移走承包商的设备	16.3
69.3　终止时的支付	16.4
69.4　承包商有权暂停工程	16.1
69.5　恢 复 工 作	16.1
费用和立法的变更	
70.1　费用增加和减少	13.8
70.2　随后的立法	13.7

原红皮书(1987年第四版)	新红皮书(1999年第一版)
货币与兑换率	
71.1　货 币 限 制	（无对应）
72.1　兑　换　率	14.15
72.2　货 币 比 例	14.15
72.3　支付暂定金额的货币	14.15

附录四　国际商务合同条款的解释原则

由于合同语言比较抽象，其含义有时不太明确，因此需要对合同的语言进行解释。在国际商务中形成了一些解释合同的规则，下面是国际统一司法协会（UNIDROIT）规定的合同的解释规则[1]，现列出如下：

1. 合同应根据当事人各方的共同意图予以解释。如果该意图不能确立，则应根据一个与当事人具有同等资格的、通情达理的人在处于相同情况下，对该合同所应有的理解来解释。

2. 一方当事人的陈述和其他行为应根据当事人的意图来解释，如果另一方当事人已知或不可能不知道该意图。若此原则不适用，则上述陈述和其他行为应根据一个与当事人具有同等资格的、通情达理的人在处于相同情况下，对该合同所应有的理解来解释。

3. 在应用上述两个原则时，应考虑到所有的情况，包括：
   （1）当事人之间初期的谈判；
   （2）当事人之间已经确立的习惯做法
   （3）合同订立后当事人的行为；
   （4）合同的性质和目的；
   （5）在涉及的交易中，通常赋予合同条款和表述的含义；
   （6）惯例。

4. 合同条款和表述应根据其所属的整个合同或全部陈述予以理解。

5. 对合同各项条款的解释应以使它们全部有效为宗旨，而不是排除其中一些条款的效力。

6. 如果一方所提出的合同条款含义不清楚，则应做出对该方当事人不利的解释。

7. 如果合同是以两种或两种以上具有同等效力的文字起草的，若这些文本之间存在差异，则应优先根据合同最初起草的文字予以解释。

---

[1] 详见对外贸易经济合作部条约法律司编译的国际司法统一协会的"国际商事合同通则"，法律出版社，1996。国际上还有很多其他类似的解释规则，如：美国法律学会给出的 11 条解释规则（见：Levin，P（1998），*Construction Contract Claims*，Appendix 6：Rules of Contract Interpretation，Reston，VA：ASCE Press，Appendix6：Rules of Contract Interpretation）；英国工程合同专家 Hughes，G.A. 和 Barber，J.N. 根据司法判例总结出的 10 条解释合同条款的规则（见：G.A.& Barber，J.N（1992），*Building and Civil Engineering Claims in Perspective*，pp114—115，ESSES CM20 2JE，England：Longman Scientific & Technical.）。

8. 如果合同当事人各方未能就一项确定其权利和义务的重要条款达成一致意见，应补充一项适合于该情况的条款；在确定何为适当条款时，应主要考虑以下情况：

(1) 各方当事人的意图；

(2) 合同的性质和目的；

(3) 诚实信用和公平交易原则；

(4) 合理性。

附录五　优秀合同谈判人员的 28 个特征

1. 谈判准备充分，计划周密；
2. 对谈判的议题十分清楚；
3. 面对压力和复杂情况，思维清晰、反应敏捷；
4. 过人的语言表达能力；
5. 善于聆听；
6. 卓越的判断力；
7. 有人格魅力；
8. 具有说服他人的能力；
9. 有耐心；
10. 行事果断；
11. 能赢得对手的尊敬和信任；
12. 分析和解决问题的能力；
13. 自我控制能力强；
14. 善于洞察他人的心理；
15. 具有持之以恒的决心；
16. 以目标为导向，能见机行事；
17. 能洞察自己公司和对手公司的潜在的需求；
18. 有能力领导和控制自己的队伍；
19. 谈判经验丰富；
20. 善于采纳不同的观点；
21. 强烈的进取心；
22. 在自己组织内部具有良好的沟通和协调技能；
23. 自信；
24. 能胜任不同的谈判角色；
25. 在自己组织内部有一定的地位；
26. 有幽默感；
27. 善于见好就收；
28. 辩论技巧。

附录六　与新版 FIDIC 合同相关的文章❶

（一）FIDIC99 年版"施工合同条件"的特点

何伯森

（天津大学管理学院）

在国际工程承包合同文件中，合同条件是合同的重要组成部分，它论述在合同执行过程中，合同双方的权利、义务和职责，以及在遇到各类问题时各方应遵守的原则和采取的措施等。在由监理工程师（以下用"工程师"）管理工程的合同模式下，合同条件还包括工程师的职责和授权范围。国际上有许多组织编制了各类合同条件。一份好的合同条件应该是既倡导合同各方合作完成项目，又对各方的职责和义务有明确的规定和要求，在雇主和承包商之间合理分配风险，处理各项问题的程序严谨，易于操作。

国际咨询工程师联合会（FIDIC）作为国际上权威性的咨询工程师机构，多年来编写了不少合同条件等文件，这些文件比较好地体现了上述原则。随着国际工程承包实践和相关管理学科的发展，FIDIC 每隔 10 年左右时间对其编制的合同条件进行一次修订，1999 年 FIDIC 正式出版了四本新的合同条件，其中"施工合同条件"（1999 年第 1 版）又称"新红皮书"（以下用"新红皮书"），这本合同条件的主要应用条件与 FIDIC "土木工程施工合同条件"（1987 年第 4 版，1992年修正版）（以下用"红皮书"）基本相同；即可用于由雇主（或由其委托的设计工程师）提供设计，在工程实施过程中由工程师为业主进行项目管理的，以单价合同为计价基础的施工合同，但适用范围不仅限于土木工程，而是扩大到可以应用于房建、土木、电力、机械等各类工程的施工。

"新红皮书"的通用条件共包括 20 条 163 款，这 20 条涉及的内容包括：一般规定，雇主，工程师，承包商，指定分包商，职员和劳工，工程设备、材料和工艺，开工、延误和暂停，竣工检验，雇主的接受，缺陷责任，测量和估价，变更和调整，合同价格和支付，雇主提出终止，承包商提出暂停和终止，风险和责任，保险，不可抗力，索赔、争端和仲裁。对于第一份具体的合同，都必须编制专用条件，通用条件和专用条件共同构成了制约合同各方权利和义务的全部合同

条件。下面笔者对"新红皮书"的特点，对照"红皮书"中的有关规定，分四个大方面进行介绍、对比和讨论：

一、总的框架和内容

1. 跳出英国"土木工程师学会"（ICE）的框架。FIDIC"红皮书"是脱胎自 ICE 的合同条件，因此一直到第 4 版都在许多地方与 ICE 合同条件雷同。"新红皮书"跳出了 ICE 合同条件的框架，与新出版的"工程设备与设计-建造合同条件"，"EPC 交钥匙工程合同条件"统一借鉴了 FIDIC1995 年出版的"橘皮书"格式，分为 20 条，这几本合同条件的大部分条款标题一致，条款内容上能一致的（甚至整条文字）都尽量一致，这样形成的 FIDIC 合同条件的新格式，更便于大家学习、理解和应用。因此 FIDIC 在这一次出版的四本书上均注明 1999 年第 1 版，以示和过去的不同。

2. "新红皮书"共定义了 58 个关键词，并将定义的关键词分为六大类编排，条理清晰。其中 30 个关键词是"红皮书"没有的。"新红皮书"在每个关键词的定义上也作了不少推敲与改进，使之更为确切。

3. "新红皮书"的条款内容做了比较大的改动与补充，条款顺序也重新进行了合理调整。据笔者初步统计，与"红皮书"比较，"新红皮书"中完全采用原有内容的只有 33 款，对条款内容作了补充或较大改动的有 68 款，新编写的条款有 62 款。使用者应对这些补充、改动和新编写的条款认真学习和理解。

4. "新红皮书"对雇主和承包商双方的职责和义务，以及工程师的职权都作了更为严格而明确的规定。

5. FIDIC"新红皮书"的编写者遵循了这样一个宗旨：即在通用条款中多写一些，用户不用时可以删除，这样比用户在需用时，在专用条款中自己编写附加条文更为方便。因此"新红皮书"一方面将过去放在专用条件中的一些内容，如预付款、调价公式、有关劳务的一些规定等都写入通用条件；另一方面在通用条件中有不少地方写入了操作细节，这样用户不需要时只要在专用条件中注明删除的条款或段落即可。

6. "新红皮书"表现出了更多的灵活性。例如，以前"红皮书"中一直坚持用有条件履约保函，但世界银行一直不接受这一点，"新红皮书"中规定履约保证采用专用条件中规定的格式或雇主批准的其他格式，这样做既符合了世行的要求，也给了雇主比较大的回转余地。

7. "新红皮书"更强调对知识产权的保护。专门增加了"知识产权和工业产权"一款，并对"侵权"一词下了定义。在另外的两款中，"新红皮书"对雇主和承包商各自可对哪些文件保留版权和知识产权，以及文件的使用许可范围等，都作了明确的规定。

8. "新红皮书"在语言上比"红皮书"简明，其正式版本中的英文比以前更易理解。

二、对业主方职责、权力和义务的新规定

总体看来，"新红皮书"对业主方（包括工程师）的履约行为提出了更严格的要求。

1. "新红皮书"设置了"雇主的资金安排"一款，该款规定"在接到承包商的请求后，雇主应在 28 天内提供合理的证据，表明他已做出了资金安排，……并能使雇主按照第 14 条的规定支付合同价格的款额。"如果雇主不执行这一条，承包商可暂停工作或降低工程速度。

此外，"新红皮书"在专用条件中加入了一段"承包商融资情况下的范例条款"，该条款中规定雇主方应向承包商提交"支付保函"（Payment Guarantee），在专用条件之后还附有此保函格式。

雇主在合同中应尽的最大义务就是支付。"新红皮书"的这些条款对业主方的资金安排和支付提出了合理的要求，这是保障承包商利益的重要举措。这些规定对我国各部门制定合同条件也有重要借鉴意义。

2. "新红皮书"对支付时间及补偿作了更明确的规定

（1）工程师在收到承包商的报表和证明文件后 28 天内，应向雇主签发期中支付证书；（2）在工程师收到期中支付报表和证明文件 56 天内，雇主应向承包商支付；（3）如果未按（2）中规定日期支付，承包商有权就未付款额按月计复利收取延误期的利息作为融资费，此项融资费的年利率是以支付货币所在国中央银行的贴现率加上三个百分点计算而得。这些规定既防止了工程师签发期中付款证书的延误，又确定了较高的融资费以防止雇主任意拖延支付。

3. "新红皮书"中规定：如果雇主要对工程师的权力加以进一步限制，甚至撤换工程师时，必须得到承包商的同意。工程师的公正性是承包商在投标时必须考虑的风险因素，所以"新红皮书"限制了雇主在这方面的任意性。

4. "新红皮书"对雇主方违约作了更严格的规定。按照"新红皮书"，当雇主方不执行合同时，承包商可以分两步采取措施：

（1）有权暂停工程：当工程师不按规定开具支付证书，或业主不提供资金安排证据，或业主不按规定日期支付时，承包商可提前 21 天通知雇主，暂停工作或降低工作速度。承包商并有权索赔由此引起的工期延误、费用和利润损失。

（2）"新红皮书"中构成雇主违约的情况比"红皮书"中增加了 3 条：

• 在采取暂停措施向雇主发出警告后 42 天内承包商仍未收到雇主资金安排的证据。

• 工程师收到报表和证明材料 56 天内未颁发支付证书。

• 雇主未按"合同协议书"及"转让"的规定执行。

由之可见，"新红皮书"对雇主方的要求更严格了。

三、对承包商的工作也提出了更严格、更具体的要求

"新红皮书"中增加了不少新的内容，对承包商的施工工作提出了许多新的严格的要求，如：

1. 要求承包商按照合同建立一套质量保证体系，在每一项工程的设计和实施阶段开始之前，均应将所有程序的细节和执行文件提交工程师。工程师有权审查质量保证体系的各个方面，但这并不能解除承包商在合同中的任何职责，义务和责任。这时对承包商的施工质量管理提出了更高的要求，同时也便于工程师检查工作和保证工程质量。

2. 在工程施工期间，承包商应每个月向工程师提交月进度报告。此报告应随期中支付报表的申请一起提交。

月进度报告包括的内容很全面，主要有：（1）进度的图表和详细说明（包括设计、承包商的文件、货物采购及设备调试等）；（2）照片；（3）工程设备制造、加工进度和其他情况；（4）承包商的人员和设备数量；（5）质量保证文件，材料检验结果；（6）双方索赔通知；（7）安全情况；（8）实际进度与计划进度对比。

这份月进度报告对承包商各方面的管理工作提出了更高的要求，既有利于承包商每月认真检查、小结自己的工作，也有利于业主和工程师了解和检查承包商的工作。

3. 对雇主在什么条件下可以没收履约保证做出更明确的规定：

（1）承包商不按规定去延长履约保证的有效期，雇主可没收履约保证全部金额；（2）如果已就业主向承包商的索赔达成协议或做出决定后 42 天，承包商不支付此应付的款额；（3）雇主要求修补缺陷后 42 天承包商未进行修补；（4）按"雇主有权终止合同"中的任一条规定。这些规定都很明确地对承包商的履约提出了更高的要求。

4. 对工程的检验和维修提出了更高的要求

（1）规定承包商必需提前通知竣工检验日期的要求，无论雇主方还是承包商，无故延误检验均需承担责任。（2）如果工程未能通过竣工检验，工程师可要求重新检验或拒收，如重新检验仍未通过时，工程师有权指示再进行一次重新的竣工检验或拒收或扣除一部分合同款额后接受工程。（3）如果由于工程或工程设备的缺陷不能按预定目的使用，则雇主有权要求延长缺陷通知期（即缺陷责任期），但延长不能超过二年。（4）如果承包商未能按要求修补缺陷，则雇主可雇用他人进行此工作而由承包商支付费用，或减少合同价格；如果此缺陷导致工程无法使用时，雇主有权终止该部分合同，甚至有权收回所支付的相关的工程费用以及其他费用。（5）雇主也可同意对有缺陷的工程设备移出现场修理，但承包商应增加履约保证款额或提供其他保证。

这些要求虽是针对检验和维修提出的，实质上还是对承包商的施工质量提出了更高的要求，以保护雇主的权益。

四、索赔争端与仲裁方式及规定的变化

1. 可以索赔的条款一般分为明示条款和默示条款两大类。明示的索赔条款即在条款中直接指出可索赔的内容。"新红皮书"中的这一类条款明显比"红皮书"中多，仅承包商向雇主可索赔的明示条款就有20余条，这些条款不但明确地列出了可索赔的工期和费用，而且还列出了在某些情况下可以索赔利润。对于默示的索赔条款则需依据用户对合同的深入理解而定了。

2. "新红皮书"索赔的基本程序同"红皮书"大致相同，但有一点非常重要的变化，在收到承包商的索赔详细报告（包括索赔依据，索赔工期和金额等）之后42天内（或在工程师可能建议但由承包商批准的时间内），工程师应对承包商的索赔表示批准或不批准，不批准时要给予详细的评价，并可能要求进一步的详细报告。这比"红皮书"只要求承包商及时上交索赔意向书及详细报告，而对工程师的答复日期没有任何限制合理多了。

3. 加入了争端裁决委员会（DAB）的工作步骤

尽管合同条件要求工程师公正处理各种问题，但由于工程师是雇主聘用的，不少工程师做不到这一点。因此，FIDIC吸收了美国和世行解决争端的经验，加入了DAB工作的程序，即由雇主方和承包商方各提名一位DAB委员，由对方批准，合同双方再与这二人协商确定第三位委员（作为主席）共同组成DAB。DAB委员的报酬由双方平均支付。

如果工程师关于某一争端的解决方案被一方拒绝后，在"红皮书"中要求再次提交工程师解决，这在实际工作中很难奏效。"新红皮书"规定，在此情况下把争端提交DAB，由DAB在84天内提出裁决意见，争端双方发同意此裁决意见，则双方应立即着手执行，如有一方不同意（或DAB在84天内不能拿出裁决意见），则可提交仲裁。但仲裁必须经过56天的友好解决期后才能开始。如双方在同意DAB的裁决意见后而其中一方又不执行，则另一方可要求直接仲裁。

"新红皮书"附有"争端裁决协议书的通用条件"和"程序规则"。

总之，FIDIC合同条件在国际工程中被广泛应用，世行、亚行、非行等国际金融机构的贷款项目以及许多国家的国际工程项目都要求采用或推荐采用FIDIC合同条件，因此，我们应认真地学习这几本新的合同条件。

(二)FIDIC 99 新版"黄皮书"与原"黄皮书"的对比与分析

陈勇强

(天津大学管理学院)

国际咨询工程师联合会（以下简称 FIDIC）所编写的合同条件是国际工程界几十年来实践经验的总结，比较公正的规定了合同各方的职责、权利和义务，并且其程序严谨，可操作性强。为了适应新的国际工程承包和相关管理学科的发展趋势，1999 年 FIDIC 正式出版了四本新的合同条件，其中"工程设备和设计—建造合同条件"（以下简称"新黄皮书"），对 1987 年出版的"电气与机械工程合同条件"（以下简称"黄皮书"）作了较大的修改，其适用范围更加广泛了。本文对"新黄皮书"与"黄皮书"进行了比较，对其的主要改进与差异进行分析和讨论。

一、原"黄皮书"情况简介

1963 年，FIDIC 首次出版了用于业主和承包商机械与设备的供应和安装的电气与机械工程标准合同条件格式，即"黄皮书"。1980 年和 1987 年分别又出版了第二版和第三版及其应用指南。"黄皮书"第三版，在一切可能的条件下，对新增的条件原则上参照"土木工程施工合同条件"第四版。

"黄皮书"中要求承包商提供的服务包括设计以及主要设备与机械的供应与安装。与承包商在土木工程施工合同中应提供的服务有根本的区别。在机电工程合同中，承包商一般按规范在给定的限制范围内负责工程的设计。承包商的职责是：设计、施工、安装、试车和完成其他所有合同要求。土木工程施工主要针对具有较长寿命的建造物。而机电工程的寿命相对有限，业主通常用它制造和生产产品，并期望从中获得利润。因此，土木工程承包商和机电设备制造者承担的赔偿责任是不同的，因为在后一种情况中，业主通常在有关工业设备及其将来运行的风险中分担着较大的份额。再者，由于土木工程与机电工程合同目的的不性质，其缺陷赔偿责任、缺陷责任期及其起始时间有着重要的差别。对于工程损失或损坏的风险、承包商的赔偿责任以及工程缺陷的后果都用不同的条款来处理。

"黄皮书"（第三版）的合同条件分为三个独立的部分：1. 序言（对由第一部分通用条件的条款所要求的详细细节作了规定）；2. 第一部分，合同通用条件（这部分包含了适用于任何类型机电工程合同的条款）；3. 第二部分，专用条件（第二部分又分为 A、B 两项，A 项用于在需要时对合同通用条件中的规定进行修改，B 项用于补充所需要的条款）。

二、"新黄皮书"的总体结构

"黄皮书"主要用于设备供应和安装，一般适用于大型项目中的部分工程。"新黄皮书"则更适用于由承包商做设计并进行施工的总承包项目。"新黄皮书"这种合同方式主要被推荐用于包括电力和（或）机械工程以及房屋建筑或工程的设计和实施的项目。如果采用这种合同方式，业主只需在"业主的要求"中说明工程的目的、范围和设计等方面的技术标准，一般是由承包商按照此要求进行设计、提供设备并进行施工，完成的工作只有符合"业主的要求"才会被业主接收。业主一般对项目进行中的工作参与较少，主要是要依靠工程师把好工程的检验关。

"新黄皮书"与"黄皮书"相比条款内容做了比较大的改动与补充，借鉴了FIDIC1995 年出版的"橘皮书"格式，条款顺序也重新进行了合理调整，对业主和承包商双方的职责和义务以及工程师的职权都作了更为严格而明确的规定。

"新黄皮书"的合同通用条件共包括 20 条 167 款，这 20 条涉及的内容包括：一般规定；业主；工程师；承包商；设计；职员和劳工；工程设备；材料和工艺；开工、延误和暂停；竣工检验，业主的接收；缺陷责任；竣工后检验；变更和调整；合同价格和支付；业主提出终止；承包商提出暂停和终止；风险和责任；保险；不可抗力；索赔、争端和仲裁。同时，为合同专用条件编制了指南。

与 FIDIC99 年版"施工合同条件"（以下简称"新红皮书"）一样，"新黄皮书"的附件中包括母公司保函、投标保函、履约保函、履约担保书、预付款保函、保留金保函、业主支付保函的范例格式，之后是投标书、投标书附录（取代了"黄皮书"的"序言"）和合同协议书的范例格式。还为解决合同争端采用了争端裁决委员会（DAB）的工作程序，并附有"争端裁决协议书的通用条件"和"程序规则"，以及分别用于一个人或三个人组成的 DAB 的"争端裁决协议书"。

"黄皮书"中有定义的关键词为 37 个，"新黄皮书"定义了共 58 个关键词，分为六大类：①合同；②当事人各方和当事人；③日期、检验、期限和完成；④款项与支付；⑤工程和货物；⑥其他定义，条理更加清晰。"新黄皮书"保留了"黄皮书"中所定义的关键词中的 23 个；去掉了 8 个；对 6 个进行了较大的修改，如原来的"缺陷责任期"，改为"缺陷通知期"，"缺陷责任证书"改为"履约证书"；新增了 29 个关键词，如"基准日期"、"争端裁决委员会"等。在每个关键词的定义上也都作了不少推敲与改进，使之更为确切。

为了使合同条件的使用者更便于了解和确定合同实施过程中的一些合同的关键活动和时间点，"新黄皮书"在其通用合同条件之前给出了按照时间坐标排列的三个典型过程图，即"工程设备和设计—建造合同中主要事件的典型过程"、

"支付事件的典型过程"、"争端事件处理的典型过程"。

三、"新黄皮书"与原"黄皮书"的对比分析

1. 有关设计方面的规定

"新黄皮书"的一个突出特点就是对设计管理的要求比"黄皮书"更为系统、明确而严格,在合同通用条件中专门将设计列为一条,包括8款:①一般设计义务;②承包商的文件;③承包商的保证;④技术标准和规章;⑤培训;⑥竣工文件;⑦操作和维修手册;⑧设计错误。

有关设计条款中对承包商的设计人员(无论是承包商自己的设计人员还是其雇佣的设计分包商)提出了原则性的要求。对承包商应提交的文件(包括"业主的要求"中规定要提交的技术文件、竣工文件和操作以及维修手册等)的审批程序做出了详细的规定。要求承包商在进行设计时严格遵守工程所在国的法律以及合同中有关技术标准和规章。对于基准日期之后出现技术材料和规章的变化,经业主和工程师的批准应视为变更处理做出了明确的规定。

对于要求承包商对业主的人员提供培训的问题也做了规定。特别强调了承包商在工程实施期间应为编写竣工文件而作好施工记录,保存好有关资料,只有按"业主的要求"提交了竣工文件才可颁发工程移交证书。并且在竣工检验之前就应提交可供使用的操作和维修手册,否则也不能颁发移交证书。

2. 有关工程师的规定

(1) 工程师的撤换问题

因为工程师的公正性是承包商在投标时考虑的风险因素之一,因而"新黄皮书"限制了业主在这方面的任意性,同时与"黄皮书"相比具有更强的可操作性。"新黄皮书"中规定"如果业主准备撤换工程师,则必须在期望撤换日期42天前向承包商发出通知并说明拟替换的工程师的姓名、地址及相关的经历。如果承包商对替换人选向业主发出了拒绝通知,并附具体的证明资料,则业主不能撤换工程师"。

(2) 工程师对设计文件的审批

"新黄皮书"中专门就工程师(包括业主的其他人员)如何审批承包商文件的问题做了详细的规定,赋予了工程师较大的权力。规定工程师随时随地有权去审查承包商应提交的文件。所有"业主的要求"中规定承包商应提交的文件都要经过工程师的审批,并可要求承包商提交相关的进一步的相关文件。审核期限一般为21天。如果在审核期内工程师发现有需要修改或错误之处可申明理由通知承包商,承包商要自费修改并重新提交。并规定在审核期满以前不得开始实施相应部分的工程。

3. 有关业主向承包商的支付问题

"新黄皮书"的支付有三个特点一是采用以总价为基础的合同方式;二是如

果适用的法规发生变化或工程费用出现涨落,合同价格将随之做出调整;三是如果工程的某些部分要根据提供的工程量或实际完成的工作来进行支付,其测量和估价的方法必须在合同专用条件中进行规定。

如同"新红皮书"一样"新黄皮书"关于业主向承包商的支付问题作了更加严格而明确的规定。如新增了"业主的资金安排"一款,规定业主应承包商的要求应提交其资金安排计划以便保证在工程实施期间对承包商的支付。在专用条件中加入了一段"在承包商融资情况下的范例条款",条款中规定业主方应向承包商提交"支付保函"。对支付时间作了更明确的规定,在工程师收到期中支付申请报表和证明文件之后的 56 天内,业主应向承包商支付。关于基准日期之后发生的法规变化而产生的价格调整问题"新黄皮书"中也有较为详细的规定。

"新黄皮书"的期中支付是建立在支付计划表基础上的,此类支付计划表可采用下列形式中的一种:

(1)为竣工时间内的每一个月填写一金额数(或合同价格的一个百分数),但如果承包商的实际工程进度与制定支付计划表时预计的进度有重大差别,则分期付款额会变得不合理,因此,规定对按日历天数计算分期付款额的支付计划表在考虑实际进度的情况下可以被调整;若工程进度落后于制定支付计划表时预计的进度计划,则业主和工程师有权修改分期付款额,如果进度超前则原定支付计划表不变。或;

(2)此支付计划表可建立在工程实施过程中实际完成进度的基础上,即建立在完成所规定的里程碑基础上,这一方法的可行性在于它要求必须仔细定义支付里程碑。否则可能引起争议,例如一个支付里程碑要求的工作已完成了99.99%,而剩余部分在几个月后才能完成时应如何支付?

4.有关质量保证方面的问题

由于在"新黄皮书"合同方式下业主对工程的管理相对比较宽松,为了保证工程的质量,检验问题就显得格外重要。

要求承包商按照合同规定建立一套质量保证体系。在每一设计和实施阶段开始之前,均应将所有程序的细节和执行文件提交工程师。工程师有权审查质量保证体系的各个方面,但这并不能解除承包商在合同中的任何职责、义务和责任。这是对承包商的施工质量管理提出了更高的要求,也便于工程师检查工程和保证工程质量。

严格的"竣工检验"。因为"新黄皮书"方式下设计是由承包商进行的,工程项目中设备安装和调试所占比重很大,因此,非常注重竣工检验。承包商要依次进行试车前的测试、试车测试、试运行,而后才能通知工程师进行包括性能测试在内的竣工检验以确认工程是否符合"业主的要求"和"性能保证表"中的规定。

增加了可供选择的"竣工后检验",以保证工程的最终的质量。对于某些类型的工程,竣工后检验包括采用较为繁杂的接收标准的某些重复的竣工检验,可能是电气、液压和机械等方面的综合检验,工程在可靠性运行期间将持续运行。竣工后检验结果的评估应由业主和承包商共同进行,以便在早期解决任何技术和质量上的分歧。还规定了未能通过"竣工后检验"时补偿业主损失的具体办法。

5.有关风险分担的问题

"新黄皮书"关于业主风险的规定有所变化,总的来讲由承包商承担了更多的风险。如"黄皮书"中"业主风险"一款中包含的:"(b)在与工程所在国有关的或与运送工程设备必须通过的国家有关的范围内的叛乱、革命、暴动、军事政变或篡夺政权,或内战;(c)由于任何核燃料或核燃料燃烧后的任何核废料、放射性的有毒炸药或任何爆炸的核装置或其核部件的其他危险性质引起的离子辐射或放射性污染;",在"新黄皮书"中关于这两项风险修改为"(b)工程所在国内的叛乱、恐怖活动、革命、暴动、军事政变或篡夺政权,或内战;(d)工程所在国的军火、爆炸性物质、离子辐射或放射性污染,由于承包商使用此类军火、爆炸性物质、辐射或放射性活动的情况除外"。最大的变化是将工程所在国以外发生的同类风险转至由承包商承担。这也体现了世界银行同类合同文件中关于风险分担的原则。

"新黄皮书"的风险分担原则与"新红皮书"基本一致,但因为承包商要负责进行设计,所以自然承担了由设计产生的风险。

"新黄皮书"中关于"不可抗力"一条给出了比"黄皮书"更加明确而合理的定义:"在本条中,"不可抗力"的含义是指如下所述的特殊事件或情况:(a)一方无法控制的;(b)在签订合同前该方无法合理防范的;(c)情况发生时,该方无法合理回避或克服的,以及(d)主要不是由于另一方造成的"。列举了五条"不可抗力"包含(但不限于)的情况,比"黄皮书"增加了"(v)自然灾害,如地震、飓风、台风或火山爆发"一项。

总之,"新黄皮书"将在"设计—建造"类的总承包项目中广泛应用,我们很有必要对它进行学习和研究。

（三）FIDIC《EPC 交钥匙合同条件》

张水波　王　扬

（天津大学管理学院）

1999 年 9 月 FIDIC 出版了四本新版合同条件，其中的《EPC 交钥匙合同条件》第 1 版（Conditions of Contract for EPC Turnkey Projects，以下称"EPC 合同条件"）是 FIDIC 第一次编制出版的一种新型的合同条件，是近年来国际工程市场发展和实践的产物。其中的"EPC"为英文"Engineering"（设计）、"Procurement"（采购）和"Construction"（施工）的缩写形式。本文将简单介绍一下 EPC 合同条件产生的背景和基本内容，并对比 FIDIC 的另几本新版合同条件，从适用范围，风险划分，管理方式等方面对 FIDIC 的 EPC 合同条件的特点加以分析和说明。

一、EPC 合同条件产生的背景

传统的 FIDIC 合同条件，包括 FIDIC 的第四版《土木工程施工合同条件》（以下称"红皮书"）和第三版《电气与机械工程合同条件》（以下称"黄皮书)"，都以其能在合同双方之间合理分摊风险而广泛应用于国际工程承包界，99 年出版的《施工合同条件》（以下称"新红皮书"）和《工程设备与设计-建造合同条件》（以下称为"新黄皮书"）基本上继承了红皮书和黄皮书中的风险分摊原则，即让业主方承担大部分外部风险，尤其是"一个有经验的承包商通常无法预测和防范的任何自然力的作用"等风险。

然而，近年来，在国际工程市场中出现了一种新趋势。对于某些项目，尤其是私人投资的商业项目（如 BOT 项目），作为投资方的业主在投资前十分关心工程的最终价格和最终工期，以便他们能够准确地预测在该项目上投资的经济可行性。因此，此类项目的业主希望尽可能地少承担项目实施的风险，以避免在项目实施过程中追加过多的费用和给予承包商延长工期的权利，从而使项目的费用和工期固定下来。另外，一些政府项目的业主，出于某些特殊原因，在采用以前的 FIDIC 合同条件时常常对其加以修改，将一些正常情况下本属于业主的风险转嫁给承包商。这种将风险转移的作法导致两种结果；一是保证了业主对项目的投资能固定下来以及项目按时竣工；二是由于承包商在这种情况下承担的风险大，因而在其投标报价中就会增加相当大的风险费，也就会使业主支付的合同价格比正常情况下要高很多。但从实践中来看，即使业主付出的合同价格要高一些，甚至高出很多，他们仍愿意采用这种由承包商承担大部分风险的作法。对于承包商来说，虽然这种合同模式的风险较大，只要有足够的实力，管理水平高，就有机会获得较高的利润。在这种背景下，FIDIC 编制了标准的 EPC 合同条件，以反映国际工程承包市场的需求以及为具体的实践活动提供指导。

二、FIDIC 的 EPC 合同条件的基本内容

因 EPC 合同条件的封面为银灰色，有时被简称为"银本书"，该合同共有 20 条，包括：一般规定；业主；业主的管理；承包商；设计；职员和劳务；工程设备、材料和工艺；开工、延误与暂停；竣工检验；业主的接收；缺陷责任；竣工后检验；变更为调整；合同价格与支付；业主的终止；承包商的暂停与终止；风险与责任；保险；不可抗力以及索赔、争端与仲裁。

这 20 条包括 166 款，分别从合同文件管理，工期管理，费用和支付，质量管理，环保、风险分担以及索赔和争端的解决等方面对合同双方在实施项目过程中的职责、义务和权利做出了全面的规定。

三、适用范围

从本合同条件的名称来看，我们就能得知，在这类合同模式下，承包商的工作范围包括设计（Engineering），工程材料和设备的采购（Prcourement）以及工程施工（Construction），直至最后竣工，在交付业主时能够立即运行。这里的"设计"不但包括工程图纸的设计，还包括工程规划和整个设计过程的管理工作。因此，此合同条件通常适用承包商以交钥匙方式为业主承建工厂、发电厂、石油开发项目以及基础设施项目等，并且这类项目的业主一般要求：(1) 合同价格和工期具有"高度的确定性"，因为固定不变的合同价格和工期对业主来说至关重要；(2) 承包商要全面负责工程的设计和实施，从项目开始到结束，业主很少参与项目的具体执行。所以这类 EPC 合同条件适合那些要求承包商承担大多数风险的项目（详见下面"业主与承包商的风险分担"的内容）。因此，一般来说，对于采用此类模式的项目应具备以下条件：

1. 在投标阶段，业主应给予投标人充分的资料和时间，使投标人能够详细审核"业主的要求"，以详细地了解该文件规定的工程目的、范围、设计标准和其他技术要求，并去进行前期的规划设计、风险评估以及估价等。

2. 该工程包含的地下隐蔽工作不能太多，承包商在投标前无法进行勘察的工作区域不能太大。这是因为，这两类情况都使得承包商无法判定具体的工程量，无法给出比较准确的报价。

3. 虽然业主有权监督承包商的工作，但不能过分地干预承包商的工作，或者要审批大多数的施工图纸。既然合同规定由承包商负责全部设计，并负担全部责任，只要其设计和完成的工程符合"合同中预期的工程之目的"（见第 4.1 款 [承包商的一般义务]），就认为承包商履行了合同中的义务。

4. 合同中的期中支付款（interim payment）应由业主方按照合同支付，而不再像新红皮书和新黄皮书那样，先由业主的工程师来审查工程量，再决定和签发

支付证书。

如果在业主招标时，该项目不满足上述条件，FIDIC 建议使用新黄皮书。

四、业主与承包商的风险分担

在 EPC 合同条件中，在第 17.3 款［业主的风险］中明确划分了业主与承包商的风险分担情况，业主的风险有：

（a）战争、敌对行动（不论宣战与否）、入侵、外敌行动；

（b）工程所在国内的叛乱、恐怖活动、革命、暴动、军事政变或篡夺政权，或内战；

（c）暴乱、骚乱或混乱，完全局限于承包商的人员以及承包商和分包商的其他雇用人员中间的事件除外；

（d）工程所在国的军火、爆炸性物质、离子辐射或放射性污染，由于承包商使用此类军火、爆炸性物质、辐射或放射性活动的情况除外；

（e）以音速或超音速飞行的飞机或其他飞行装置产生的压力波。

而在新红皮书和新黄皮书中，除了上述风险之外，业主的风险还有以下三项：

（f）雇主使用或占用永久工程的任何部分，合同中另有规定的除外；

（g）因工程任何部分设计不当而造成的，而此类设计是由雇主的人员提供的，或由雇主所负责的其他人员提供的，以及

（h）一个有经验的承包商不可预见且无法合理防范的自然力的作用。

从上面的对比来看，业主在 EPC 合同条件下承担的分险要比在新红皮书和黄皮书下承担得少，最明显的是减少了上面关于"外部自然力"的（h）项。这就意味着，在 EPC 合同条件下，承包商一方就要承担发生最频繁的"外部自然力的作用"这一风险，这无疑大大地增加了承包商在实施工程过程中的风险。

另外，从其他一些条款中，也能看出，在 EPC 合同条件中，承包商的风险要比在新红皮书和黄皮书中多。EPC 合同条件第 4.10 款［现场数据］中明确规定："承包商应负责核查和解释（业主提供的）此类数据。业主对此类数据的准确性、充分性和完整性不负担任何责任......"，而在新红皮书和新黄皮书的相应条款中规定的则比较有弹性："承包商应负责解释此类数据。考虑到费用和时间，在可行的范围内，承包商应被认为已取得了可能对投标文件或工程产生影响或作用的有关风险、意外事故及其他情况的全部必要的资料。"（横线是笔者加的，为了便于比较，以下同。）EPC 合同条件第 4.12 款［不可预见的困难］中规定：①承包商被认为已取得了可能对投标文件或工程产生影响或作用的有关风险、意外事故及其他情况的全部必要的资料；②在签订合同时，承包商应已经预见到了为圆满完成工程今后发生的一切困难和费用；③不能因任何没有预见的困难和费用而进行合同价格的调整。而在新红皮书和新黄皮书的相应条款第 4.12

款［不可预见的外部条件］中却规定：如果承包商在工程实施过程中遇到了一个有经验的承包商在提交投标书之前无法预见的不利条件，则他就有可能得到工期和费用方面的补偿。对比两者就不难发现，在 EPC 合同条件下，承包商承担的各类风险要比新红皮书和新黄皮书多。

五、管理方式

与新红皮书和新黄皮书不同，在 EPC 合同条件下，业主不聘请"工程师"这一类角色来管理工程，而是自己或委派业主代表来管理。按照第三条［业主的管理］的规定，如果委派业主代表来管理，一般来说，业主代表应是业主的全权代表，除非合同中另有规定。如果业主想替换业主代表，只需提前 14 天通知承包商，不需要征求承包商的同意，而在新红皮书和新黄皮书中，业主如果想更换工程师，则前来接任原来工程师的人选需要经承包商同意。

根据 EPC 合同条件，业主或业主代表对承包商的管理总体上包括设计管理、质量管理、工期管理以及支付变更等方面的工作。

1.EPC 合同条件第五条［设计］规定了关于工程设计方面的内容，业主设计方面的管理主要是设计文件的审批工作，与新黄皮书中工程师在这方面的工作大致相同，但以下两点略有差异：

（1）新黄皮书中规定："无论承包商的文件正在何地编制，业主的人员均有权审查所有这些文件的编制工作"（见第 5.2 款［承包商的文件］第二段），而在 EPC 合同条件中没有此规定。

（2）新黄皮书中规定："如果业主的要求中规定承包商的文件应提交给工程师审阅和/或批准，则此类文件应照此提交"（见第 5.2 款［承包商的文件］第三段），而在 EPC 合同条件中的相应条款中的规定是："如果业主的要求中规定承包商的文件应提交给业主审阅，则此类文件应照此提交"。

从上述两点可以看出，相对而言，业主对设计的"微观"管理在 EPC 合同条件下要比在新黄皮书下较为宽松。

2.EPC 合同条件在质量方面的规定与新黄皮书和新红皮书大致相同，主要有：

（1）承包商应建立一套质量保证体系（第 4.9 款［质量保证］）；

（2）承包商应向业主提供样品，供其检验（第 7.2 款［样品］）；

（3）业主的人员可随时进入现场和其他有关地点对原材料、设备、工艺等进行检查和试验（第 7.3 款［检查］）；

（4）实施竣工检验（第 9 条［竣工检验］）；

（5）实施"竣工后检验"，这实际上是一种重复检验，并不是所有 EPC 合同条件中都必须规定的。实际上，业主在合同中是否规定这一要求需要结合项目的实际情况而定。

3. 关于工期管理方面的规定，需要承包商提交进度计划（第 8.3 款［进度计划］）和每月进度报告（第 4.21 款［进度报告］），与新黄皮书和新红皮书的规定也基本相同，但对于承包商在何种条件下有权获得工期的延长则差异很大。新黄皮书和新红皮书的规定在下列条件下可以承包商可以获得合理的工期延长：

（a）变更或工程量有实质性变化；

（b）发生了合同条件中提到的承包商有权延期的原因；

（c）异常不利的气候条件；

（d）由流行性疾病或政府行为造成的无法预见的人员或物资的短缺；

（e）由业主、业主的人员或在现场业主的其他承包商引起的延误。

而 EPC 合同条件规定，承包商仅在上述（a）、（b）、（e）三种情况下有索赔工期的权利。显然，在 EPC 合同条件下承包商索赔工期要比在新红皮书和新黄皮书下困难得多。

4. 关于支付与变更方面，在 EPC 合同条件也与新黄皮书或新红皮书类似，一个明显的不同是，在 EPC 合同条件的通用条件中没有加入新黄皮书或新红皮书通用条件中都有的调价公式，只是在专用条件中提到。这可能反映了一种倾向，即：在 EPC 合同条件下，业主允许承包商因费用的变化而调价的情况是不多见的。

六、关于 EPC 合同的文件构成

在 FIDIC 的标准 EPC 合同条件中规定下列文件构成 EPC 合同：

（1）合同协议书；

（2）合同协议书的备忘录；

（3）补遗_____号；

（4）合同条件；

（5）业主的要求；

（6）承包商的投标书。

从上面我们不难看出，没有出现类似新红皮书和新黄皮书中的"中标函"的文件。这大概是因为 EPC 合同条件的编制者考虑到 EPC 项目邀请招标较多，并且一般都很复杂。在评标后，业主往往选择几个各方面接近的投标人进行澄清和授标前谈判，然后选择一位直接签订合同协议书。笔者认为这的确是一种简明的作法，虽然在实践中，仍存在 EPC 项目的业主签发"中标函"的情况。

七、结束语

由于 FIDIC 倾向于各类合同条件的统一性，在编制新红皮书、新黄皮书和 EPC 合同条件时，均采用了相同的编排结构，相关条款也尽可能采用同样的措辞。EPC 合同条件与新红皮书和新黄皮书几乎每条都有相同的地方。关于其他一些重要的条款，如不可抗力、争端解决等，与新红皮书和新黄皮书的规定相同，

请参见前几期的相关文章，在此不再赘述。

虽然 FIDIC 在编制 EPC 合同条件时，设想的是业主参与工作很少，对大部分施工图纸不需要经过业主审批，但在实践中，对 EPC 项目管理参与程度并不太统一。在笔者参与的两个 EPC 项目中，其中的一个业主控制的较松，符合 FIDIC 在此类项目的管理思路，另一个项目中，业主则委派了一个项目管理公司作为其代表，对项目从设计、采购到施工进行了严格的管理。

由于 FIDIC 编制的标准的 EPC 合同条件刚出版不久，对 FIDIC 来说，也是第一次编制此类合同文件，其是否得到国际工程界的认可和广泛应用，还需要接受实践的检验，笔者对此持乐观态度。

(四)FIDIC 99 年版"简明合同格式"的适用条件和特点

吕文学

（天津大学管理学院）

FIDIC 自成立以来，曾多次修订其合同条件，旨在增强合同条件的通用性和广泛性。1999 年 10 月新出版了一套（共四本）FIDIC 合同条件，版本定为 1999 年第一版。其中 FIDIC 简明合同格式（Short Form of Contract）是 FIDIC 历史上第一次出版该类合同。FIDIC 合同委员会曾审查了四个比较类似的合同格式，通过比较其条款标题、条款数目、子款和页码获得每一合同格式的覆盖范围和详细程度，初步的研究结论是：编制一个简单的合同文件的确是可行的，该文件能够包括所有基本的和对一般小型工程和/或建筑合同所必需的商务规定。由此，诞生了 FIDIC 简明合同格式。

一、简明合同格式的适用条件

该合同条件适用于：（1）投资金额相对较小的工程和建筑工程；（2）不需专业分包合同、工期短的、非常简单的或重复性的工程。

该合同格式一般用于承包商按照雇主或雇主的代表提供的设计实施工程，然而，也可适用于部分或全部由承包商设计的土木、机械和/或输电工程。因此，上述"工程"一词应理解为包括各种类型的工程。另外，根据工程的类型和所处的环境，有时该简明合同格式也可适用于投资金额相当大的工程。

二、合同的编写特点

FIDIC 简明合同格式的主要目的是编制出一个简单的、适用的文件，该文件应能用于各种类型的工程和具有多种管理安排形式的工程，文件应包括全部基本的商务规定。例如：雇主可选择承包商设计责任的范围，从很小的设计到全部设计和建造服务。该合同的另一个目的是所有必要的信息应在协议书的附录中提供，而协议书本身则是一个简单的文件，包括了投标人的报价和雇主对报价的接受。

FIDIC 希望通用条件加上上面提到的包括全部基本资料的协议书和附录，其内容能够覆盖绝大部分合同类型的内容。然而，如果项目的特殊情况要求包括附加的信息或条款，则用户可加入专用条件，这也维持了 FIDIC 合同条件的传统原则和常见的特点。此时通用条件和专用条件将一起构成该合同条件，用于决定各方的权利和义务。

在新的合同条件中没有列入关于公平、公正的"工程师"的内容，一些人对此可能感到吃惊，这主要是考虑了合同的简单和实用。实践证明，管理相对简单、投资金额小的项目，不一定要委任公正的工程师，而且大部分情况下也不实用。在这类项目中，委任公正的工程师并不是通行的做法。然而，如果雇主希望委任一名独立的、公正的工程师，他也可以做出这种委任，但在合同专用条件中必须对其行为公正做出相应规定。

该合同条件，为了简单化的目的，一些定义被删除而另一些则被重新改写（与其他三种合同的定义对比而言）。另外，特别重要的是将大家很熟悉的、各自独立的投标书和协议书格式合并成一个文件，总称为"协议书格式"，连同列于附录中的文件共同构成合同文件。

合同简单格式产生的结果之一是雇主增加了负担，必须在规范和图纸中列出全部工作范围，包括将由承包商进行任何设计的内容。

三、简明合同格式的主要内容

该简明合同格式共计 15 条，包含 52 款，其他三种合同均为 20 条，变动的内容涉及工程师、指定分包商、职员和劳务、永久工程设备、材料和工艺、竣工检验、竣工后检验、雇主提出终止、不可抗力等。一些内容被删除，另一些则被重新改写并编入其他条款。以下是关于 FIDIC 简明合同格式的一些观点以及与其他合同在内容上的主要区别：

1. 简明合同格式的组成

简明合同格式主要由以下五部分组成

(1) 协议书（Agreement）：包括承包商的报价、雇主对报价的接受以及附录。

协议书设想了一种简单的报价和接受的程序，目的是为了避免围绕"中标函"和"意向函"可能产生的圈套，更想提供一个清楚和不相互矛盾的方法。协议书附录包括了针对具体项目的全部细节内容。

招标时，雇主在协议书中写入其姓名并在附录中填入适当的内容，将两份复印件连同构成招标文件包的规范和图纸发给投标人。对这两份复印件，承包商必须完成报价部分和附录中留下的空白部分，并签字和注明日期。如果雇主决定接受哪份投标书，则在两份复印件的接受部分签字并将一份复印件返还承包商。承包商一收到该复印件，合同即生效。

如果允许投标后谈判并就规范或价格的变化达成一致，则在各方已经对各自的文件进行恰当改变和小签后仍可使用本格式。如果改变量大，双方应完成一份新的协议书格式。

(2) 通用条件（General Conditions）：共有 15 条（或称主题内容），包括：一般规定、雇主、雇主的代表、承包商、承包商的设计、雇主责任、竣工时间、接收、修补缺陷、变更和索赔、合同价格和支付、违约、风险和责任、保险以及争端的索赔。

(3) 专用条件（Particular Conditions）：只列入题目，没有具体的内容。FIDIC

认为对一般的项目，不再需要专用条件，在编写招标文件时可删除此部分内容。但为了满足某些特殊情况，雇主也可加入专用条件。

（4）裁决规则（Rules for Adjudication）：内容包括裁决人的委任、委任条款、支付和得到裁决人裁决的程序。

（5）通用条件应用指南（Notes for Guidance）：为了有助于编制和使用本条件的投标文件，还列入应用指南，但它不是合同文件，只是帮助用户尽可能正确地理解 FIDIC 的本意，恰当运用本条件。对某些特殊情况，还提供了修改、删除和增加某些条款内容的建议。

2. 合同条件的主要内容分析

（1）合同条件中的"定义"：本条件中的定义与其他的 FIDIC 合同条件不完全一样，主要是由于这类合同条件的简单性要求所致，明显不同的定义包括开工日期、现场、变更和工程。如关于"开工日期"被定义为"本协议书生效日期后第 14 天的日期或双方同意的其他任何日期"。而在施工合同条件中则被定义为"工程师应至少提前 7 天通知承包商开工日期"。

（2）关于雇主的批准：合同条件中"批准（approval）"一词，只在与第 4.4 款履约保证和第 14.1 款保险有关的条件中，才能视为批准。除此之外，雇主对任何文件的签字认可，不应视为批准，只能视为雇主已经承认承包商完成了该项合同工作，可以得到相应的进度款，并可进行下一道工序。诸如不合格的工艺或承包商的设计应是承包商的风险，不应在无意中将此风险转移给雇主（尽管有雇主的签字）。因此，"雇主的批准、同意、或未发表意见不应影响承包商的合同义务"，这样的规定避免了这方面的争论。

（3）雇主的代表：应注意两个原则，一是雇主应在附录中指定或另外通知承包商，雇主组织中谁被授权在任何时候代表雇主讲话和行动；二是不应阻止需要专业人员帮助的雇主委任代表，但各方均应清楚被委托人被委任的权力。如果雇主需要一个与传统工程师类似的公平的雇主代表，则应在专用条件中说明。

（4）履约保证（Performance Security）：合同条件中并未提供履约担保或银行保函的建议格式，如果感到项目的规模有必要通过担保做出保证时，则可按地方商业惯例获得有关的保证，或参照在 FIDIC 施工合同条件中所附的履约担保或银行保函样本格式。但应在附录中列出对任何保证格式的金额和对保证格式的说明。

（5）承包商的设计：雇主应在附录中向投标人指明在规范中关于设计要求的条款号。承包商只对自己的设计负责。规范中应清楚地列明承包商承担设计义务的范围和程度，以免产生争议。承包商有绝对义务确保其设计达到在合同中定义的预期目的或达到其预期的设计目的。为了防止在这方面产生争议，应在规范中对预期目的进行定义。合同条件中未使用"设计批准"的模糊概念，承包商提交的设计可能被接受、或提出意见返回或被拒绝。

雇主的文件（规范和图纸）优先于承包商投标时提交的设计。如果雇主更喜欢承包商投标时的设计，则在各方签署合同前应修改规范和图纸。如果一方希望保护设计中的智力财产，则必须在专用条件部分做出规定。

(6) 雇主责任：在第6.1款共列出16种属于雇主责任的情况。该款将承包商索赔工期和索赔费用的全部依据融合在一个条款中。包括了通常所说的雇主的风险、特殊风险、不可抗力、雇主的设计责任等。但承包商不可对坏天气提出工期延长和费用索赔。

(7) 竣工时间：如果发生第6.1款下的事情导致对工程的关键性延误（非关键性延误不批准延长工期），则延长工期的要求是公平而合理的，雇主应给予批准。但批准延期的前提条件是承包商必须提前给出警告通知。如果工程由于承包商原因产生拖期，则承包商向雇主支付误期损害赔偿费的最大金额在附录中作出规定。FIDIC建议取用10%的合同价格。

(8) 工程接收：与一般惯例一致，在雇主接收工程前，不一定要完成100%，一旦工程达到预期的使用目的，就应发出接收通知（承包商发给雇主或雇主发给承包商）。该合同条件未对接收部分工程做出规定，如果需要，应在专用条件中做出规定。如果在接收前要求完成任何测试，则应在规范中做出规定。

(9) 修补缺陷：合同中没有"缺陷责任期"的定义，但雇主可在从接收工程之日开始计算的一段时期内（通常为12个月）或在接收工程前的任何时间通知承包商任何缺陷，承包商必须在合理时间内修补这些缺陷。承包商对缺陷的责任通常不会随附录中规定的期限到期而结束（尽管那时承包商已没有义务返回现场修补缺陷），但有缺陷意味着违反合同，承包商对此损害负有责任，在这方面应遵守合同适用的法律。

(10) 变更和估价：变更估价方法选择的优先顺序是：(a) 总价应是首选方法，因其包括了变更的真实费用并避免随后对间接影响的争议，雇主可以在指示变更前请承包商提交列清变更项目的费用构成表以便在指示中列入已达成协议的变更的总价格；或 (b) 按工程量表或费率表中的费率进行变更估价；或 (c) 使用这些费率作为估价的基础；或 (d) 使用新费率。(e) 当变更具有不确定性或对剩余的工作无法确定顺序时，通常采用计日工费率。

(11) 合同价格与支付：附录中共列出五种可供选择的估价方法：

(a) 总价方法：总价报价无任何详细的支持性资料，这种方式用于非常小的、工期短的、预计不发生变更的工程，只需向承包商进行一次性支付。

(b) 带费率表的总价方法：总价报价附有承包商编写的费率表作为报价的支持性文件，它适用于比较大的合同，需分阶段支付，也可能发生变更。适用于雇主没有人力自己编定工程量表的情况。

(c) 带工程量表的总价方法：总价报价基于雇主编制的工程量表。这与 (b) 项规定相同，但如果雇主有能力编制工程量表，附有雇主工程量表的合同则是一份更好的合同。

(d) 带工程量表的再计量方法：总价是以再计量为前提条件，即以投标人根据雇主编制的工程量表所报的费率进行再计量，这种方法与 (c) 项基本相同，但更适用于在授予合同后发生多次变更的合同。

(e) 成本补偿方法：承包商编定估算价格，该估价将被根据雇主列出的条件和方法重新计算出的工程实际费用所代替。这种方法适用于在招标时不能确定工作范围的项目。

如果必要，可同时选择上述一种以上的估价方法。例如：在总价合同中可以有再计量的工作内容。对工期较长的项目，如采用该合同条件，则应增加一个新条款以考虑价格调整。也可改编 FIDIC 其他合同的调价条款作为该合同条件的调价条款使用。

如果采用总价合同且分多次支付，则雇主可要求投标人提交与阶段支付建议相关的现金流预测。在发生工期延长的情况下应调整现金流计划。

期中支付可以有多种方式：以工程估价为基础进行支付（该方法也适用于再计量和成本补偿合同）；以达到里程碑事件为基础进行支付；以各项活动（这些活动已赋予一定的价值）的时间表为基础进行支付。雇主可根据具体情况选择。

扣除的保留金有时可用承包商向雇主提供的保证来代替。保留金保函的样本格式见 FIDIC 施工合同条件。

合同中未对预付款做出规定，如需支付预付款，则应在专用条件中对此做出规定，包括承包商对预付款将提供的任何保证。预付款保函样本格式见 FIDIC 施工合同条件。

(12) 违约：如果违约的承包商没有在 14 天内对正式的通知做出反应，即通过采取可行的方法纠正其违约，则雇主可终止合同。但并未要求必须在 14 天内纠正全部的违约。

如果雇主不按时支付并在收到此种违约通知 7 天内仍未支付，承包商可以暂停全部或部分工作。如果雇主坚持不予支付或坚持其违约，21 天后承包商有权终止合同。但承包商必须在 21 天内决定是否使用其终止合同的权利。

在发出终止通知的 28 天内，双方应解决合同终止后的财务问题并完成支付，而不必等到其他人完成工程。

(13) 保险：雇主应在附录中准确列出其保险要求，第三方保险、公共责任保险通常是强制保险。对较小的合同，可能在投标人经常投保的承包商全险保险单范围内已包括上述内容，此时通常要求投标人随其投标书一起提交其保险范围的详细内容。

在雇主接收工程后对保险的任何要求、或接收部分工程产生的任何保险要求应在专用条件中做出规定。如果雇主想自己办理保险，则应在专用条件中做出相应规定。

（14）裁决和仲裁：合同规定的解决方式是先将争端提交裁决人。因此，最好从一开始就委任一名裁决人。FIDIC 建议在招标阶段或签订协议书后不久雇主提议一个人作为裁决人行事，同时建议双方就此事应尽可能快地讨论并达成一致。要注意的是选择当地裁决人，还是选择中立国的裁决人。无论如何裁决人都应是公平的，但是如果裁决人必须访问现场和举行听证会，则选择第三国的裁决人的费用要高的多。

除非争端先提交裁决人裁决，否则仲裁不会开始。应在附录中规定拟采用的仲裁规则，FIDIC 建议采用联合国国际贸易法委员会（UNCITRAL）的仲裁规则。然而，如果要求对仲裁进行管理，即由一个仲裁机构监督和管理仲裁，则应采用国际商会（ICC）仲裁规则，ICC 仲裁庭和在巴黎的秘书处可以指定和更换仲裁员，并且审查证明资料和裁决的条件格式，监督仲裁员的进度和实施情况。仲裁地是非常重要的，因为仲裁地的仲裁法律将对争端事件的处理会产生相当大的影响，如当事人的上诉权利等。

（五）FIDIC99 年版合同条件中的争端解决方式

何伯森

（天津大学管理学院）

国际工程的实施是一个十分复杂的管理过程，加之一般履约时间很长，涉及不同国家合同双方的经济利益以至公司的声誉，因而矛盾和争端是不可避免的。

根据美国建筑行业协会的争端预防与解决研究小组对 191 个单位（业主与承包商约各半）的调查，总结出项目施工阶段中产生争端的十大原因如下：

1. 不切实际地和不公正地将风险转移给那些尚无准备或无力承担此类风险的当事人的合同条款。

2. 将不切实际的希望寄托于那些没有足够财力去完成他们目标的当事人（一般指业主）。

3. 模糊不清的合同文件。

4. 承包商的投标价过低。

5. 项目有关各方之间交流太少。

6. 总承包商的管理、监督与协作不力。

7. 项目参与各方不愿意及时地处理变更和意外情况。

8. 项目参与各方缺少团队精神（Team Spirit）。

9. 项目中某些或全部当事人之间有敌对倾向。

10. 合同管理者想避免做出棘手的决定而将问题转给组织内部更高的权力机构或律师，而不是在项目这一级范围内主动解决问题。

由于这些产生争端的原因在国际工程实施中也具有普遍性，因而国际组织编制的各种合同文件都在不断地研究和改进争端的解决方法。

国际咨询工程师联合会（FIDIC）在 90 年代中期之前编制的合同文件，以"土木工程施工合同条件"（1987 年第 4 版，1992 年修正版）（以下用"红皮书"）为代表，一直沿用首先将争端提交给工程师，由工程师进行调整并向合同双方提出解决争端的复审决定的办法。如合同双方均同意并执行此决定，则争端得到解决。如任一方不同意，或一开始双方均同意但事后又有一方不执行，则只有走向仲裁。在合同双方得到工程师的决定后如果一方不同意并要求仲裁，还应经过一个 56 天的"友好解决"期，以便由工程师再进行调解，如调解不成功则走向仲裁。

FIDIC 合同条件得到国际工程界的广泛应用，但对于在合同条件中规定由工程师来处理争端，人们提出了疑义和批评，理由如下：

1. 虽然在合同条件中规定工程师应在管理合同中行为公正，但由于工程师受雇于业主，在某种意义上，他就是业主的雇员，因此，其复审决定的公正性往往是不可靠的。

2. 因为承包商向工程师提交的争端，大多数是由工程师在工程实施过程中已做出的决定，当承包商有异议，再次提交工程师要求其做出复审决定，实际上就是要求工程师推翻或修改其原来的决定，因此，从心理学的观点来看，这种解决争端做法的成功率将会是很低的，这一点在实践中也得到了证明。

有鉴于此，世界银行首先在其 1995 年 1 月出版的"工程采购标准招标文件"中借鉴了美国的经验，提出了用争端审议委员会（Dispute Review Board，以下用 DRB）来替代工程师解决争端的作用。FIDIC 也在 1995 年出版的"设计—建造与交钥匙工程合同条件"（桔皮书）及 1996 年对"红皮书"的增补中，提出了用争端裁决委员会（Dispute Adjudication Board，以下用 DAB）来替代过去版本中依靠工程师解决争端的作用。在 1999 年新出版的"施工合同条件"（新红皮书）、"工程设备与设计—建造合同条件"（新黄皮书）、"EPC 交钥匙项目合同条件"（银皮书）中，均统一采用 DAB，并且附有"争端裁决协议书的通用条件"和"程序规则"等文件。

本文旨在对 FIDIC99 年版合同条件中 DAB 的主要规定作一简介，将 DAB 与 DRB 做一对比，并提出我国公司的应对措施。

一、DAB 简介

1.DAB 委员的选聘和报酬

DAB 的委员一般是三人，对于小型工程也可是一人，下面以三人 DAB 为例介绍委员的选聘。

（1）委员的聘任：DAB 委员的聘任是由业主方和承包商方在投标函附录规定的时间内各提名一位委员并经对方批准，然后由合同双方与这二位委员共同商定第三名成员作为 DAB 的主席。如果委员由于死亡、伤残、辞职或聘任到期，可由双方协商同意另外聘任一位委员。

如果组成 DAB 有困难，例如一方的提名对方不同意，或合同中任一方未能在投标函附录规定的日期内提出人选，则采用专用条件中指定的机构（如 FIDIC）或官方提名任命 DAB 成员，该任命是最终的和具有决定性的。这些提名所花的费用由合同双方各出一半。

一般在结清单生效时，DAB 委员的任期即告期满，如果要终止对某一个委员的聘任，必须经双方同意。

当委员与合同双方口头商定参与 DAB 的工作之后，即应签订一份"争端裁决协议书"（以下简称"协议书"），"协议书"的范本格式附在每本合同条件的文本中。"协议书"主要包括"争端裁决协议通用条件"及对它的修改和补充；委员的酬金金额；DAB委员应完成的协议中规定的义务；业主和承包商方共同承担支付的义务以及应遵守的法律。

(2) DAB委员的酬金与支付

DAB委员的酬金与支付包括月薪与日酬金。月薪用于委员在他的住址进行的与DAB有关工作的报酬；日酬金包括旅程（至多两天）以及在现场工作的每一日的报酬；此外还应为DAB委员开支他们为履行职责的花费（如旅店费及补助，通讯费等）以及支付工程所在国向他们征收的税金。一般月薪等于三天的日酬金。

月薪和日酬金额由委员与合同双方商定后写入"协议书"。在委员工作满两年后，酬金可以调整。委员的酬金由业主和承包商双方各支付一半。

合同条件中还规定了支付的程序、日期以及如果合同一方未履行支付义务时的措施。

2.DAB方式解决争端的程序

(1) 合同任一方均可将起源于项目实施而产生的任何争端（包括不同意工程师的任何决定）直接提交给DAB委员，同时将副本提交给对方和工程师。合同双方均应尽快向DAB提交自己的立场报告以及DAB可能要求的进一步的资料。

(2) DAB在收到提交的材料后的84天内（或经DAB建议，合同双方同意的时间内）应就争端事宜做出书面决定。如果合同双方同意则应执行本决定。如果合同任一方同意DAB决定，但事后又不执行，则另一方可直接要求仲裁。

(3) 如果合同任一方对DAB的决定不满意，他可在收到决定后28天内将其不满通知对方（或在DAB收到合同任一方的通知后84天未能做出决定，合同任一方也可在此后28天将其不满通知对方），并可就争端提出要求仲裁。但在发出不满通知后，双方应努力友好解决，如未能在56天内友好解决争端，则此后可开始仲裁。

(4) 争端应在合同中确定的国际仲裁机构裁决。除非另有规定，应采用国际商会的仲裁规则。在仲裁过程中，合同双方及工程师均可提交新的证据，DAB的决定也可作为一项证据。

采用DAB解决争端的程序如下图

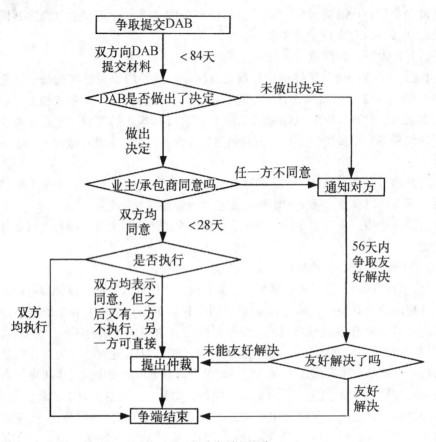

DAB 解决争端的程序

二、DAB 与 DRB 的比较

世行的 DRB 与 FIDIC 的 DAB 是借鉴美国国内行之有效的解决争端的经验，因而二者在委员的选定，工作程序等方面大同小异。下面作一简要比较，DAB 以 99 年版合同条件规定为准。

1. 关于委员的选定：DAB 与 DRB 均是在规定时间内由合同双方各推举一人，经对方批准，DAB 是由合同双方和这二位委员共同推举第三位委员会主席，DRB 则是由被批准的二位委员推选第三人，经合同双方批准，如推举有困难时，由投标书附录（DRB）或专用条件（DAB）中指定的机构任命委员。

2. 关于委员会任期的终止：DAB 规定是在结清单生效或双方商定的时间任期终止；DRB 则规定是在最后一个区段的缺陷责任期期满或承包商被逐出现场时委员会工作即告终止。

3. 关于工作程序：在合同任一方就工程师未能解决的争端提出书面报告后，DAB 应在 84 天内做出书面决定（DRB 要求在 56 天内提出解决争端的建议书）。

双方收到决定或建议书后，如在一定时间内（DAB28 天，DRB14 天）内未提出异议，即应遵守执行，如某一方既未表示反对，而事后又不执行，则另一方可直接申请仲裁；如收到委员会的决定或建议后任一方表示不满，或委员会在一定时间（DAB84 天，DRB56 天）内未能做出决定或建议，则可在一个时限内（DAB28 天，DRB14 天）要求仲裁，但 FIDIC 规定在要求仲裁后必须经过一个 56 天的友好解决期，而世行无此要求。由以上对比可看出 DAB 规定的处理问题的时限较 DRB 长一些，因为提交 DAB/DRB 的问题都是一些棘手的问题。

4. 关于委员的酬金：DRB 规定委员的酬金分日薪和月薪，日薪指由住地到工地的路费以及在现场工作日的日薪，日薪等于世界银行"解决投资争端国际中心"（ICSID）制定的仲裁员日薪或三方商定的日薪，月薪为三天日薪；DAB 规定也分日薪和月薪，金额由双方商定并在"争端裁决协议书"中说明。DRB 和 DAB 均规定了可报销的内容并规定了酬金中包括委员在工程所在国应交纳的税金。以上费用由业主和承包商各承担一半。

三、我国各公司的应对措施

在我国加入 WTO 以后，我国公司进入其他国家去承包工程的"门槛"将降低，同时外国公司进入中国的机会也更多，国内市场将会面临更多的国际工程，在国际工程实施过程中，一方面我们应以"伙伴关系"（Partnership）来处理各方关系，尽量化解矛盾，但是也应看到（如同本文开始所介绍的）矛盾和争端是不可避免的，因而了解国际上解决争端的新方式，积极采取应对措施是十分重要的。

1. 抓紧学习和熟悉 DAB/DRB 这一新的争端解决方式：

世行规定，凡贷款工程项目金额超过 5000 万美金的必须采用 DRB 方式，1000 万～5000 万美金的可采用 DRB、DRE（一位争端审议专家）或 FIDIC"红皮书"中工程师解决争端的办法，当进行采用"新红皮书"后，预计会全部改为采用 DAB（或 DRB）方式。亚行一贯全文采用 FIDIC 的有关合同条件，因此我们应该抓紧学习和熟悉 DAB/DRB，一方面学习这些新的合同条件，另一方面，应该总结学习国内几个大型水利水电工程实施 DRB 的经验。

2. 各公司（特别是大公司）应该设立一个"专家库"。

由于世行的招标文件基本要求在签发中标通知书后 28 天内各方推选一名 DRB 委员，FIDIC 的合同条件要求在投标函附录中规定的时间内共同任命 DAB 委员，如果事先没有准备，届时将会很被动。

因之各公司应该有一个"专家库"，包含各国的专家，这些专家在业务方面要求通晓合同管理，还应有技术专长，或是工程造价管理专家，或是法律专家；在思想方面要求作风正派、公正无私。这些专家最好和公司没有过多业务往来，特别是当前不能有经营和经济上的往来。按照上面的条件准备一个中外专家库不是一朝一夕之功，要早做准备。也可考虑由中国对外承包工程商会和各大公司共同准备一个"专家库"，由大家分享。

3. 大力培养国际工程管理人才，做好项目合同管理工作。

合同管理是项目管理的核心，任何一个项目均应设立合同管理部，负责管理合同实施中的各项工作，包括风险管理、索赔管理，以及有关文档资料管理。

在采用 DAB/DRB 后，对合同管理的要求更高了，因为 DAB/DRB 在收到一方的有关争端事项的报告后，另一方要很快的递交自己的立场报告，DAB/DRB 的委员一般一年来现场工作三次，每次两周左右，在委员要求各种资料和证据时，有关方应很快提供，DAB/DRB 做出的决定如果某一方不同意，也需要很快地通过书面意见做出反应。

总之，采用 DAB/DRB 就是为了及时地在现场协调和解决争端，任一方合同管理工作跟不上就会很被动，为此，我国公司应该大力培养合同管理专家，深入细致地做好项目的合同管理工作，才能在采用 DAB/DRB 方式时立于主动。

主要参考文献

1　汤礼智主编 . 国际工程承包总论 . 北京：中国建筑工业出版社，1997

2　梁镒编著 . 国际工程施工索赔 . 北京：中国建筑工业出版社，1996

3　何伯森主编 . 国际工程合同与合同管理 . 北京：中国建筑工业出版社，1999

4　雷胜强主编 . 国际工程风险管理与保险 . 北京：中国建筑工业出版社，1996

5　田威编著 . FIDIC 合同条件实用技巧 . 北京：中国建筑工业出版社，1996

6　张明锋等译 . FIDIC 第四版实用法律指南 . 北京：航空工业出版社，1998

7　方志达等译 . 土木工程师学会编 . 工程施工合同与使用指南 . 北京：中国建筑工业出版社，
　　1999

8　周可荣等译 . FIDIC "电气与机械合同条件应用指南"（1988 年第二版）. 北京：航空工业出
　　版社，1996

9　张水波等译 . FIDIC 设计-建造与交钥匙工程合同条件指南 . 北京：中国建筑工业出版社，
　　1999

10　张水波等译 . FIDIC 招标程序（第二版）. 北京：中国计划出版社，1998

11　张水波等译 . FIDIC 业主/咨询工程师标准服务协议书应用指南 . 北京：航空工业出版社，
　　1995

12　对外贸易经济合作部条约法律司编译 . 国际司法统一协会 "国际商事合同通则" . 北京：
　　法律出版社，1996

13　Andrew Civitello, Jr (1996). *Complete Contracting*, McGrawHill

14　Brian Eggleston (1993). *The ICE Conditions of Contract: Sixth Edition A User's Guide*, Blackwell
　　Science Ltd

15　Engineers Joint Contract Documents Committee (1996), *Standard General Conditions of the Construc-
　　tion contract*, Article 1 (19), Issued and Published Jointly by American Consulting Engineers Coun-
　　cil, National Society of Professional Engineers, and American Society of civil Engineers.

16　FIDIC (1999), *Conditions of Contract for Construction*.

17　FIDIC (1999), *Conditions of Contract for Plant and Design-Build*

18　FIDIC (1999), *Conditions of Contract for EPC/Turnkey Projects*

19　FIDIC (1999), *Short Form of Contract*.

20　G. A. & Barber, J. N (1992), *Building and Civil Engineering Claims in Perspective*, ESSES
　　CM20 2JE, England: Longman Scientific & Technical.

21　Harold J. Rosen (1999), *Construction Specifications Writing: Principles and Procedures*, Fourth
　　Edition, p6, John Wiley & Sons, Inc.

22　John Murdoch and Will Hughes (2000), *Construction Contracts: Law and Management* (Third Edi-
　　tion), E &FN SPON

23　R. F. Fellows (1991), *JCT Standard Form of Building Contract: A Commentary for Students and
　　Practitioners*, (second edition), MACMILLAN EDUCCATION LTD.